U0253732

与君剪烛夜烹茶

中国古人的茶文化

李 楠◎编著

中国文史出版社

图书在版编目（CIP）数据

与君剪烛夜烹茶：中国古人的茶文化 / 李楠编著
. -- 北京：中国文史出版社，2023.1
ISBN 978-7-5205-3715-5

Ⅰ. ①与… Ⅱ. ①李… Ⅲ. ①茶文化—中国—古代
Ⅳ. ① TS971.21

中国版本图书馆 CIP 数据核字（2022）第 175023 号

责任编辑：戴小璇

出版发行：中国文史出版社

社　　址：北京市海淀区西八里庄路 69 号院　邮编：100142
电　　话：010- 81136606　81136602　81136603（发行部）
传　　真：010-81136655
印　　装：廊坊市海涛印刷有限公司
经　　销：全国新华书店
开　　本：1/16
印　　张：21　字数：353 千字
版　　次：2023 年 3 月北京第 1 版
印　　次：2023 年 3 月第 1 次印刷
定　　价：66.00 元

前言

半盏清茶，观浮沉人生；一颗静心，看清凉世界。

中国是世界上最早发现、利用、栽培、品赏茶叶的国家。中国有句俗语说："开门七件事：柴、米、油、盐、酱、醋、茶。"这足以说明，茶是中国人日常生活中不可缺少的一部分。可以说，有中国人落脚的地方，就有饮茶的习惯。这种饮茶习惯在中国人身上根深蒂固，已有几千年历史。

"茶里乾坤大，壶中日月长"，除了品饮之外，茶中还蕴含着深厚的文化底蕴。在漫长的历史中，逐渐形成了独特的中国茶文化传统。人们在饮茶过程中讲求一种物质与文化融合的全面享受，对水、茶、器具、环境都有较高的要求；同时以茶培养、修炼自己的精神道德，在各种茶事活动中去协调人际关系，求得自己思想的自信、自省，也沟通了彼此的情感。

在中国古代，文人用茶激发文思；道家用茶修心养性；佛家用茶解困助禅等，物质与精神相结合，人们在精神层面上感受到了一种美的熏陶。在品茶过程中，人们与自然山水结为一体，接受大地的雨露，调和人间的纷解，求得明心见性、回归自然的特殊情趣。茶从形式到内容，从物质到精神，从人与物的直接关系到成为人际关系的媒介，逐渐形成传统东方文化一朵奇葩——中国茶文化。

茶文化的说法兴起于 20 世纪 80 年代初，而据陆羽《茶经》记载："茶之为饮，发乎神农氏，闻于鲁周公。"可见，茶文化是随着中国传统文化的发展而发展的。茶文化萌芽于魏晋南北朝时期，形成于唐而兴盛于宋，在明清时期得到全面普及，其间对饮食、药用、器物、文学、艺术等文化也起到相当程度的影响。

茶文化是中国传统文化的重要组成部分，它的内容十分丰富，涉及历史考古、经济贸易、科技教育、文化艺术、医学保健、餐饮旅游以及民风民俗等方面。

中国茶品类繁多，文化内涵极其丰富，茶艺之精妙，茶道之高深，皆为世人所神往。在漫长的历史岁月中，中华民族在茶的发现、栽培、加工、利用以及茶文化的形成、传播与发展上，为人类进步与文明谱写了光辉的篇章。

本书系统介绍了茶文化的历史、闻名天下的著名茶品、历史悠久的茶具文化、茶道茶礼的形成与表现、茶的沏泡历史与品饮艺术、不同地域与民族人们的饮茶习俗、特色鲜明的茶馆文化、茶文化的经典著作、文人墨客的茶情茶事以及文学艺术中的茶文茶缘等内容。

当然，茶文化的实际思想内涵要远比上述更为丰富多彩，本书主要是从古人日常生活与茶的关系的角度对茶进行了简单的描述，旨在揭开古人多彩生活的一角，并非鉴茶、品茶与藏茶方面的著作。

下面，就让我们泡一壶香茗，在慢慢品饮中走进古人的茶世界。

目 录

第一章

草木英华信有神：古代茶史

中国是茶的故乡，是茶的原产地，是饮茶文化的发源地。中国人对茶的热衷，可以说上至帝王将相、文人墨客，下至贩夫走卒、布衣白丁，无不以茶为好。人们常说："开门七件事，柴米油盐酱醋茶。"由此可见，茶已深入社会各阶层。

中国历史上有很长的饮茶记录，已经无法确切地查明到底起源于什么年代了。在漫长的历史岁月中，中华民族在茶的发现、栽培、加工、利用以及茶文化的形成、传播与发展上，为人类进步与文明谱写了光辉的篇章。

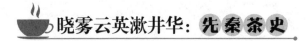
晓雾云英漱井华：先秦茶史

茶，原产于中国，故中国被称为茶的故乡。

中华先民发现茶和利用茶的历史已经很久远了，可以追溯到从远古时期进入文明时代，从那时起人类就对茶有了初步的认识。

1. 茶的起源之地

中国是最早发现和利用茶树的国家。文字记载表明，我们的祖先在 3000 多年前已经开始栽培和利用茶树。茶的起源和存在，必然是在人类发现茶树和利用茶树之前。人类的用茶经验，也是经过代代相传，从局部地区慢慢扩大开来，最终才逐渐见诸文字记载。

经多方长期细致的考证，茶树起源于中国已成世界共识，并确认中国西南地区包括云南、贵州、四川则是茶树原产地的中心地带。

滇南勐海县野生茶树王

陆羽《茶经·一之源》载曰："茶者，南方之嘉木也。"茶树最早产于滇、贵、川，那里有着茂密的原始森林和肥沃的土壤，气候温暖湿润，特别适合茶树的生长。据考证，滇、贵、川地域有着众多的野生茶树。其中，在滇南勐海县大黑山原始森林中发现的高达 32.12 米的野生大茶树，树龄约 1700 年，是迄今为止世界上最大的野生茶树。

汉代《华阳国志·巴志》中对此也有确凿的文字记载，曰："自西汉至晋，二百年间,涪陵、什邡、南安(今剑阁)、武阳皆出名茶",“周武王伐纣,实得巴蜀之师……
丹漆、茶、蜜……皆纳贡之",“且园有芳蒻、香茗"。

这些文字表明,巴蜀地区远在 3000 年前的周朝就有人工种植的茶园滇南勐
海,茶已经成为生活中的重要饮品和朝贡给天子的礼物。

2.茶饮的发源时间

中国饮茶起源众说纷纭：有的认为起于上古, 有的认为起于周, 起于秦汉、
三国、南北朝、唐代的说法也都有。

造成众说纷纭的主要原因是唐代以前无“茶"字, 而只有“荼"字的记载。
直到《茶经》的作者陆羽, 方将“荼"字减一画而写成“茶", 因此有茶饮起源
于唐代的说法。

其实, 陆羽在《茶经》中是这么说的：“茶之为饮, 发乎神农氏。"

在中国的文化发展史上, 往往是把
一切与农业、与植物相关的事物起源最
终都归结于神农氏。茶树的起源也不例
外,“神农有个水晶肚,达摩眼皮变茶树",
中国饮茶起源于神农的说法也因民间传
说而衍生出不同的观点。

有人认为茶是神农在野外以釜锅煮
水时, 刚好有几片叶子飘进锅中, 煮好
的水, 其色微黄, 喝入口中生津止渴、
提神醒脑。以神农过去尝百草的经验,
判断它是一种药。这是有关中国饮茶起
源最普遍的说法。

另有说法则是从语音上加以附会,
说是神农有个水晶肚子, 由外观可得见
食物在胃肠中蠕动的情形。当他尝茶时,

神农尝百草

发现茶在肚内到处流动，查来查去，把肠胃洗涤得干干净净，因此神农称这种植物为"查"，再转成"茶"字，而成为茶的起源。

晋代常璩《华阳国志·巴志》："周武王伐纣，实得巴蜀之师，……茶蜜……皆纳贡之。"这一记载表明在周武王伐纣时，巴国就已经以茶与其他珍贵产品纳贡于周武王了。《华阳国志》中还记载，那时已有了人工栽培的茶园，但这时的茶主要是祭祀用和药用。

现存最早较可靠的茶学资料是在汉代，以王褒撰的《僮约》为主要依据。此文撰于汉宣帝神爵三年（前59年）正月十五日，是在《茶经》之前茶学史上最重要的文献。此文涉及当时茶文化的诸多发展状况，如：舍中有客，提壶行酤，汲水作餔，涤杯整案；园中拔蒜，斫苏切脯；

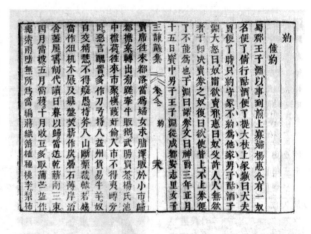

[西汉] 王褒《僮约》书影

筑肉臛芋，脍鱼炰鳖；烹茶尽具，铺已盖藏。……牵牛贩鹅。武阳买茶。杨氏池中担荷，往来市聚，慎护奸偷。其中"烹茶尽具"与"武阳买茶"中的"荼"即今"茶"字。

此文表明，茶已成为当时社会饮食的一环，且为待客以礼的珍稀之物，由此可知茶在当时社会地位中的重要。

此外还有中国饮茶起于六朝的说法。有人认为饮茶起于"孙皓以茶代酒"。晋朝陈寿的《三国志·吴志·韦曜传》记载："皓每飨宴，无不竟日，坐席无能否率以七升为限，虽不悉入口，皆浇灌取尽。曜素饮酒不过二升，初见礼异时，常为裁减，或密赐茶荈以当酒。"意思是说，吴王孙皓每次大宴群臣，座客至少得饮酒七升，虽然不完全喝进嘴里，也都要斟上并亮盏。有位叫韦曜的酒量不过二升，孙皓对他特别优待，担心他不胜酒力出洋相，便暗中赐给他茶来代替酒。

从此，"以茶代酒"就成了那些不胜酒力的人们逃避喝酒的一个方法，传于后世。

在此顺便再提一下，孙皓早先被封为乌程侯，乌程（今浙江湖州南）也是我国较早的茶产地。据南朝刘宋山谦之《吴兴记》说，乌程县西20里有温山，出产"御荈"。荈，即茶；御荈，即御茶。说明当时已有专供皇家的御茶园。

也有人认为饮茶自"王肃茗饮"而始。据北魏杨衒之《洛阳伽蓝记》上说，南北朝时，南朝齐的一位官员王肃投奔北魏。他刚来北魏时，不习惯北方吃羊肉、酪浆的饮食，便常以鲫鱼羹为饭，渴了就喝茗汁，一饮便是一斗。北魏都城洛阳的人均称王肃为"漏卮"，就是永远装不满的容器，形容其酒量之大。

几年后，北魏高祖皇帝设宴，宴席上王肃食羊肉、酪浆甚多，高祖便问王肃："你觉得羊肉比起鲫鱼羹来如何？"王肃回答道："鱼虽不能和羊肉媲美，但正是春兰秋菊各有好处。只是茗叶熬的汁不中喝，只好给酪浆做奴仆了。"这个典故一传开，因此茗汁方有"酪奴"的别名。

这段记载说明茗饮已成南人时尚，上至贵族朝士、下至平民均有好之者，甚至是日常生活之必需品，而北人则歧视茗饮。所谓"茗饮"，正说出了唐代之前人们饮茶的方式，就是煮茶。

买得青山只种茶：秦汉茶史

对于茶树的人工种植，虽然文字记载始于周，但茶学界公认是在汉代，即蒙山茶的种植。宋代王象之《舆地纪胜》载曰："西汉有僧从表岭来，以茶实蒙山。"《四川通志》载曰："汉代甘露祖师姓吴名理真手植，至今不长不灭，共八小株。"

蒙山是位于四川雅安县和名山县之间的历史名山。"蒙顶山上茶，扬子江中水。"这是后人对蒙顶茶的最好赞誉。

顾炎武曾说："自秦人取蜀而后，始有茗茶之事。"他认为饮茶是秦统一巴蜀之后才开始传播开来的,肯定了中国和世界的茶叶文化最初是在巴蜀发展起来的。这一说法,已为现在绝大多数学者认同。

巴蜀产茶,可追溯到战国时期或更早,那时巴蜀已形成一定规模的茶区,并以茶为贡品。前文王褒的《僮约》中"烹茶尽具"及"武阳买茶"两句,前者反映成都一带,西汉时不仅饮茶成风,而且出现了专门用具;从后一句可以看出,茶叶已经商品化,出现了如"武阳"一类的茶叶市场。

西汉时,成都不但已形成我国茶叶的一个消费中心,由后来的文献记载看,很可能也已形成了最早的茶叶集散中心。不仅仅是在秦之前,秦汉乃至西晋,巴蜀仍是我国茶叶生产和技术的重要中心。

秦汉时期,茶业随巴蜀与各地经济文化而传播。首先向东部、南部传播,如湖南茶陵的命名,就是一个佐证。茶陵是西汉时设的一个县,以其地出茶而名。茶陵邻近江西、广东边界,表明西汉时期茶的生产已经传到了湘、粤、赣毗邻地区。

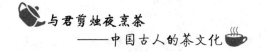

春烟寺院敲茶鼓:三国两晋南北朝茶史

三国、两晋时期,随荆楚茶业和茶叶文化在全国传播的日益发展,也由于地理上的有利条件和较高的经济文化水平,长江中游或华中地区在中国茶文化传播上的地位,逐渐取代巴蜀而明显重要起来。

茶以文化面貌出现,便是在两晋南北朝。

三国时,孙吴据有东南半壁江山,这一地区,也是这时我国茶业传播和发展的主要区域。此时,南方栽种茶树的规模和范围有很大的发展,而茶的饮用也流传到了北方高门豪族。

西晋时长江中游茶业的发展,还可从西晋时期《荆州土记》得到佐证。其文载"武陵七县通出茶,最好",说明荆汉地区茶业的明显发展,巴蜀独冠全国的优势似已不复存在。

　　南渡之后，晋朝北方豪门过江侨居，建康（南京）成为我国南方的政治中心。这一时期，由于上层社会崇茶之风盛行，使得南方尤其是江东饮茶和茶叶文化有了较大的发展，也进一步促进了我国茶业向东南推进。这一时期，我国东南植茶，由浙西进而扩展到了现今温州、宁波沿海一线。

　　不仅如此，如《桐君录》所载："西阳、武昌、晋陵皆出好茗。"晋陵即常州，其茶出宜兴，表明东晋和南朝时，长江下游宜兴一带的茶业也著名起来。三国两晋之后，茶业重心东移的趋势，更加明显化了。

[清]《制茶图·锄地》

　　随着文人饮茶风气之兴起，有关茶的诗词歌赋日渐问世，茶已经脱离作为一般形态的饮食走入文化圈，起着一定的精神、社会作用。

　　这时期儒家积极入世的思想开始渗入茶文化中。魏晋以来，天下骚乱，文人无以匡世，渐兴清谈之风。这些人终日高谈阔论，必有助兴之物，于是多兴饮茶之风。两晋南北朝时，一些有眼光的政治家便提出"以茶养廉"，以对抗当时的奢侈之风。

　　到南北朝时，茶与几乎每一个文化、思想领域都套上了关系，茶的文化、社

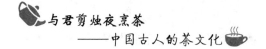

会功用已超出了它的自然使用功能。由西汉到唐代中叶之间，茶饮经由尝试而进入肯定的推展时期。此一时期，茶仍是王公贵族的一种消遣，民间还很少饮用。

到东晋以后，茶叶在南方渐渐变成普遍的作物，文献中对茶的记载在此时期也明显增多。但此时的茶有很明显的地域局限性——北人饮酒，南人喝茶。

且学公家作茗饮：隋唐五代茶史

随着隋唐南北统一的出现，南北文化再次出现大融合，生活习性互相影响，北方人和当时谓为"胡人"的西部诸族，也开始兴起饮茶之风。

渐渐地，茶成为一种大众化的饮料并衍生出相关的文化，影响社会、经济、文化越来越深。

1. 茶叶生产和技术中心的转移

六朝以前，茶在南方的生产和饮用已有一定发展，但北方饮者还不多。及至唐朝中后期，如《膳夫经手录》所载："今关西、山东，间阎村落皆吃之，累日不食犹得，不得一日无茶。"中原和西北少数民族地区，都嗜茶成俗，于是南方茶的生产，随之空前蓬勃发展了起来。尤其是与北方交通便利的江南、淮南茶区，茶的生产更是得到了格外发展。

唐代中叶后，长江中下游茶区不仅茶产量大幅度提高，就是制茶技术，也达到了当时的最高水平。湖州紫笋和常州阳羡茶成了贡茶就是集中体现。茶叶生产和技术的中心，已经转移到了长江中游和下游，江南茶叶生产，集一时之盛。

据史料记载，安徽祁门周围千里之内，遍地种茶，山无遗土，从业于茶者十之七八。

同时由于贡茶设置在江南，大大促进了江南制茶技术的提高，也带动了全国各茶区的生产和发展。

由《茶经》和唐代其他文献记载来看，这时期茶叶产区已遍及今之四川、陕西、湖北、云南、广西、贵州、湖南、广东、福建、江西、浙江、江苏、安徽、河南等 14 个省区，几乎达到了与我国近代茶区约略相当的局面。

2. 繁盛的唐代茶业

唐代茶文化的形成与禅教的兴起有关。因茶有提神益思、生津止渴功能，故寺庙崇尚饮茶，在寺院周围植茶树，制定茶礼、设茶堂、选茶头，专呈茶事活动。在唐代形成的中国茶道，便可分宫廷茶道、寺院茶礼、文人茶道三大类。

贞观年间，百业待兴，茶业也逐渐兴旺起来。开明的经济政策、发达的交通、往来的商贾、茶丝交易的兴盛，为饮茶的传播和普及提供了便利的市场条件。上至朝廷显贵，下至黎民百姓，形成了"举国之饮"的社会风尚。

唐朝统治阶级重视茶业，提倡饮茶，甚至为了确保百姓的生活用粮，推行过禁酒令，引导百姓饮茶，以茶代酒。

公元 641 年文成公主嫁给松赞干布时，茶作为陪嫁之物而入藏。随后，西藏饮茶之风兴起，甚至达到"宁可三日无粮，不可一日无茶"的程度。

此外，唐代还兴起了"茶马交易"，开始与周边少数民族贸易往来，用茶叶、丝绸换回良马、玉石等物品，少数民族的饮茶之风也开始兴起。

［唐］周昉《调琴啜茗图》

3. 茶文化的确立

陆羽（733—804），字鸿渐，汉族，唐朝复州竟陵（今湖北天门市）人，一生嗜茶，精于茶道，以著《茶经》而闻名于世，他对中国茶业的发展作出了卓越贡献，被誉为"茶仙"，尊为"茶圣"，祀为"茶神"。

佛门出身的陆羽一直注意收集历代论及茶叶史料，并且亲自参与调查和实践，通过对几十年经验的总结，撰成《茶经》。

《茶经》是我国茶文化发展到一定阶段后的产物，也是中国乃至世界现存最早、最完整、最全面的茶学专著，被誉为"茶叶百科全书"。它详细记录了茶叶生产的历史、源流、现状、生产技术以

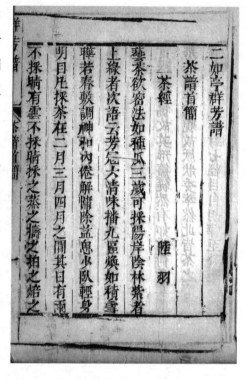

陆羽《茶经》书影

及饮茶技艺、茶道原理，是研究中国古代茶业的重要著作。同时，它也将普通茶事升格到精神层次，推动了中国茶文化的发展。

从文化学的角度讲，《茶经》在唐代的出现并不是偶然的现象，而是我国饮茶文化发展的必然结果。《茶经》一书，将我国有关茶的知识与经验进行了理论上的升华，并通过对饮茶相关内容的规范化，把儒、道、佛等思想融合到饮茶的过程之中，使饮茶的文化内涵趋于深刻和丰富，对我国茶文化的发展起到了承前启后的作用。

4. 文人雅士"茶话会"

唐代，茶会、茶宴开始兴起并成为时尚。文人雅士邀见朋友聚会，或厅堂或

庭院，以茶相待，兴致极浓，或吟诗作赋，或填词作画，或切磋技艺，或促膝谈心，欢快非常，被称作"茶话会"，并且成为一种固定的民族文化形态，历代相传。

自从陆羽提倡茶"精行俭德"后，茶走上了淡泊宁静之路，奢华的茶宴在中原一带开始走下坡路，但文人所举办的小型茶宴仍然长盛不衰。

文人茶宴，讲究环境的清幽、茶具的雅洁、人的襟怀冲淡以及朋友间的志同道合。

其次，由于唐中晚期安史之乱的影响，国力日趋衰微，许多诗人报国无门，唯以吟风弄月品茶的精神内涵与文人的幽寂心态得以契合，茶便成为文人精神的寄托。

如唐代著名诗人卢仝《走笔谢孟谏议寄新茶》诗云：

蓬莱山，在何处。玉川子，乘此清风欲归去。
山上群仙司下土，地位清高隔风雨。
安得知百万亿苍生命，堕在巅崖受辛苦。
便为谏议问苍生，到头还得苏息否。

诗文隐喻了十分丰富而深刻的哲理，且儒家的入世思想、佛教的寂静、道家的羽化，在诗中均有反映，表达了作者忧国忧民的济世之情。

5. 寺院僧侣茶道

佛教自唐代开始进入繁盛时期，寺院的发展对茶的传播和饮茶风习的普及起到了不小的作用。寺院大多数建在名山中，这些地方的气候、水土等自然条件往往很适合茶树的生长。寺院旁边一般都建有茶园，多有名茶传世，如灵隐佛茶等。

僧人坐禅清修、净化灵魂，往往借助于茶、得益于茶。起初僧人饮茶是为了充饥，当时茶类似于羹饮，故为茗粥充饥，有助于长时间禅修提神。

真正把茶与佛理结合在一起的，则来自佛教典故"茶禅一味"，虽然茶理并非禅理，但既然能够借茶理阐述禅理说明茶与禅某种程度上确实有其相通之处。

自饮茶在寺庙普及之后，饮茶成为寺庙僧徒十分重要的生活内容，后期饮茶被纳入寺庙戒律中，规范了茶礼制度，并专门设置了"茶堂"供辩佛说理、招待施主、佛友品饮。遇重要节日，往往举行大型茶宴，宾客们闻香品茶，探讨佛理，也讲茶道。其次还办小型茶会、行茶礼、写茶诗、著茶书，甚至在寺庙附近亲自种茶并精心研究制茶技术。

在饮茶实践中，僧人们爱茶、种茶、研究茶、烹茶、饮茶、赞美茶，茶成了僧家兴佛事、供菩萨、做功课的必备之物，大大丰富了唐代茶文化的内容。

唐代"风俗贵茶"的局面，甚至吸引日本僧众专程来大唐留学，鉴真大师也多次应邀去日本讲学。在对外交往活动中，茶均作为珍贵礼品相赠。

6. 豪华的宫廷茶宴

唐朝的宫廷饮茶具有自己的特色。茶本是清俭之物，但一旦被皇室所重，便身价百倍，平添富贵之气。如陕西法门寺出土的迄今世界上已发现的最早、保存最完整由唐僖宗供奉的宫廷金银二十四器茶具，尽显了唐代皇宫茶器的奢华。

唐代宫廷最主要的两件茶事即宫廷茶宴和赐茶。

［唐］鎏金仙人驾鹤纹壶门座茶罗子

茶宴中规模较大的数清明宴。长安一带流行清明节以茶果祭祀天地、祖先的习俗。据《苕溪渔隐丛话》载："唐茶品虽多，亦以蜀茶为重。然惟湖州紫笋入贡，每岁以清明日贡到。先荐宗庙，然后分赐近臣。"

赏赐大臣之举有犒赏、笼络之意，含有"和""敬"的因素在内，失去了质朴的本质。皇室饮茶虽潇洒浪漫，但其核心是追求豪华、炫耀权势，打上了君臣有别、等级有差的阶级烙印。

7. 五代的茶文化

后梁灭唐后，中国又进入了一个长期分裂动荡的时期。

这一时期，许多文化活动还是直承盛唐风气，尤其在吴蜀、江浙物产丰富的南方地区，战事比北方少，文人品茶论茗之事并未断绝。宋代的陶谷在《清异录·汤社》中记载："和凝在朝，率同列递日以茶相饮，味劣者有罚，号为汤社。"

和凝是五代时期著名的文学家，也是一位朝廷重臣。他在公干之余，经常与同事一起品茶，形成一个小团体，号"汤社"。

［五代］佚名《乞巧图》

至此汤社成为文人聚会的一种正式形式，也开辟了宋人斗茶之风的先例。

与此同时，苏廙在《仙芽传》中所叙制茶汤方法为"点茶法"，明显区别于唐代的直接煎煮法。可见，宋人的点茶法在五代时期便开始出现了。

五代十国时，南唐最为富庶，南唐之茶最有名的就属贡茶——建茶。宋太祖下南唐，得到南唐大片土地、财富，建茶因此也受到了重视。特别在建茶作为皇室专贡之后，地位是其他地区望尘莫及的，这也奠定了宋朝茶文化兴盛的物质基础。

虽说五代时期战争频繁，但这也促使了百姓生活迁徙多变，使得中原和长江流域的茶文化向南北扩展。可以说，五代继唐代饮茶的质朴之风后，进一步加强了茶艺向自然靠近的态势，也才成就了宋人饮茶之风尚，在茶文化的发展上起到了承上启下的作用。

酒渴春浓二碗茶：宋辽金元茶史

从五代到宋、辽、金、元是我国封建社会的一个大转折时期。从茶文化层面来讲，宋代秉承了五代茶文化的内容，并根据自身时代的需求加以发展，同时为元代和明代的茶文化发展开辟了新的景象，是一个承上启下的时代。

这个时期，北方民族崛起，南方民族大融合，中原茶文化通过宋辽、宋金的交往，正式作为一种文化内容传播到了北方牧猎民族当中，奠定了此后上千年北方民族饮茶的习俗和文化风俗，甚至使茶成为中原政权控制北方民族的一种"国策"，成为连接南北经济和文化的纽带。

1. 茶业重心南移

从五代和宋朝初年起，全国气候由暖转寒，致使中国南方南部的茶业较北部更加迅速发展了起来，并逐渐取代长江中下游茶区，成为茶业的重心。这主要表现在贡茶从顾渚紫笋改为福建建安茶，唐代时还不曾形成气候的闽南和岭南一带的茶业，明显地活跃和发展起来。

宋朝茶业重心南移的主要原因是气候的变化，长江一带早春气温较低，茶树发芽推迟，不能保证茶叶在清明前贡到京都。福建气候较暖，如欧阳修所说"建安三千里，京师三月尝新茶"。作为贡茶，建安茶的采制，必然精益求精，名声也愈来愈大，成为中国团茶、饼茶制作的主要技术中心，带动了闽南、岭南茶区的

宋代乌金釉束口盏

崛起和发展。

由此可见，到了宋代，茶已传播到全国各地。宋朝的茶区，基本上已与现代茶区范围相符。明清以后，茶区基本稳定，茶业的发展主要体现在茶叶制法的更新和各茶类的兴衰演变。

及至宋代，文风愈盛，有关茶的知识和文化随之得到了深入的发展和拓宽。此时的饮茶文化大盛于世，饮茶风习深入社会的各个阶层，渗透到日常生活的各个角落，已成为普通人家不可一日或缺的开门七件事之一。以竞赛来提升茶叶技艺的斗茶开始出现，茶器制作精良，种茶知识和制茶技艺得到长足进步，茶书茶诗在宋代时得到大力发扬，创作丰富。文人们文化素养极高且各种生活科学知识也相对厚实。像苏轼、苏辙、欧阳修、王安石、朱熹、蔡襄、黄庭坚、梅尧臣等文学、宗教大家都与茶有深厚的文化因缘并留下大量茶诗、茶词。

宋朝人拓宽了茶文化的社会层面和文化形式，茶事十分兴旺，但茶艺走向繁复、琐碎、奢侈，失去了唐朝茶文化的思想精神。

2. 宋代的茶文化

中国茶文化史上有"茶兴于唐，而盛于宋"的说法，宋代茶文化在继承前代的基础之上，形成了自身特有的品位，出现了独特的斗茶、精美的团茶和大量的茶著。

唐朝之后，宋代的饮茶之风更为普及。同时在茶马贸易的影响下，茶也开始成为周边少数民族的生活必备品。

（1）市民茶文化的鼎盛。

宋以前，茶文化几乎是上层人士的专利，民间虽然饮茶但与文化很少沾边。

宋代茶叶产量的大增和价格的低廉，使宋代市民阶级饮茶更为普及。随着城市集镇和商品经济的发展，各行各业分布街市，休息、饮宴、娱乐的场所一应俱全，茶坊、茶馆便随即兴旺起来。张择端的名画《清明上河图》就生动地展现了宋代茶馆繁荣的一个侧面。

茶馆不仅种类繁多，而且功能灵活多样，以满足不同层次茶客的需求，比起唐代的质朴单纯已经在很多方面得到了丰富和补充，注重物质追求的同时也追求精神享受，担当着社会文化传播和人文交流的重要角色。

《清明上河图》中的茶馆

（2）斗茶之风的盛行。

与唐代相比，宋代的茶文化有了明显的变化。文人雅士热衷于"斗茶"的活动。据考证，斗茶活动开始于唐代的福建建州（也有学者认为创始于广东惠州）。但是到了宋代，这种斗茶活动才开始盛行，而且传播范围甚广，不仅民间流行，甚至波及皇室。

在宋代，文人饮茶更加普遍，茶文与茶诗也远远多于唐代，茶已然在文人的生活中占据着重要的地位。其次，茶道出现了炙茶、碾茶、罗茶、候汤、熁盏、点茶、分茶等琐细、繁复、形式化的基本程序。

（3）龙团凤饼的出现。

由于皇室对贡茶的要求越来越高，宋代开始出现了所谓的龙团凤饼。由于这种茶有龙或凤的图案，所以，称之为龙团凤饼，价值极高。

龙团凤饼与一般的茶叶制品不同，它把茶本身艺术化。制作这种茶有专门的模型。压入模型称"制"，有方形，有大龙、小龙等许多名目。制作这种茶程序极为复杂，采摘茶叶需要在谷雨前，且要在清晨不见朝日。然后精心摘取，再经蒸、炸，又研成茶末，最后制成茶饼，过黄焙干，色泽光莹。制好的茶分为十纲，精心包装，然后入贡。

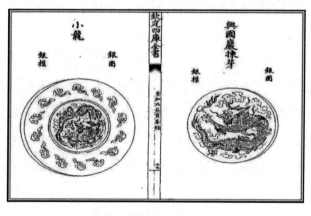

古代小龙团茶插画

这种茶已经不是为了饮用，而是在"吃气派"。欧阳修在朝为官二十余年，才蒙皇上赐了一饼，普通的大众百姓更是品尝不起。这种奢侈的作风完全背离了"茶性俭"的基本精神，是对传统茶文化的背离。

（4）茶叶典籍的大量增加。

宋代茶著的数量比唐代为多，且大多篇幅较长。但这些茶著多着墨于技术问题，对茶道精神的创建并不多。其中比较重要的有蔡襄的《茶录》、宋徽宗赵佶的《大观茶论》、熊蕃的《宣和北苑茶贡》等。

（5）茶马司的设置。

在古代，马匹是一种战略物资，而茶是少数民族不可缺少的生活用品，所以茶马贸易开始引起了朝廷的重视。自宋朝开始，朝廷便设茶马司，专门负责以茶叶交换周边各少数民族马匹的工作。

茶马贸易推动了各民族间的文化交流，而且当内地的茶叶进入少数民族居住区之后，对当地的生活方式也产生了重要的影响。此外，少数民族由于自己的生活习惯对茶提出的特殊要求，又推动适应这种要求的茶叶的加工方式，在此基础之上产生了专门供应少数民族地区饮用的边茶。

宋朝虽在茶文化精神方面失去了唐朝的深刻，但在推动茶文化向各地区、各层面扩展上却作出了重大的贡献。

3. 辽代的茶文化

辽代的茶文化，主要是通过宋辽外交使者引入北方。辽国朝仪中，"行茶"是重要内容。《辽史》中有关这方面的记载比《宋史》还多。

据《辽史》记载，北宋使节到辽，举行参拜仪式后，主客就座，然后就是行汤、行茶。如果北宋的使节要见辽朝皇帝，殿上酒三巡后便先"行茶"，然后再行肴、行膳。

至于辽朝内部礼仪，茶礼更为复杂。如皇太后生辰，参拜之礼后行饼茶，大馔开始

辽张恭诱墓壁画《煮汤图》

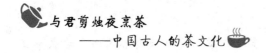

前又行茶。

辽还有朝日之俗，崇尚太阳，拜日原是契丹古俗，但也要于大馔之后行茶，把茶仪献给尊贵的太阳。

4. 金代的茶文化

在南宋与金对峙期间，宋朝的饮茶礼仪、风俗同样影响到女真人，女真人又影响到党项人，从此金和西夏的茶礼大为流行。

金国人不仅在朝廷的礼仪中要行茶礼，民间的茶礼也很烦琐。比如女真人的婚礼就极为重视茶，男女订婚之日首先要男家拜女家，这是北方民族母系氏族制度的遗风。当男方的客人都到了，女方的全部家族成员就稳坐在炕上接受男方的参拜大礼，称之为下茶礼。

5. 元代的茶文化

到了元朝，由于胡汉文化的差异，贡茶制度十分严格，民间茶文化受到严重打压。与宋代茶书兴盛的状况相反，元代茶业迅速滑到了谷底。

忽必烈建元大都后，开始学习中原文化。由于蒙古族人不好繁文缛节，故虽仍保留团茶进贡，但散茶也大为流行。

从宏观上讲，元代对茶的接受，主要是饮食习惯上的接受，而不是对茶的精神文化内涵上的接纳。此外，元代也没有产生茶学的专著，没有人对茶学进行专门的研究。

由于宋代制茶饮茶太过精细，人为的造作太多，元代开始转向质朴无华的自然茶艺。一方面，中原传统文化精神受到了严重的打击，汉人受歧视，文人的地位降低，甚至出现了所谓"八娼、九儒、十丐"之说，这对当时的茶文化冲击很严重。另一方面，蒙古族人也并非反对饮茶，只是反对宋朝奢华、烦琐的饮茶形式，在制茶、饮茶方式上出现了很大变化，出现了茗茶、木子茶、毛茶、腊茶等，开辟了散茶的时代。

散茶饮用简洁、制作方便、价格低廉，走进了民间千家万户，进一步扩大了茶叶的影响与普及面。

这一时期，茶文化也呈现出两种趋势：一方面，元代的"俗饮"即杂饮，除茶叶外，还杂以各类调料、食物等饮用，使饮茶更广泛地与人民生活、民风、家礼相结合；另一方面，元代道教的全真派兴起，道教文化流行，茶人受道家冥合万物道法自然思想的影响，开辟了茶人与自然融合的饮茶风气，使得茶文化更显回归道趣，重返自然。

在此背景下，元朝的文人也无心以茶事表现自己的风流倜傥，而更多地希望在茶中表现自己的清

元墓壁画《茶道图》

节，磨炼自己的意志。茶文化在元代开始走向简约，涉及茶的诗词、文章也很少，仅有极个别的文人写出了一些高水平的茶诗。如元初耶律楚材的《西域从王君玉乞茶因其韵七首》：

积年不啜建溪茶，心窍黄尘塞五车。
碧玉瓯中思雪浪，黄金碾畔忆雷芽。
卢仝七碗诗难得，谂老三瓯梦亦赊。
敢乞君侯分数饼，暂教清兴绕烟霞。

耶律楚材是契丹贵族后裔，由金入元，很受蒙古统治者器重，是元初的重要政治家和大文人。以他当时的地位而得不到好茶，可见当时茶的生产数量剧降。同时从一个侧面透露出当时少数民族对茶和文化的渴求。

由于当时汉族文化受到了北方游牧民族的冲击，饮茶的形式开始由精细转化

为随意，茶文化的精神由深邃转化为稀薄。茶文化的这种变化为明代散茶的盛行提供了条件。

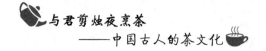 茶烟轻扬落花风：**明清茶史**

明代中国茶文化因袭与创新相融合，新理念、新规范异彩纷呈，传统茶文化发展又到达了一个高峰期。而发展到清代尤其是清晚期，封建社会逐渐走向衰亡，外来文化与本土文化交融，这一特殊的历史时期促进了现代茶文化的萌芽。

明清时期，茶已成为中国人"一日不可无"的普及饮品和文化。清朝之后直至现代，饮茶之风逐渐波及欧洲一些国家，并渐渐成为民间的日常饮料。此后，英国人成了世界上最大的茶客。而我国在茶叶产业技术进步和经济贸易上也有了长足的发展。清代茶叶出口已成一种正式行业，茶书、茶事、茶诗不计其数。

1. 明初茶饮方式的变革

明朝初年，朱元璋下诏废除了茶饼进贡，使得散茶得到较快的发展，多种新茶被创制出来。冲泡散茶之风的兴起，也使饮茶的成本更为低廉，推动了茶的普及。

（1）朱元璋废"龙团"。

元朝时散茶虽然已经得到一定的普及，但贡茶仍采用团饼茶，直到明初才有所改观。明代开国皇帝朱元璋出身于社会底层，深知前朝的弊病与民间的疾苦，认为进贡茶饼有"重劳民力"之嫌，于是下令罢造"龙团"，改进芽茶。

废团茶在客观上推动了芽茶和叶茶的发展，对明朝茶叶技术的革新起到了促进作用。宋代以来知名茶叶寥寥无几，仅文献中提及的日注、双井等几种。到了明代，由于制茶技术的改进，各地的名茶发展很快，品类日渐增多，仅黄一正的《事物绀珠》一书中辑录的"今名茶"就有 97 种之多，绝大多数都是散茶。

在散茶、叶茶发展的同时，其他茶类也得到了全面的发展，乌龙茶、黄茶、黑茶、白茶等都已出现。

（2）冲泡散茶之风兴起。

由于明太祖朱元璋的提倡，散茶成为主要的饮茶方式。虽然以前的煎茶与点茶的方法依然存在，但是已经成为大部分人寄托情怀的一种特殊的方式。

据现有的资料看，散茶冲泡在当时已经得到了绝大部分人的认同，如文震亨《长物志》载："简便异常，天趣悉备，可谓尽茶之真味矣。"可见，简单方便的冲泡散茶之法，深为大众所欢迎。

如果说明以前的饮茶还是上层人士部分人的专利，那么从明代开始，饮茶逐渐成为普通百姓日常生活中不可或缺的重要组成部分，而且与社会生活、民俗风情等结合起来，产生了深入而广泛的影响。

朱元璋废除团茶后，他的第十七个儿子宁王朱权对一些新的品茶、饮茶方式进行了变革，简化了传统的品饮方式和茶具，开创了清饮之风。此外，朱权的品饮方式经后人改进后，形成了一套简单的烹饮方法，影响颇为深远。

（3）明初茶人以茶雅致。

明朝以程朱理学为统治思想，文人只能做八股抒发政见。不少文人怀才不遇并痛恨世俗权贵，托志于琴棋书画，饮茶也成了他们的精神寄托，其志并不在茶，而常以茶雅志，代表人物有朱权和"吴中四杰"、唐寅和文徵明等。

2. 晚明饮茶的脱俗化

自明初废团茶而兴散茶之后，文人们在讲究品饮艺术的同时又开始追求饮茶的器具之美，从而使明代晚期的茶文化呈现出一些新的特点，即人们饮茶注重的是内在精神的高度和谐。

明代后期，世俗文学逐渐发展起来，许多文人开始从科举考试中脱离出来，将写作作为自己的谋生之道，过着散淡而悠闲的日子。为了消磨时光，文人们把

大量的精力用在饮茶上，对茶、水、具、环境的要求
渐为精细，品茶成了一种心灵的寄托。

明代文人作品里有关自然环境的描写，出现最频
繁的是石、松、竹、烟、泉、云、风、鹤等仙境之物，
没有丝毫世俗气。偶尔提到采茶的农民，但也是从欣
赏田园风景的角度来描绘，很少谈到百姓的生活。许
多文人甚至是为环境而环境，为清寂而清寂，达到了
不食人间烟火的地步。

在明代，由于冲泡散茶成为人们的主要饮用方式，
茶壶得到更为广泛的应用。最为突出的是紫砂茶壶的
出现，因其材质和风格正好迎合了当时社会所追求的
闲雅、自然、质朴、端庄、平淡之风，在文人的推崇下，
以及一大批制壶名家如李仲芳、时大彬的技术支持下，
紫砂茶具逐渐形成了不同的流派，并最终形成了一门
独立的艺术。

到了晚明时期，社会矛盾复杂，文人们脱离现实，
走上了独善其身的道路；再加上当时王阳明的"心学"
流行，这些思想反映在茶艺上，就是对茶、水、器的
唯美追求，而紫砂壶恰好满足了人们的审美需求，从
而更为流行。此时的茶与茶具在一定程度上已经摆脱

[明] 文徵明《品茶图》

了物质属性，更多地彰显一种境界。可以看出，晚明文人对饮茶的氛围与意境的
追求，唯恐不够雅致。

3. 清代中前期的茶文化

清代，既是传统茶文化的终结，也是现代茶文化的开始。中国茶文化开始从
文人文化向平民文化转变，并最终成为茶文化的主流。除了规模宏大的宫廷茶宴，
茶馆也如雨后春笋般出现，成为社会各阶层的活动舞台。

（1）恢宏的清代宫廷茶宴。

清代民间基本沿袭着明代的茶文化的路径，基本上没有太大变化，但是宫廷茶宴却有较大的发展，为历代之最。

在我国的茶文化史上，真正的宫廷茶宴开始于唐朝，但最为繁盛的还是清代。

清代的宫廷茶宴规模远超唐宋。据史料记载，在乾隆时期，仅重华宫举办的"三清茶宴"就有43次之多。"三清茶宴"为乾隆所创，后固定在重华宫举办，所以也称为重华宫茶宴。

"三清茶宴"于每年的正月初二至初十间择时举办，参加者多为文臣，如大学士、九卿及内廷翰林。每次举行之前，都要选择一件朝廷的时事作为主题，然后群臣在茶宴上联句吟颂。宴会所用的"三清茶"由乾隆皇帝亲自调制，采用梅花、佛手、松石入茶，并以雪水烹之而成。在这里，茶象征着浩荡的皇恩和无限的荣耀。

［明］钱榖《惠山煮泉图》

此外，在康熙和乾隆年间，宫廷中还举办过4次规模庞大的"千叟宴"，参加宴会的人数最多的时候达到3000多人，真可谓"亘古未有之盛举"。每次"千叟宴"的程序都是先饮茶，然后饮酒，再饮茶。凡赏茶者，都是职位较高的王公大臣。茶在宫廷大宴中占有重要的地位，在宫廷礼仪中也扮演着重要的角色。

宫廷茶宴一反民间饮茶的朴实，其奢侈华贵的排场与茶道"清""俭""和""寂"

相背离。宫廷茶宴虽精致、富贵，但其本质只是一种明伦理、敦教化、稳臣民的手段，其严格的等级关系也违背茶道的基本精神。但宫廷饮茶的时间长、影响大，又有特定的茶俗茶礼，所以仍是茶文化的重要组成部分。

清·金廷标《品泉图轴》

（2）茶馆的鼎盛时期。

中国的茶文化在清代发生了很大的变化，开始从文人文化向平民文化转变，茶开始与普通百姓的日常生活结合起来，成为民间俗礼的一部分。

茶在民间普及的一个重要表现就是茶馆的兴起。

"茶馆"一词，最早见于明代的史料。明末张岱《陶庵梦忆》中有"崇祯癸酉，有好事者开茶馆"的记载，而后茶馆成为通称。在明代末期，北京曾出现过只有一桌几凳的简易露天茶摊。

茶馆的真正鼎盛时期是在清朝。清代的茶馆不仅数量多，而且种类繁多，功能齐全。据有关的资料记载，康熙、雍正、乾隆时期仅杭州就有大小茶馆800多家。吴敬梓的《儒林外史》中也有这样的记载："庙门口都摆的是茶桌子，这一条街，单是卖茶就有三十多处，十分热闹。"由此可见当时茶馆的繁盛。

4.清晚期的茶文化

清末时期，中国饱受帝国主义的侵略，有志之士大多抱有忧国忧民和挽救国家之心，那种以文化为雅玩的消闲之举已不为士人所取。作为高洁的民族情操的象征，茶文化深入人民大众之中，与百姓日常生活结合，成为人民大众的精神依托。

自明代以来，由于散茶的流行以及饮茶方式的简易化，复杂的茶具也得以简化，紫砂壶、青玉壶、景泰蓝壶等各式陶瓷壶百花齐放，这促进了茶快速地融入了民众的伦常观念及生活习俗中。

随着品茶需求的扩大，市面上出现了各式各样的茶馆，提供了各阶层人们进行活动的场所。在北京，书茶馆、清茶馆、戏茶馆等大量涌现，经商的、唱曲的、卖艺的、做官的都聚集茶馆。一个个茶馆就是一个个舞台，形形色色的人在上面

[清]吕焕成《蕉阴品茗图》

展示不同的人生和社会的各个层面，俨然就是一个浓缩的社会。

清代也有很多值得谈及的艺术作品，如诗歌、小说、绘画等都融入了对饮茶的思考和蓬勃的创新力，小说如《镜花缘》《儒林外史》《红楼梦》等章节，绘画方面有清人丁观鹏的《太平春市图》以及上海的月份牌、广告插画等，生动而真实地勾勒了清末茶文化的大致轮廓。这也说明了茶文化开始从特定阶层中解放出来成为大众文化，为茶文化的发展找到了一条新的途径。

民国初年到中华人民共和国成立期间，由于战乱、贫困等原因，中国茶文化发展较为缓慢。直到改革开放后，人民生活水平逐步提高，茶作为饮料再次普及，茶文化得以再度复兴。

025

第二章

我家奇品世间无：古代名茶

我国产茶历史悠久，从唐以前的生煮羹饮，到唐代的蒸青团茶、宋代散茶、明代炒青茶等，历代茶人创造了各种各样的茶类。

受地理条件的影响，各地出产的茶叶风格自有不同；再加各地茶农千百年来实践累积的制茶工艺千差万别，也使得茶叶世界品类丰富，赏鉴不易。

历史上名茶众多，这里只能择其较为知名者介绍一二，探索它们经久不衰的秘密。

金芽嫩采枝头露：古代茶叶类别

我们平时在茶叶店里会见到五花八门的茶叶名称，令人眼花缭乱。其实名称多样化是各产茶地及各产茶商刻意造成的。有的根据茶叶形状的不同而命名，如珠茶、银针等等；有的结合产地的山川名胜而命名，如西湖龙井、普陀佛茶等等；有的根据传说和历史故事命名，如大红袍、铁观音，等等，不一而足。

1. 茶的分类

中国茶叶的分类目前尚无统一的方法，但比较科学的分类是依据制造方法和品质上的差异来划分的。特别是根据各种茶制品中茶多酚的氧化聚合程度由浅入深而将各种茶叶归纳为六大类，即绿茶、黄茶、白茶、青茶、黑茶和红茶——这六大茶类被称为基本茶类。

用这些基本茶类的茶叶进行再加工，如窨花后形成花茶，蒸压后形成紧压茶，浸提萃取后制成速溶茶，加入果汁形成果味茶，加入中草药形成保健茶，把茶叶加入饮料中制成含茶饮料。因此再加工茶类也有六大类，即花茶、紧压茶、萃取茶、果味茶、药用保健茶和含茶饮料。

茶青从采摘下来到杀青这段时间内，在日光萎凋（或热风萎凋）、室内萎凋与搅拌等过程中，发酵就一直在进行，为了适合各地的习惯而分成不发酵的绿茶类、半发酵的青茶类与全发酵的红茶类、后发酵的黑茶类。茶叶中发酵程度的轻重不是绝对的，当有小幅度的误差，依其发酵程度，大约红茶95%发酵，黄茶85%发酵，黑茶80%发酵，乌龙茶60%～70%发酵，包种茶30%～40%发酵，青茶15%～20%发酵，白茶5%～10%发酵，绿茶完全不发酵；而青茶之毛尖并不发酵，绿茶之黄汤反有部分发酵。国际上较为通用之分类法，是按不发酵茶、半发酵茶、全发酵茶、后发酵茶来做简单分类。

[唐] 周昉《宫乐图》

萎凋，是茶叶在杀青之前消散水分的过程，分为日光萎凋与室内萎凋。萎凋不一定会产生发酵，制茶过程中，静置而不去搅拌或促使叶缘细胞膜破裂产生化学变化则将不会引发发酵现象。一般而言，绿茶是不萎凋不发酵；黑茶则是不萎凋后发酵；而黄茶是不萎凋不发酵（黄茶是杀青后闷黄再补足发酵的）；白茶为重萎凋不发酵；青茶、包种茶、乌龙茶为萎凋部分发酵茶。

如依茶青焙火的次数及时间的长短来说明茶叶的类别，则有轻火——生茶、中火——半熟茶、重火——熟茶三类。

茶随着自然条件的变化也会有差异，如水分过多，茶质自然较淡；孕育时间较长，接受天地赐予自较丰腴，所以随着不同季节制造的茶，就有了春茶、夏茶、秋茶、冬茶等不同。

2. 再加工茶

（1）花茶。

用花加茶窨制而成的茶即为花茶，如茉莉花茶、玫瑰红茶、桂花乌龙茶等。

花茶既有鲜花高爽持久的芬芳，又
有茶叶原有的醇厚滋味。

（2）紧压茶。

紧压茶是将毛茶加工、蒸压而
制成的，有茶砖、茶饼、茶团等不
同形态，如福建的水仙饼茶、黑茶
紧压茶，湖南的茯砖、黑砖、花砖等，
云南的饼茶、七子饼茶、普洱沱茶，
四川的康砖、金尖，湖北的老青茶，
广西的六堡散茶等。

（3）添加味茶和非茶之茶。

添加味茶是将茶叶添加其他材
料产生新的口味的茶，如液态茶、
添加草药的草药茶、八宝茶等。

［元］赵孟頫《斗茶图》

非茶之茶是指制作原料中没有茶叶却又习惯上称其为茶的饮料，如绞股蓝茶、
冬瓜茶、人参茶、菊花茶等。

煜若春敷冠六清：绿茶

绿茶，又称不发酵茶，是以适宜的茶树新梢为原料，经杀青、揉捻、干燥等
典型工艺过程制成的茶叶。其干茶色泽和冲泡后的茶汤、叶底以绿色为主调，故
有此名。

绿茶的特性，较多地保留了鲜叶内的天然物质。其中茶多酚、咖啡碱保留鲜
叶的85%以上，叶绿素保留50%左右，维生素损失也较少，从而形成了绿茶"清
汤绿叶，滋味收敛性强"的特点。

科学研究结果表明，绿茶中保留的天然物质成分，对防衰老、防癌、抗癌、杀菌、消炎等均有特殊效果，为其他茶类所不及。

中国绿茶中，名品最多，如西湖龙井、洞庭碧螺春、信阳毛尖、黄山毛峰、庐山云雾、六安瓜片、太平猴魁、峨眉竹叶青等。上等绿茶不但香高味长、品质优异，且造型独特，具有较高的艺术欣赏价值。

绿茶按其干燥和杀青方法的不同，一般分为炒青、烘青、晒青和蒸青绿茶。杀青是绿茶初制的关键工序，通过高温杀青，迅速钝化酶的活性，制止多酚类物质的酶性氧化，保持绿茶绿叶绿汤的特色。

1. 蒸青绿茶

蒸青绿茶在我国湖北恩施、江苏宜兴和浙江余杭、余姚等地均有生产，如玉露茶、阳羡茶、煎茶等。

蒸青绿茶初制的基本工艺，要经过蒸青、冷却、粗揉、中揉、精揉、烘干等工序。

蒸青采用蒸汽机，通过100℃的蒸汽，使鲜叶的叶温在30秒钟之内达到95℃以上，鲜叶中的酶活性迅速受热钝化，从而固定了蒸青叶的绿色。蒸青叶迅速冷却后经粗揉、中揉、精揉三道工序加工，目的是将其揉成直棒略扁的外形，并揉出适度茶汁，便于冲泡。

民国时期茶叶店储藏茶叶的罐子

烘干的目的是蒸发水分至干，利于贮藏保色。烘干的茶叶，要求含水量控制在 4% 左右。

蒸青茶的品质特点是"三绿"，即干茶色泽翠绿，汤色碧绿，叶底鲜绿。

2. 炒青绿茶

炒青绿茶因干燥方式采用炒干而得名，按其形状特点可分为长炒青、圆炒青、扁炒青三类。

长炒青精致，形似眉毛，又称眉茶。其初制基本工艺，包括杀青、揉捻、干燥三个过程。杀青的目的是钝化酶的活性，固定杀青叶的绿色。

长炒青绿茶的品质特点是条索紧结，显峰苗，色泽绿润，香高持久，滋味浓醇，汤色、叶底黄绿明亮。

圆炒青外形呈颗粒状，形圆如珠，又称珠茶。圆炒青是浙江省的名产，主要产在浙江的嵊县、新昌、上虞、余姚等县，台湾地区也有少量生产。

圆炒青初制的基本工艺是杀青、揉捻、干燥，干燥包括二青、小锅、对锅、大锅四个过程。

长炒青绿茶的品质特点是外形圆紧如珠，身骨重实，香高味浓，耐冲泡。

扁炒青外形扁平，又称扁形茶。扁炒青为名优绿茶，多为手工炒制。炒制的基本工艺是青锅、摊晾、烩锅三道工序，炒制的全过程在炒锅内完成。

长炒青绿茶具有扁平光滑、香鲜味醇的特点，如西湖龙井茶、千岛玉叶、大方茶等。

3. 烘青绿茶

烘青绿茶主要产于安徽、福建、浙江三省。除了高档的嫩烘青绿茶可直接饮用外，大部分用做窨制各种花茶的原料，称为茶坯或素坯。

烘青绿茶的初制基本工艺与炒青绿茶相同，只是最后一道工序采用烘干而不是炒干。

烘青绿茶的品质特点是外形完整稍弯曲，峰苗显露，干色墨绿，香青味醇，汤色、叶底黄绿明亮。在制绿茶的干燥过程中直接烘干的茶叶，应注重外形紧直程度与嫩度，应不带烟异气味为佳。烘青外形较松，芽叶较完整，香气较清醇，滋味较清爽，汤色较清明，叶底较绿明完整，这样才较耐泡。

4. 晒青绿茶

晒青绿茶是用日光进行晒干的，在湖南、湖北、广东、广西、四川、云南、贵州等省有少量生产。

晒青绿茶是压制紧压茶的原料，其初制工序是杀青、揉捻、晒干，如砖茶、沱茶等，以

[清]《茶景全图·落船图》

云南大叶种的品质最好，称为"滇青"；其他如川青、黔青、桂青、鄂青等品质各有千秋，但不及滇青。

不知黄玉在山茶：黄茶

黄茶的品质特点是"黄叶黄汤"，滋味醇和。这是制茶过程中通过闷黄使茶多酚适量非酶促氧化的结果。其基本制作工艺近似绿茶，但在制茶过程中加以闷黄，因此具有黄汤黄叶的特点。

黄茶制作，有的是揉前堆积闷黄，有的是揉后堆积或久摊闷黄，有的是初烘后堆积闷黄，有的是再烘时闷黄。

知名的黄茶品种有霍山黄芽、君山银针、蒙顶黄芽、沩山白毛尖、鹿苑毛尖等。

黄茶依原料芽叶的嫩度和大小可分为黄芽茶、黄小茶和黄大茶三类。

1. 黄芽茶

黄芽茶是采摘单芽或一芽一叶加工而成，原料非常细嫩，其品质特点是芽头肥壮，色泽黄亮，甜香浓郁，滋味甘甜醇和。

黄芽茶主要包括湖南岳阳的"君山银针"，四川雅安的"蒙顶黄芽"。此外，安徽霍山的"霍山黄芽"在历史上也属此类茶，但由于消费习惯的变化，"霍山黄芽"加工中的闷黄时间越来越短，闷黄程度越来越轻，其品质已十分接近绿茶。

潇湘是湖南的通称，故人们谈及黄茶时，常用"潇湘黄茶数两山"之句。所谓两山，一为岳阳的君山，一为宁乡的沩山。著名的君山银针即属此类，是湖南茶中的极品。

2. 黄小茶

黄小茶是由较细嫩的芽叶加工而成，主要包括湖南的"北港毛尖""沩山毛尖"和湖北的"远安鹿苑"、浙江的"平阳黄汤"。

沩山毛尖产于沩山乡，该乡乃沩山上的一个天然盆地，群山环抱，常年云烟缥缈，景色宜人。

3. 黄大茶

黄大茶是采摘较粗老的芽叶加工而成，主要包括安徽霍山的"霍山黄大茶"和广东韶关一带的"广东大叶青"。

黄茶芽叶细嫩，显毫，香味鲜醇。由于品种的不同，在茶片选择、加工工艺上有相当大的区别。比如，湖南省岳阳洞庭湖君山的"君山银针"茶，采用的全是肥壮的芽头，制茶工艺精

［宋］刘松年《撵茶图》

细，分杀青、摊放、初烘、复摊、初包、复烘、再摊放、复包、干燥、分级等十道工序。

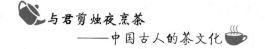

茗外风清赏月影：白茶

白茶属轻微发酵茶，是我国茶类中的特殊珍品。因其成品茶多为芽头，满披白毫，如银似雪而得此名。

白茶生产已有 200 多年的历史，最早是由福鼎市首创的。该市有一种优良品种的茶树——福鼎大白茶，茶芽叶上披满白茸毛，是制茶的上好原料，最初便用这种茶片生产出白茶。由于人们采摘了细嫩、叶背多白茸毛的芽叶，加工时不炒不揉，晒干或用文火烘干，使白茸毛在茶的外表完整地保留下来，这就是它呈白色的缘故。

白茶为福建的特产，主要产区在福鼎、政和、松溪、建阳等地。其基本工艺是萎凋、烘焙（或阴干）、拣剔、复火等工序。萎凋是形成白茶品质的关键工序。

白茶具有外形芽毫完整、满身披毫、毫香清鲜、色黄绿清澈、滋味清淡回甘的品质特点。

白茶因采用原料不同，分芽茶与叶茶两类。

1. 白芽茶

白芽茶的主要代表是白毫银针，完全用大白茶品种的肥壮芽头制成，色泽呈银灰色，毫香新鲜，冲泡后芽尖向上，挺立杯中，慢慢下沉，如春笋破土，非常美观。

2. 白叶茶

白叶茶主要代表是白牡丹，以一芽二叶为原料，萎凋后直接烘干，成茶芽头挺直，叶缘垂卷，叶背披满白毫，叶面银绿色，芽叶莲根，形似牡丹而得名。

还有一种贡眉，也称寿眉，主要产于福建省南平市建阳区，建瓯、浦城等县也有生产，产量约占白茶总产量一半以上。制作贡眉原料采摘标准为一芽二叶至一芽二三叶，要求芽嫩、芽壮，制作工艺与白牡丹基本相同。优质贡眉毫心显而多，色泽翠绿，汤色橙黄或深黄。叶张主脉迎光透视，则呈红色。

唐代白釉煮茶器——茶炉及茶釜

白茶性凉，有健胃提神、祛湿退热之功效，是夏日消凉佳饮，在福建、广东的部分地区深受喜爱。

奇坑香涧出新芽：乌龙茶

乌龙茶亦称青茶，属半发酵茶，茶汁呈透明的琥珀色，是我国独具鲜明特色的茶叶品类。

乌龙茶的品质介于绿茶和红茶之间，既有红茶的浓鲜味，又有绿茶的清芬香气，并有"绿叶红镶边"的美誉，品尝后齿颊留香，回味甘鲜。

乌龙茶还具有独特的药理作用，突出表现在分解脂肪、减肥健美等方面，在日本被称为"美容茶""健美茶"。

乌龙茶综合了绿茶和红茶的制法，所以乌龙茶兼有红茶、绿茶的品质优点。每片乌龙茶叶面上分为三分绿茶、七分红茶，外红内绿，真可谓是"绿叶镶红边"。因此，乌龙茶既有绿茶的清香，又有红茶的香醇。

乌龙茶最独特的品质是其具有天然的花果香。这种独特的品质不仅与其特殊的加工工艺有关，还与茶树品种有着密切的联系。形成乌龙茶的优异品质，首先是选择优良品种茶树鲜叶做原料，严格掌握采摘标准；其次是极其精细的制作工艺。乌龙茶因其做青的方式不同，分为"跳动做青""摇动做青""做手做青"三个亚类。

其实乌龙茶只是总称，还可以细分出许多不同类别的茶，如水仙、白牡丹、黄旦（黄金桂）、本山、毛蟹、武夷岩茶、冻顶乌龙、肉桂、奇兰、凤凰单枞、凤凰水仙、岭头单枞、包种、铁观音等。

中国的乌龙茶主要产于福建、广东、台湾三省，商业上习惯根据其产区不同分为闽北乌龙、闽南乌龙、广东乌龙、台湾乌龙等亚类。

1. 闽北乌龙

闽北乌龙出产于福建省北部武夷山一带，主要有武夷岩茶、闽北水仙等，其中以武夷岩茶最为出名。

而在大红袍、铁罗汉、白鸡冠、水金龟这武夷四大名茶中，大红袍又以其特异的品质、神话般的传说和稀少的数量而愈显得极其珍贵。

2. 闽南乌龙

闽南是乌龙的发源地，闽北、广东和台湾乌龙的制作均由此传入。

闽南乌龙中著名、品质最好的安溪铁观音被誉为"茶王"，入口回甜带蜜味，具有幽远怡人的兰花香，其韵味被称为"观音韵"。

除铁观音外，用黄旦品种制作而成的"黄金桂"，汤色金黄有奇香似桂花，也是闽南乌龙中的珍品。

［宋］赵伯骕作《风檐展卷》

3. 广东乌龙

广东乌龙以广东潮州地区所产的凤凰水仙和凤凰单枞最为著名。

凤凰水仙，又名广东水仙、饶平水仙，原产广东省潮州市潮安区凤凰山，栽培历史悠久。

凤凰水仙所制乌龙茶，香气高浓，汤色金黄，滋味浓郁，甘醇耐泡，品质优良；所制红茶，香气高，汤色红艳，茶汤冷后呈"乳汤"。

凤凰单枞，产于广东省潮州市凤凰镇乌岽山茶区。现在尚存的 3000 余株单枞大茶树，树龄均在百年以上，性状奇特，品质优良，单株高大如榕，每株年产干茶 10 余公斤。因成茶香气、滋味的差异，当地习惯将单枞茶按香型分为黄枝香、芝兰香、桃仁香、玉桂香、通天香等多种。

单枞茶实行分株单采，当新茶芽萌发至小开面时（即出现驻芽），即按一芽、二三叶标准，用骑马采茶手法采下，轻放于茶罗内。有强烈日光时不采，雨天不采，雾水茶不采的规定。一般于午后开采，当晚加工，制茶均在夜间进行。经晒青、晾青、碰青、杀青、揉捻、烘焙等工序，历时 10 小时制成成品茶。

凤凰单枞外形条索粗壮，匀整挺直，色泽黄褐，油润有光，并有朱砂红点，冲泡清香持久，有独特的天然兰花香，滋味浓醇鲜爽，润喉回甘，汤色清澈黄亮，叶底边缘朱红，叶腹黄亮，素有"绿叶红镶边"之称。

4. 台湾乌龙

台湾地区所产的乌龙，根据其萎凋、做青程度不同分台湾乌龙和台湾包种两类。

台湾乌龙萎凋、做青程度较重，汤色金黄明亮，滋味浓厚，有熟果味香。

台湾包种选用青心乌龙、

唐代白釉煮茶器——茶碾

台茶 5、12、13 号品种为原料制作而成。因发酵程度较轻，台湾包种叶色较绿，汤色黄亮，滋味近似绿茶。

睡余齿颊带茶香：黑茶

黑茶属于后发酵茶，是我国特有的茶类。

黑茶历史悠久，距今已有 400 多年的历史。最早的黑茶是由四川生产的、由绿毛茶经蒸压而成的边销茶。由于四川的茶叶要运输到西北地区，当时交通不便，运输困难，必须减少体积，蒸压成团块。在加工成团块的工程中，要经过 20 多天的湿坯堆积，所以毛茶的色泽逐渐由绿变黑。

由于黑茶的原料比较粗老，制造过程中往往要堆积发酵较长时间，所以叶片大多呈现暗褐色，并形成了茶品的独特风味，因此被人们称为"黑茶"。

黑茶按照产区的不同和工艺上的差别，可以分为湖南黑茶、湖北佬扁茶、云南普洱茶、四川边茶和滇桂黑茶。

黑茶按毛茶初制方法不同，分为老青毛茶和黑毛茶。

老青毛茶晒干后"渥堆"，全部压制成青砖。过去因在湖北羊楼洞压制，所以又称为"洞砖"；砖面有凹入的川字商标，又称为"川字茶"。

黑毛茶在干燥前"渥堆"，有时在压制前还要经过堆积发酵，实际上在压制后自动氧化仍在继续进行。

根据压制的包装和形状，黑茶又可分为篓装、砖形和其他形状三种。

篓装的有湘尖、六堡茶、方包茶。湘尖原料比较细腻，六堡茶较粗老，方包茶则含梗很多。

湘尖过去按品质优次分为天、地、人、和四级，现改为一、二、三、四级。

黑茶可压成每块重 2000 克的砖形，按原料嫩度分为花砖、黑砖、茯砖。

花砖过去为圆柱形，称为"花卷"，每块重 1000 两，所以又称"千两茶"，便于捆在马背上驮运。现在运输条件改进，改成砖形便于装箱。

黑砖是黑茶的传统产品，以产于湖南安化而号称。

茯砖的包装与其他砖茶不同，它不是把砖压好后再用纸包，而是把茶叶装在砖形的纸袋里。

压成其他形状和规

清光绪蓝釉雕寿字盖碗

格的紧压茶还有面包形的康砖、枕形的金尖、圆饼茶、方饼茶等。

对于喝惯了清淡绿茶的人来说，初尝黑茶往往难以入口，但是只要坚持长时间饮用，就会喜欢上它独特的浓醇风味。

黑茶流行于云南、四川、广西等地，同时也受到藏族、蒙古族和维吾尔族的喜爱。由于黑茶主要供边区少数民族饮用，所以又称边销茶。黑毛茶是压制各种紧压茶的主要原料，各种黑茶的紧压茶是藏族、蒙古族和维吾尔族兄弟民族日常生活的必需品，有"宁可一日无食，不可一日无茶"之说。

牡丹枉用三春力：红茶

中国红茶最早出现在福建崇安一带，是一种小种红茶，以后随着发展演变产生了工夫红茶。

红茶属于发酵茶类，是以茶树的一芽二三叶为原料，经过萎凋、揉捻、发酵、干燥等典型工艺过程精制而成。因其干茶色泽和冲泡的茶汤以红色为主调，故名红茶。

红茶创制时称为"乌茶"。由于在加工过程中发生了以茶多酚酶促氧化为中心的化学反应，鲜叶中的化学成分变化较大，茶多酚减少90%以上，产生了茶黄素、茶红素等新成分，香气物质比鲜叶明显增加，所以红茶具有红茶、红汤、红叶和香甜味醇的特征。

我国红茶种类较多，产地较广，有祁门红茶、滇红茶、宜红茶、黔红茶等，以祁门红茶最为著名。

1. 小种红茶

小种红茶是福建省的特产，有正山小种和外山小种之分。

正山小种产于崇安县星村乡桐木关一带，也称"桐木关小种"或"星村小种"。

政和、坦洋、北岭、展南、古田等地所产的仿照正山品质的小种红茶，质地较差，统称"外山小种"或"人工小种"。

正山小种的"正山"二字，是表明其是真正的"高山地区所产"之意，凡是武夷山中所产的茶，均称正山，而武夷山附近所产的茶称外山。

"人工小种"有坦洋小种、政和小种、古田小种、北岭小种等种类，现今人工小种市场已被淘汰，唯正山小种百年不衰。

正山小种外形条索肥实，色泽乌润，泡水后汤色红浓，香气高长，带松烟香，滋味醇厚，带有桂圆汤味，加入牛奶，茶香味不减，形成糖浆状奶茶，茶色更为绚丽。

［明］仇英《玉洞仙源图》

2. 工夫红茶

工夫红茶，是我国特有的红茶品种，也是我国传统的出口商品。

我国工夫红茶品类多、产地广。按地区命名的工夫红茶，有滇红工夫、祁门工夫、浮梁工夫、宁红工夫、湘江工夫、闽红工夫（含但洋工夫、白琳工夫、政和工夫）、越红工夫、台湾工夫、江苏工夫及粤红工夫等。

工夫红茶按品种又可分为大叶工夫和小叶工夫。大叶工夫茶是以乔木或半乔木茶树鲜叶制作而成，小叶工夫茶是以灌木型小叶种茶树鲜叶为原料制成的工夫茶。

3. 红碎茶

红碎茶，也称"切红细茶"，是红茶鲜叶经萎凋、揉捻后，用机器切碎呈颗粒型碎片，然后经发酵、烘干而制成，因外形细碎，故有此称。

红碎茶用沸水冲泡后，茶汁溶出快，浸出量大，汤色红浓，滋味浓强，具有收敛性，可加糖加奶共饮用。

红碎茶主要产于云南、海南、广东、广西、贵州、湖南、湖北、四川、福建等省，其中以云南、海南、广东、广西用大叶种为原料制作的红碎茶品质最好。红碎毛茶经精制加工后分叶茶、碎茶、片茶、末茶四个系列。

红茶可以帮助胃肠消化、促进食欲，可利尿、消除水肿，并强壮心脏功能。红茶的抗菌力强，用红茶漱口可防滤过性病毒引起的感冒，并预防蛀牙与食物中毒，降低血糖值与高血压。

[元] 钱选《卢仝烹茶图》

茶灶安排兽炭红：古代制茶工艺

关于古代的制茶之法，因唐朝以前无专论的茶书，故难以考证。据北魏张揖所著《广雅》一文曰："荆巴之间，采茶叶为饼状……"可得知唐以前已出现做成饼状的团茶，这是确凿无疑的。

1. 唐代团茶的制作工艺

在陆羽的《茶经》中，对于制茶过程及使用器具，分二、三两章分别说明，而团茶的制造方法则细分为采、蒸、捣、拍、焙、穿、藏等七个步骤。

（1）采茶。

茶叶的采摘约在二、三月间，若遇雨天或晴时多云的阴天都不采，一定等到晴天才可摘采。茶芽的选择，以茶树上端长得挺拔的嫩叶为佳。

（2）蒸茶。

将采回的鲜叶放在木制或瓦制的甑（蒸笼）中，甑放在釜上，釜中加水置于火灶上。蒸笼内摆放一层竹皮做成的箪，茶青平摊其上，蒸熟后将箪取出即可。

（3）捣茶。

茶青蒸熟后，趁其未凉前，快速放入杵臼中捣烂，捣得愈细愈好，之后将茶泥倒入茶模。模一般为铁制，模子有圆、方或花形，因此团茶的形状有很多种。

（4）拍茶。

茶模下置檐布（褶文很细、表面光滑的绸布），檐下放石承（受台），承一半埋入土中，使模固定而不滑动。茶泥倾入模后须加以拍击，使其结构紧密坚实不留有缝隙。等茶完全凝固，拉起檐布即可轻易取出，然后更换下一批。凝固的团茶，水分并未干燥，需先置于竹篓上透干。

（5）焙茶。

焙茶又称制茶（炒茶），即用温火烘茶。焙茶是为了再次清除茶叶中的水分，以便更好地保藏贮存；且口感独特，火香浓郁，而且具有去油腻的功效。

茶圣陆羽在《茶经》中记载烘焙茶叶的工具叫"育"，并有"以木制之，以竹编之，以纸糊之"的制作方法。宋代时焙茶工具改称"茶焙"，并提出了将焙茶茶饼存于"漆器中缄藏（封存）之"，以保持茶色常新的储藏方式。

直至明代，一般散条形茶焙茶时，先用大盆贮火，再在旧火灰里埋进未煮燃过的炭，用已燃过的炭块盖在上面后，将火盆放于茶焙下烘茶，制作工艺已经非常精细了。

清代闵钧《焙茶》诗云：

轻轻微飔落花风，茶灶安排兽炭红。
亲炙几番微火候，人声静处下帘栊。

古法焙茶具有香幽味醇、耐冲泡、耐存放、暖胃清肠、久饮养胃等特点，其汤色边缘有金润茶油。

[清]《制茶图·炒茶》

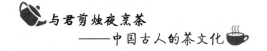
（6）穿茶。

焙干的团茶分斤两贯串，如中国古代的铜钱中有圆孔或方孔，可用线贯穿成串，以便储蓄或携带，团茶因中间有孔穴，故可穿成一串，较利于运销。

（7）藏茶。

团茶的贮藏是件重要的工作，若收藏不当则茶味将大受影响。育器是用来贮茶的工具，它以竹片编成，四周并糊上纸，中间设有埋藏热灰的装置，可常保温热，在梅雨季节时可燃烧加温，防止湿气霉坏团茶。

2. 宋代团茶的制作工艺

宋代对茶的品质更为讲究。据赵汝砺《北苑别录》记载的团茶制法，较陆羽的制法又更精细，品质也更为提高，宋团茶制法是采茶、拣芽、蒸茶、榨茶、研茶、造茶、过黄等七个步骤。

（1）采茶。

由于贡茶的大量需求，只能由训练有素的采茶工担任采茶的工作。采茶在天明前开工，至旭日东升后便不适宜再采，因为天明之前未受日照，茶芽肥厚滋润；如果受日照，则茶芽膏腴会被消耗，茶汤亦无鲜明的色泽。采茶宜用指尖折断，若用手掌搓揉，茶芽易受损。

（2）拣芽。

茶工摘的茶芽品质并不十分匀齐，故须挑拣。形如小鹰爪者为"小芽"，芽先蒸熟，浸于水盆中只挑如针细的小蕊制茶者为"水芽"，水芽是芽中精品，小芽次之。如能精选茶芽，茶之色、味必佳，因此拣芽对茶品质之高低有很大的影响，宋代对茶品质的注重更在唐人之上。

（3）蒸茶。

茶芽多少沾有灰尘，最好先用水洗涤清洁，等蒸笼的水滚沸，将茶芽置于甑中蒸。蒸茶须把握得宜，过热则色黄味淡，不熟则包青且易沉淀，又略带青草味。

（4）榨茶。

蒸熟的茶芽谓"茶黄"，茶黄得淋水数次令其冷却，先置小榨床上榨去水分，再放大榨床上榨去油膏，榨膏前最好用布包裹起来，再用竹皮捆绑，然后放在榨床下挤压，半夜时取出搓揉，再放回榨床，这是翻榨，如此彻夜反复，必完全干透为止，如此茶味才能久远，滋味浓厚。

（5）研茶。

研茶的工具，用柯木为杵，以瓦盆为臼，茶经过挤榨的过程后，已干透没有水分了，因此研茶时每个团茶都得加水研磨，水是一杯一杯地加，同时也有一定的数量，品质愈高者加水愈多杯。研茶的工作得选择腕力强劲之人来做，但加十二杯水以上的团茶，一天也只能研一团而已，可见其制作的费时及费事了，然其品质的精细也是唐代团茶所望尘莫及的。

（6）造茶。

研过的茶，最好手指戳荡看看，一定要全部研得均匀，揉起来觉得光滑，没有粗块才放入模中定型，模有四十余种之多。

（7）过黄。

所谓"过黄"是干燥的意思，其程序是将团茶先用烈火烘焙，再从滚烫的沸

［清］《制茶图·春茶》

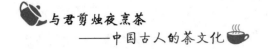

水中迅速掠过——这叫过汤。如此反复三次，最后再用中火烟焙一次，焙好后再过汤出色。然后将焙好的茶放在密闭的房中，用扇快速扇动，如此茶色才能光润。做完这个步骤，团茶的制作就完成了。

3. 炒青法

由于宋代饮茶风气较盛，名茶不下百种之多，技术上也有突破的发展。宋朝末年发明散茶制法，于是制茶法由团茶发展到散茶，使得茶的制法和古法有了一百八十度的转变。到元朝团茶渐次淘汰，散茶则大为发展，末年时又由"蒸青法"改为"炒青法"，明时团茶已不再流行，炒青散茶则大为流行。许次纾《茶疏》所载者，即为炒青制茶法，一直到现在还是使用炒青法。

炒青，是指在制作茶叶的过程中利用微火在锅中使茶叶萎凋的手法，通过人工的揉捻令茶叶水分快速蒸发，阻断了茶叶发酵的过程，并使茶汁的精华完全保留的工序。炒青是制茶史上一个大的飞跃。

手工炒青方法是：做青叶下锅后，立即手抓翻炒，注意青叶均匀翻动，至中间稍有水汽，手感热而烫手，改用两个茶扒（半月形带木柄的木板炒手）炒青，先略抖动一两下，散发部分水分和挥发青气，随即以双茶扒夹住炒青叶翻动，这时有低闷的细胞爆裂声，临出锅时，再稍微抖动，以使之均匀散水，略炒即可出锅揉捻。

传统的手工炒青法，其优点是炒青均匀，闷炒保水程度好，炒青适度容易掌握，能保持炒青后的叶温。

烟缠雾绕雀舌鸣：西湖龙井

西湖龙井简称龙井，属绿茶，居中国名茶之冠，产于浙江省杭州市西湖西南的龙井村四周的山区，已有 1200 多年的历史。

老龙井

杭州西湖地区产茶历史悠久，可追溯到南北朝时期。到了唐代，陆羽在《茶经》中也有天竺、灵隐二寺产茶的记载。宋时西湖周围群山中的寺庙生产的"宝云茶""香林茶""白云茶"等就已成为贡茶。北宋熙宁十一年（1078年），上天竺辩才和尚与众僧来到狮子峰下栽种采制茶叶，所产茶叶即为"龙井茶"。

龙井茶因龙井泉而得名。龙井原称龙泓，传说明代正德年间曾从井底挖出一块龙形石头，故改名为龙井。

关于龙井最初的来由，民间纷纷传说它本是天庭承接玉露的茶杯。

在王母蟠桃会上，一位地仙不慎失手，将茶杯失落到了人间。地仙化作人间和尚的模样，到处寻找。终于有一天来到了西湖湖畔一座形似狮子的山峰脚下，发现了当初那个茶杯的下落。

原来，这只茶杯坠落之时，天上有金光灿烂，落在山峰脚下，这个地方因此得名"晖落坞"。而年深日久，当初的茶杯竟化成了石臼模样，积满尘土青苔，有蛛丝银光闪闪，原来是蜘蛛精正在偷吸茶杯中的琼浆玉露。

石臼的主人是位种茶的老婆婆，地仙与她约定，用金丝带交换这个石臼，约

定日后来取。老婆婆想要把石臼打扫干净，不料一动之下惊动了蜘蛛精。蜘蛛精不愿交出玉露，便将石臼变成了一口深陷地底的石井。

最终，地仙也没能带回他的茶杯。但老婆婆从石臼中清理出的青苔杂物被随手堆在十八棵老茶树下，这些茶树从此就再非凡品。传说这就是龙井十八棵古茶的最初来源。

不过，在明朝以前，龙井茶是经压制的团茶，并不是现在的扁体散茶。至于龙井茶究竟何时成为扁形散茶，目前还没有定论，但有专家考证认为大约是明代后期。此时的龙井茶已成为闻名遐迩的茶中极品。

清朝以后，龙井茶得到皇家的厚爱。先是康熙帝在杭州创设"行宫"，把龙井茶列为贡茶。后来乾隆帝六下江南，有四次曾到天竺、云栖、龙井等地观察茶叶采制过程，品尝龙井茶，大加赞赏，并将狮峰山下胡公庙（寿圣院原址）前的18棵茶树敕封为"御茶"，使得龙井茶身价倍增，扬名天下。

龙井茶园分布于狮子峰、龙井、灵隐、五云山、虎跑、梅家坞一带，多为海拔30米以上的坡地。按具体产地区分，历史上曾分为"狮、龙、云、虎、梅"五个品类。

[清]《制茶图·播种》

龙井茶外形挺直削尖，扁平俊秀，光滑匀齐，色泽绿中显黄。冲泡后，香气清高持久，汤色杏绿，清澈明亮，叶底嫩绿，匀齐成朵，芽芽直立，栩栩如生。品饮茶汤，沁人心脾，齿间流芳，回味无穷。

龙井属炒青绿茶，通过摊青、炒青、回潮、辉锅等工序制成，因产地不同，制茶方法略有差异。高级龙井茶的炒制分为"青锅"和"辉锅"两道工序，工艺十分精湛，传统的制作工艺有抖、带、挤、甩、挺、拓、扣、抓、压、磨十大手法。其手法在操作过程中变化多端，制出的成品茶以"色绿、香郁、味醇、形美"四绝著称于世。

清明节前采制的龙井茶简称明前龙井，美称女儿红，有诗赞道："院外风荷西子笑，明前龙井女儿红。"

梅盛每称香雪海：洞庭碧螺春

碧螺春是中国传统名茶，属于绿茶类，已有1000多年历史。当地民间最早叫洞庭茶，又叫吓煞人香。古人又称碧螺春为"功夫茶""新血茶"，唐朝时就被列为贡品。

洞庭碧螺春产于江苏省吴县（今属苏州市）太湖洞庭山，所以又叫"洞庭碧螺春"。洞庭山分东、西两山，洞庭东山宛若一个巨舟伸进太湖的半岛，洞庭西山是一个屹立在湖中的岛屿。两山气候温和，山水相依，空气清新，云雾弥漫，非常适宜茶树生长。

碧螺春茶条索纤细，卷曲成螺，满披茸毛，色泽碧绿。冲泡后，味鲜生津，清香芬芳，汤绿水澈。细啜慢品碧螺春的花香果味，头酌色淡、幽香、鲜雅；二酌翠绿、芬芳、味醇；三酌碧清、香郁、回甘，使人心旷神怡，仿佛置身于洞庭山的茶园果圃之中，领略那"入山无处不飞翠，碧螺春香百里醉"的意境，真是其贵如珍，不可多得。因此，民间有这样的说法：碧螺春是"铜丝条，螺旋形，

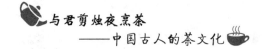

浑身毛，一嫩（指芽叶）三鲜（指色、香、味）自古少"。

碧螺春茶从春分开采，至谷雨结束，采摘的茶叶为一芽一叶。一般是清晨采摘，中午前后拣剔质量不好的茶片，下午至晚上炒茶。

关于碧螺春，还有一段有点悲伤的传说故事。

相传很早以前，西洞庭山上住着一个名叫碧螺的姑娘，东洞庭山上住着一个名叫阿祥的小伙子，两人深深相爱着。

有一年，太湖中出现一条凶恶残暴的恶龙，扬言要娶碧螺姑娘，阿祥决心与恶龙决一死战。一天晚上，阿祥操起渔叉，潜到西洞庭山同恶龙搏斗，直斗了七天七夜，双方都筋疲力尽了，阿祥也昏倒在血泊中。

碧螺姑娘为了报答阿祥的救命之恩，亲自照料阿祥，可是阿祥的伤势仍是一天天恶化。一天，姑娘找草药来到了阿祥与恶龙搏斗的地方，忽然看到一棵小茶树长得特别好，心想：这可是阿祥与恶龙搏斗的见证，应该把它培育好。

碧螺姑娘开始细心照料这棵茶树，还用嘴含一遍芽苞以免它冻坏。当茶树长出了嫩叶，她采下几片嫩芽泡在开水里给阿祥喝。水米不进的阿祥闻到醇正而清

[清]《制茶图·施肥》

爽的茶香，顿时精神一振，喝了下去，恢复了一点元气，能伸腿伸手了。

碧螺姑娘高兴极了，她把茶树上的茶叶全部采了下来，用一张薄纸裹住，放在胸前，用身体的热气暖干这些茶叶，然后用手轻轻搓揉，泡茶给阿祥喝。阿祥喝了这茶，病居然一天天好起来了。

就在两人陶醉在爱情的幸福之中时，碧螺姑娘却一天天憔悴下去了。原来，她的元气全凝聚在嫩叶上了，当嫩叶被阿祥喝完，她的元气已经无法恢复了。

碧螺姑娘死后，悲痛欲绝的阿祥把她葬在了洞庭山的茶树旁。从此，他努力培育茶树，采制名茶。为了纪念碧螺姑娘，人们就把这种名贵茶叶取名为"碧螺春"。

碧螺春原名"吓煞人香"，意思是这种茶香到了极点。据史料记载，康熙十四年（1675 年）仲春时节，康熙南巡驾临太湖，来到洞庭东山。巡抚宋荦命令手下购买"吓煞人香"茶进献皇上。康熙喝了之后，挺喜欢，就问茶的名字。当他知道茶名是"吓煞人香"后，认为此名不雅，以此茶既然出自碧螺峰上，茶叶又卷曲似螺，遂御赐名"碧螺春"。

清代诗人陈康曾有诗云：

从来隽物有嘉名，物以名传愈自珍。
梅盛每称香雪海，茶尖争说碧螺春。
已知焙制传三地，喜得揄扬到上京。
吓煞人香原夸语，还须早摘趁春分。

☕茶中故旧是蒙山：雅安蒙顶茶

蒙顶茶是中国传统绿茶，产于四川省雅安市，因产地为蒙顶山而得名。蒙顶茶的汤色碧清微黄，清澈明亮，滋味鲜爽，浓郁回甜。

据古籍记载，自西汉甘露道人吴理真手植七株茶树于蒙山之巅，至今已有

吴理真小像

2000多年历史。

吴理真被认为是中国乃至世界有明确文字记载最早的种茶人，被称为蒙顶山茶祖、茶道大师。宋孝宗在淳熙十三年（1186年）封吴理真为"甘露普惠妙济大师"，并把他手植七株仙茶的地方封为"皇茶园"，因此，吴理真也被称作"甘露大师"。其所植七株茶树"高不盈尺，不生不灭，迥异寻常"，久饮该茶，有益脾胃，能延年益寿，故有"仙茶"之誉。

相传，有一鱼仙在蒙山拾到几颗茶籽，正巧碰见一个名叫吴理真的采花青年，两人一见钟情。鱼仙将茶籽送给吴理真，相约在来年茶籽发芽时成亲。鱼仙走后，吴理真就将茶籽种在蒙山顶上。第二年春天二人成亲，鱼仙解下肩上的白色披纱抛向空中，顿时白雾弥漫，笼罩了蒙山顶，滋润着茶苗，茶树越长越旺。但好景不长，鱼仙与凡人婚配的事被河神发现了。河神下令鱼仙立即回宫。天命难违，鱼仙只得忍痛离去。临走前，把那块能变云化雾的白纱留下，让它永远笼罩蒙山，滋润茶树。失去鱼仙的吴理真出家为僧，用自己的一生守护着这片茶树。

后来皇帝知道此事，因吴理真种茶有功，便追封他为"甘露普慧妙济禅师"。

在吴氏蒙顶植茶成功之后，蒙山茶农历经东汉、三国两晋南北朝，将蒙茶繁育、扩展到整个蒙山全境。

宋代是蒙顶茶的极盛时期，此时蒙顶茶的质量有很大提高，制茶技艺进一步完善，创制出万春银叶、玉叶长春等贡品。

到唐代，蒙山茶已发展到相当大的规模，品质和数量都超过了其他地区，并在中国享有很高的声誉。唐玄宗天宝元年（742年），蒙顶茶成为贡品，作为土特产入贡皇室。

唐代大诗人白居易《琴茶》诗中提到了蒙顶茶，诗人还把蒙顶茶当作自己的老朋友：

兀兀寄形群动内，陶陶任性一生间。

自抛官后春多醉，不读书来老更闲。

琴里知闻唯渌水，茶中故旧是蒙山。

穷通行止长相伴，谁道吾今无往还。

五代蜀翰林学士毛文锡《茶谱》中载：

蜀之雅州有蒙山，山有五顶，顶有茶园。其中顶曰上清峰，昔有僧病冷且久，尝遇一老父，谓曰：蒙之中顶茶，尝以春分之先后，多构人力，俟雷之发声，并手采摘，三日而止，若获一两，以本处水煎服，即能祛宿疾；二两，当眼前无疾；三两，固以换骨；四两，即为地仙矣。是僧因之中顶筑室以候，及其获一两余，服未竟而病瘥。时到城市，人见其容貌，常若年三十余，眉发绿色，其后入青城访道，不知所终。今四顶茶园采摘不废，唯中顶草木繁密，云雾蔽亏，鸷兽时出，人迹稀到矣。

北宋画家文同善诗文书画、擅画墨竹，他在《谢人寄蒙顶新茶》诗中细致地描述了蒙顶茶的品质、特点和功效等。诗曰：

蜀土茶称圣，蒙山味独珍。

灵根托高顶，胜地发先春。

几树惊初暖，群篮竞摘新。

苍条寻暗粒，紫萼落轻鳞。

的皪香琼碎，蠡蓥绿茝匀。

慢烘防炽炭，重碾敌轻尘。

无锡泉来蜀，乾崝盏自秦。

十分调雪粉，一啜咽云津。

沃睡迷无鬼，清吟健有神。

冰霜凝入骨，羽翼要腾身。

磊磊真贤宰，堂堂作主人。

玉川喉吻涩，莫惜寄来频。

唐代摩羯纹蕾钮三足盐台

宋潞国公文彦博也有二首蒙顶茶诗，其一云：

旧谱最称蒙顶味，露芽云液胜醍醐。

公家药笼虽多品，略采甘滋助道腴。

其二云：

蒙顶露芽春味美，湖头月馆夜吟清。

烦酲涤尽冲襟爽，暂适萧然物外情。

南宋爱国诗人陆游也在《效蜀人煎茶戏作长句》诗中赞美"蒙顶茶"：

午枕初回梦蝶床，红丝小硙破旗枪。

正须山石龙头鼎，一试风炉蟹眼汤。

岩电已能开倦眼，春雷不许殷枯肠。

饭囊酒瓮纷纷是，谁赏蒙山紫笋香？

清代，蒙顶"仙茶"演变为皇室祭祀太庙之物，"皇茶园"外所产茶叶，开始列为正贡、副贡和陪贡。

蒙顶茶的采制工艺极为有趣，尤其是古时的采制风俗，更是隆重而神秘。每逢春分茶芽萌发，地方官即选择吉日，一般在"火前"，即清明节之前，焚香沐浴，穿起朝服，鸣锣击鼓，燃放鞭炮，率领僚属并全县寺院和尚，朝拜"仙茶"。礼拜后，"官亲督而摘之"。

贡茶采摘由于只限于七株，数量甚微，最初采六百叶，后为三百叶、三百五十叶，最后以农历一年三百六十日定数，每年采三百六十叶，由寺僧中精于茶者炒制。

炒茶时寺僧围绕诵经，制成后贮入两银瓶内，再盛以木箱，用黄缣丹印封之。

临发启运时，地方官再次卜择吉日，朝服叩阙。所经过的州县都要谨慎护送，至京城供皇帝祭祀之用，此谓"正贡"茶。在正贡茶之后采制的，就是供宫廷成员饮用的雷鸣、雾钟、雀舌、白毫、鸟嘴等品目。

蒙顶茶在历代名茶中的地位较高，号称"天下第一"。唐代称"第一"，五代称"尤佳"，宋代称"最佳""独珍"，明代称"最上"，清代称"最佳""最好""均佳"。

"扬子江中水，蒙山顶上茶"，出自元代文人李德载《赠茶肆》[中吕·喜春来]之曲："蒙山顶上春来早，扬子江心水位高。陶家学士更风骚。应笑倒，销金帐，饮羊羔。"而今，这两句诗已成了蒙顶茶文化的标志。

徽州春意杯中呈：黄山毛峰

黄山毛峰属于绿茶，产于安徽省黄山（徽州）一带，所以又称徽茶。

黄山毛峰成品茶外形细扁稍卷曲，状如雀舌披银毫，汤色清澈带杏黄，香气

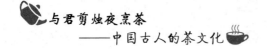

持久似白兰。据《中国名茶志》引用《徽州府志》载："黄山产茶始于宋之嘉祐，兴于明之隆庆。"《黄山志》称："莲花庵旁就石隙养茶，多清香冷韵，袭人断腭，谓之黄山云雾茶。"传说这就是黄山毛峰的前身。

清代江澄云《素壶便录》记述："黄山有云雾茶，产高山绝顶，烟云荡漾，雾露滋培，其柯有历百年者，气息恬雅，芳香扑鼻，绝无俗味，当为茶品中第一。"

据《徽州商会资料》记载，黄山毛峰起源于清光绪年间（1875 年前后），当时有位歙县茶商谢正安（字静和）开办了"谢裕泰"茶行。为了迎合市场需求，清明前后，他亲自带人到黄山充川、汤口等高山名园选采肥嫩芽叶，经过精细炒焙，创制了风味俱佳的优质茶。由于该茶白毫披身、芽尖似峰，取名"毛峰"，后冠以地名为"黄山毛峰"。

黄山是我国景色奇绝的自然风景区，黄山毛峰茶园就分布在黄山区的桃花庵、云谷寺、松谷庵、吊桥庵、慈光阁与歙县东乡的汪满田、木岑后、跳岑、岱岑等地。这里的气候温和，雨量充沛，山高谷深，林木密布，云雾迷漫，空气湿度大，日照时间短。在这特殊条件下，茶树天天沉浸在云蒸霞蔚之中，因此茶芽格外肥壮，柔软细嫩，叶片肥厚，经久耐泡，香气馥郁，滋味醇甜，成为茶中的上品。

相传明朝天启年间，江南黟县新任县官熊开元带书童来黄山春游，不巧迷了路。途中二人遇到一位腰挎竹篓的老和尚，便借宿于寺院中。

长老泡茶敬客时，熊知县细看这茶叶色微黄，形似雀舌，身披白毫，开水冲泡下去，只见热气绕碗边转了一圈，转到碗中心就直线升腾，约有一尺高，然后在空中转一圆圈，化成一朵白莲花。那白莲花又慢慢上升化成一团云雾，后散成一缕缕热气飘荡开来，清香满室。

熊知县询问后方知此茶名叫黄山毛峰，临别时长老赠送此茶一包和黄山泉水一葫芦，并嘱一定要用此泉水冲泡才能出现白莲奇景。

熊知县回县衙后正遇同窗旧友太平知县来访，便将冲泡黄山毛峰表演了一番。太平知县甚是惊喜，后来他到京城禀奏皇上，想献仙茶邀功请赏。皇帝传令他进宫表演，然而却不见白莲奇景出现。皇上大怒，太平知县只得据实说道乃黟县知县熊开元所献。

皇帝立即传令熊开元进宫，熊开元进宫后方知是未用黄山泉水冲泡之故，讲明缘由后请求回黄山取水。

熊知县来到黄山拜见长老，长老将山泉交付予他。熊开元在皇帝面前再次冲泡玉杯中的黄山毛峰，果然出现了白莲奇观。皇帝看得眉开眼笑，便对熊知县说道："朕念你献茶有功，升你为江南巡抚，三日后就上任去吧。"

熊知县心中感慨万千，暗忖道："黄山名茶尚且品质清高，何况为人呢？"于是脱下官服玉带，来到黄山云谷寺出家做了和尚，法名正志。如今在苍松入云、修竹夹道的云谷寺下的路旁，有一墣庵大师墓塔遗址，相传就是正志和尚的坟墓。

[清]《制茶图·采茶》

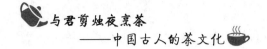

雾芽吸尽香龙脂：庐山云雾茶

庐山云雾茶属于绿茶，古称"闻林茶"，因产自中国江西的庐山而得名。

传说云雾山上有座凤凰坡，满坡都是茶树，有一对凤凰常在茶树上梳理羽毛，昂头鸣唱。乾隆年间，朝廷每年向苗家索取"贡茶"，而且"贡茶"数量年年增加，苗家百姓实在无法活下去了，就打算毁了茶树。他们用开水浇在茶树上，烫得茶树一片焦黄，然后去禀报官府。县官大发雷霆，要惩办毁茶之人。愤怒的百姓提着刀、棒，从四面围了上来，吓得县官连忙答应禀报皇上，免去贡茶，然后匆匆逃去。

那对凤凰见茶树枯萎伤心极了，一边飞，一边哭。凤凰泪滴在茶树上，没有多久，茶树转青复活，枝叶又显得郁郁葱葱了。

凤凰坡的茶树经过凤凰泪的浇灌，品质更加优异。这就是传说中的庐山云雾。

庐山云雾成品茶以条索粗壮、青翠多毫、汤色明亮、叶嫩匀齐、香高持久、醇厚味甘"六绝"而久负盛名。

庐山云雾茶最早是一种野生茶，汉朝时东林寺名僧慧远将野生茶改造为家生茶。

唐朝时庐山茶已很著名。唐代诗人白居易，曾往庐山峰挖药种茶，并写下了诗篇：

长松树下小溪头，斑鹿胎巾白布裘。

药圃茶园为产业，野麋林鹤是交游。

到了明代，庐山云雾茶名称已出现在明《庐山志》中，由此可见，庐山云雾茶至少已有300余年历史了。

朱元璋登基后，庐山的名望更为显赫。庐山云雾正是从明代开始生产的，很快闻名全国。明代万历年间的李日华《紫桃轩杂缀》即云："匡庐绝顶，产茶在云雾蒸蔚中，极有胜韵。"

庐山北临长江，东毗鄱阳湖，平地拔起，峡谷深幽。茶树多分布于海拔 500 米以上的修静安、八仙庵、马尾水、马耳峰、贝云庵等处，由于江湖水气蒸腾，蔚成云雾，常见云海茫茫，"千山烟霭中，万象鸿蒙里"，一如太虚幻境，因而有云雾茶之名。

"雾芽吸尽香龙脂，云雾之巅茶韵浓"。云雾的滋润，促使芽叶中芳香油的积聚，也使叶芽保持鲜嫩，便能制出色香味俱佳的好茶，造就出云雾茶的独特品质。

由于天气条件，云雾茶比其他茶采摘时间晚，一般在谷雨后至立夏之间方开始采摘，采后摊于阴凉通风处，放置 4～5 小时后开始炒制，经过杀青、抖散、揉捻、理条、搓条等九道工序精制而成。

［清］《制茶图·揉茶和筛茶》

径山旧寺煮新茶：杭州径山茶

径山茶，产自浙江省杭州市余杭区。

径山茶叶外形细嫩有毫，色泽绿翠，香气清馥，汤色嫩绿莹亮，滋味嫩鲜。

径山因径通天目而闻名，号称"江南第一山"。径山茶与山齐名，始栽于唐，盛于宋，元、明、清时的径山茶仍享誉不衰，形成了源于自然、崇尚自然，讲究真色、真香、真味的独特品质和风味。

据历史记载，在唐代时径山便开始植栽茶树、制作茶叶。可以说，径山茶是浙江历史最为悠久的茶之一。

径山有"茶圣著经之地，日本茶道之源"之美誉。

径山寺与径山茶在唐代闻名以后，一生嗜茶、精于茶道、被奉为"茶圣"的陆羽慕名而至。据《新唐书·隐逸传》记载，陆羽一度隐居双溪将军山麓，并在

[清]《制茶图·晒茶》

径山植茶、制茶、研茶。唐上元元年（760年），陆羽写成了传世名著《茶经》。

南宋咸淳三年（1267年），入宋到径山求法的日本高僧南浦昭明（1235—1380年）返乡，把在径山期间学到的种茶、制茶技术和茶宴礼仪在日本广为传播。

径山茶从起初来客招待、品茶论佛，发展到宋代的"径山茶宴"，继而茶宴东渡扶桑"作客"，流传到了东瀛，演变发展为今天之"日本茶道"。

历代诸多名人如叶清臣、吴自牧、欧阳修、田汝成、谷应泰等，对径山茶的独特品质都曾给予了很高的评价。

慢品徽茶竟似仙：六安瓜片

"天下名山，必产灵草。江南地暖，故独宜茶。大江以北，则称六安。"这是明朝茶学家许次纾继陆羽《茶经》之后，中国又一部茶叶名著《茶疏》开卷的第一段话。

六安瓜片简称片茶，为绿茶特种茶类，产于安徽省六安、金寨、霍山三县（金寨、霍山旧时同属六安州）大别山一带。因其外形如瓜子状，又呈片状，故名六安瓜片。它最先产于金寨县的齐云山，而且也以齐云山所产瓜片茶品质最佳，所以又名齐云瓜片。

六安瓜片历史悠久，在唐代被称为"庐州六安茶"；在明代始被称为"六安瓜片"，为上品、极品茶；清时为朝廷贡茶。

1905年前后，六安州麻埠地区有一个茶行的评茶师，从收购的上等绿大茶中专拣嫩叶摘下，不要老叶和茶梗，经炒制便作为一种新产品推向市场。这种制茶方法不胫而走，麻埠的茶行也闻风而动，开始雇用当地妇女大规模生产这种优良的茶叶，并起名曰"峰翅"。之后这种制茶工艺又启发了齐头山的一家茶行，他们将采回的鲜叶直接去梗，并分别老嫩炒制，结果事半功倍，制成的茶色、香、形均在"峰翅"之上。于是周围茶农纷纷仿制此法，齐头山附近的

[清]《制茶图·拣茶》

茶户,自然捷足先登。这种茶形如葵花子,遂称"瓜子片",后经人流传就成了"六安瓜片"。

皖西大别山区山高林密,云雾缭绕,气候温和,土壤肥沃,茶树生长繁茂,鲜叶葱翠嫩绿,芽大毫多。

六安瓜片成品与其他绿茶大不相同,叶缘向背面翻卷,呈瓜子形,自然平展,色泽宝绿,大小匀整。六安瓜片宜用开水沏泡,沏茶时雾气蒸腾,清香四溢;冲泡后茶叶形如莲花,汤色清澈晶亮,叶底绿嫩明亮,气味清香高爽、滋味鲜醇回甘。

六安瓜片不仅可消暑解渴生津,而且还有极强的助消化作用和治病功效,因而被视为珍品。

明朝三位名人李东阳、萧显、李士实联手写了七律赞六安瓜片:

七碗清风自六安,每随佳兴入诗坛。

纤芽出土春雷动,活火当炉夜雪残。

陆羽旧经遗上品，高阳醉客避清欢。

何日一酌中霖水？重试君谟小凤团！

六安瓜片在清朝也被列为"贡品"。相传咸丰帝的懿嫔（即后来的慈禧）生下了第八代皇帝同治帝。咸丰帝闻知此事，喜不自胜，便当即谕旨："懿嫔着封为懿妃。"按照宫中规定，慈禧从此便可享受更高一级的生活待遇。于是，在她的饮食规定中就有"每月供给'齐山云雾'瓜片茶叶十四两"的待遇了。

绿华方寸舞霓裳：君山银针

君山银针产于湖南省洞庭湖中的君山岛上，属于黄茶类针形茶。君山茶旧时曾经用过白鹤茶、黄翎毛、白毛尖等名，后来，因为它的茶芽挺直，布满白毫，形似银针，而得名"君山银针"。

据传初唐时，有一位名叫白鹤真人的云游道士从海外仙山归来，随身带了八株神仙赐予的茶苗，将它种在君山岛上。后来，他建起了巍峨壮观的白鹤寺，又挖了一口井。白鹤真人取井水冲泡仙茶，只见杯中一股白气袅袅上升，水气中一只白鹤冲天而去，此茶由此得名"白鹤茶"；又因为此茶颜色金黄，形似黄雀的翎毛，所以别名"黄翎毛"。

后来，此茶传到长安，深得皇帝喜爱，遂将白鹤茶与寺中井水定为贡品。有一年进贡时，由于风浪颠簸把随船带来的井水给泼掉了。押船的州官急中生智，取江水运到长安。皇帝泡茶时只见茶叶上下浮沉却不见白鹤冲天，便随口说道："白鹤居然死了！"岂料金口一开，即为玉言，从此寺中井水枯竭，白鹤真人也不知所踪。但是白鹤茶却流传下来，即是今天的君山银针茶。

"金镶玉色尘心去，川迥洞庭好月来。"君山茶历史悠久，唐代就已生产、出名。据说文成公主出嫁时就选带了君山银针茶入西藏。清朝时，乾隆皇帝下江南时品

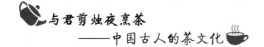

尝到君山银针,十分赞许,将其列为贡茶,素称"贡尖"。据《巴陵县志》记载:"君山贡茶自清始,每岁贡十八斤。"

清代君山贡茶有"贡尖"与"贡蔸"之分。在山上先按一芽一叶(一旗一枪)将鲜叶采回,然后将每枝嫩梢上的芽头摘下,单独制作。制成的茶叶芽尖如箭,白毛茸然,作为纳贡茶品,称为"贡尖"。摘去芽头后剩下的叶片制成的茶叶,色暗而毫少,不做贡品,称为"贡蔸"。可见,君山银针是由贡尖茶演变发展而来。

君山岛土壤肥沃,气候温和、湿度适宜。每当春夏季节,湖水蒸发,云雾弥漫,岛上竹木丛生,生态环境十分适宜茶树的生长。君山银针的制作工艺非常精湛,需经过杀青、摊凉、复包、足火等八道工序,历时三四天之久。

君山银针的质量超群,风格独特,为黄茶之珍品。它的外形,芽头苗壮、坚实挺直、白毫如羽,芽身金黄发亮,内质毫香鲜嫩,汤色杏黄明净,叶底肥厚匀亮,滋味甘醇甜爽,久置不变其味。

用洁净透明的玻璃杯冲泡君山银针时,可以看到初始芽尖朝上、蒂头下垂而

[清]《制茶图·包装》

悬浮于水面，随后缓缓降落，竖立于杯底，忽升忽降，蔚成趣观，最多可达三次，故君山银针有"三起三落"之称。最后竖沉于杯底，如刀枪林立，似群笋破土，芽光水色，浑然一体，堆绿叠翠，妙趣横生，历来传为美谈。

玉泉茗生此中石：当阳仙人掌茶

仙人掌茶产于湖北当阳境内的玉泉山，始创于唐代玉泉寺，至今已有1200多年的历史。

玉泉山远在战国时期就被誉为"三楚名山"，山势巍峨，磅礴壮观，翠岗起伏，溪流纵横，是茶叶的理想产地。

仙人掌茶的创制人是玉泉寺的中孚禅师。中孚禅师俗姓李，是唐代著名诗人李白的族侄。

唐肃宗上元元年（760年），中孚禅师云游到金陵栖霞寺时，恰逢李白也闲游到此。中孚禅师将携带的玉泉寺所产茶叶相赠，李白品尝后，觉得此茶清香滑熟，其状如掌，并了解了该茶产于玉泉寺，又是族侄亲手所制，为此欣然提笔，取名"玉泉仙人掌茶"，并作诗一首并序以颂之：

余闻荆州玉泉寺，近清溪诸山，山洞往往有乳窟，窟中多玉泉交流。

宋徽宗《十八学士图》（局部）

其中有白蝙蝠，大如鸦。按仙经，蝙蝠一名仙鼠，千岁之后，体白如雪，栖则倒悬，盖饮乳水而长生也。其水边，处处有茗草罗生，枝叶如碧玉。唯玉泉真公常采而饮之，年八十余岁，颜色如桃李。而此茗清香滑熟异于他者，所以能还童振枯扶人寿也。余游金陵，见宗僧中孚示余茶数十片，拳然重叠，其状如手，号为"仙人掌茶"，盖新出乎玉泉之山，旷古未觌。因持之见遗，兼赠诗，要余答之，遂有此作。后之高僧大隐，知仙人掌茶，发乎中孚禅子及青莲居士李白也。

常闻玉泉山，山洞多乳窟。仙鼠如白鸦，倒悬清溪月。
茗生此中石，玉泉流不歇。根柯洒芳津，采服润肌骨。
丛老卷绿叶，枝枝相接连。曝成仙人掌，似拍洪崖肩。
举世未见之，其名定谁传。宗英乃禅伯，投赠有佳篇。
清镜烛无盐，顾惭西子妍。朝坐有余兴，长吟播诸天。

从此，玉泉仙人掌茶名声大振。

仙人掌茶外形扁平似掌，色泽翠绿，白毫披露；冲泡之后，芽叶舒展，嫩绿纯净，似朵朵莲花挺立水中，汤色嫩绿，清澈明亮；清香雅淡，沁人肺腑，滋味鲜醇爽口。初啜清淡，回味甘甜，继之醇厚鲜爽，弥留于齿颊之间，令人心旷神怡，回味隽永。

浉水烟波绿茗菁：信阳毛尖

信阳毛尖又称豫毛峰，属绿茶类，产于河南信阳大别山，以原料细嫩、制工精巧、形美、香高、味长而闻名。

唐代，茶圣陆羽所著的《茶经》，把信阳列为全国八大产茶区之一。

宋代，苏东坡曾赞誉"淮南茶，信阳第一"。

清代，信阳毛尖茶已为全国名茶之一。"毛尖"一词最早出现在清末，本邑人把产于信阳的茶叶称为"本山行尖"或"毛尖"，又根据采制季节、形态等不同特点，叫作针尖、贡针、白毫、跑山尖等。

清末，受戊戌变法影响，李家寨人甘以敬与彭清阁、蔡竹贤、陈玉轩、王选青等筹集资金，先后兴建了元贞（震雷山）、宏济（车云）、裕申、广益、森森（万寿）、龙潭、广生、博厚等八大茶社，开垦茶园4万余亩，种茶40多万穴，茶叶生产逐渐复苏。

由于"八大茶社"注重制作技术上的引进、消化与吸收，信阳毛尖加工技术得到快速发展，逐渐改进完善了毛尖的炒制工艺。1913年产出了品质很好的本山毛尖茶，命名为"信阳毛尖"。1915年，浉河区董家河镇车云山生产制作的茶叶获得巴拿马万国博览会金奖。此后，产于董家河"五云山"、浉河港"两潭一寨"、谭家河"一门"（土门）的茶叶定名为信阳毛尖。

［辽］张匡正墓壁画《备茶图》

信阳毛尖茶园主要分布于车云山、集云山、天云山、云雾山、震雷山、连云山、黑龙潭、白龙潭等群山的峡谷之间。这里地势高峻，群峦叠翠，溪流纵横，云雾颇多，滋生孕育了肥壮柔嫩的茶芽，为制作独特风格的茶叶，提供了天然条件。

信阳毛尖风格独特，质香气清，汤色明净，滋味醇厚，叶底嫩绿；饮后回甘生津，冲泡四五次，尚保持有长久的熟栗子香。其成品素来以"细、圆、光、直、多白毫、香高、味浓、汤色绿"的独特风格而享誉中外。

众呼上品古为传：武夷岩茶

武夷岩茶产于闽北"秀甲东南"的名山武夷，茶树生长在岩缝之中。

武夷岩茶历史悠久。据史料记载，商周时，武夷茶就随其"濮闽族"的君长，会盟伐纣时进献给周武王了。西汉时，武夷茶已初具盛名。唐代民间就已将其作为馈赠佳品，被唐代进士徐夤赞誉为"臻山川精英秀气所钟，品具岩骨花香之胜"。宋、元时期已被列为"贡品"。元代时，武夷山设立了"焙局""御茶园"。

明洪武二十四年（1391 年）朱元璋诏令产茶地禁止蒸青团茶，改制芽茶入贡，逐渐向炒青绿茶转变；明末清初由于加工炒制方法不断创新，在制茶过程中不断摸索，就出现了乌龙茶。

清代是武夷岩茶全面发展时期。清康熙年间，武夷岩茶开始远销西欧、北美和南洋诸国。

武夷岩茶可分为岩茶与洲茶。在山者为岩茶，是上品；在麓者为洲茶，次之。从品种上分，它包括吕仙茶、洞宾茶、水仙、大红袍、武夷奇种、肉桂、白鸡冠、乌龙等，多随茶树产地、生态、形状或色香味特征取名，其中以"大红袍"最为名贵。

武夷大红袍是中国名茶中的奇葩，有"茶中状元"之称。它是武夷岩茶中的王者，堪称国宝。

传说有一穷秀才上京赶考，路过武夷山时，病倒在路上。幸好被天心庙的老方丈看见，泡了一碗茶给他喝，他的病就好了，后来这个秀才中了状元。

一个春日，状元来到武夷山谢恩，老方丈将他带到三株高大的茶树前，告诉他当年治愈他的就是这种茶叶。状元听了要求采制一盒进贡皇帝，老方丈答应了。

状元带茶进京，恰逢皇后腹疼臌胀，卧床不起。状元立即献茶让皇后服下，果然茶到病除。皇上大喜，将一件大红袍交给状元，让他代表自己去武夷山封赏。到了九龙窠，状元将皇上赐的大红袍披在茶树上，三株茶树的芽叶在阳光下立刻闪出红色的光辉。后来，人们就把这三株茶树叫作"大红袍"了。

武夷山位于福建省武夷山市东南部，大红袍生长在武夷山九龙窠高岩峭壁上，这里日照短，多光反射，昼夜温差大，岩顶终年有细泉浸润。这种特殊的自然环境，造就了大红袍的特异品质。

武夷岩茶的优良品质除了其独特的生长环境外，更决定于其严格的采制工艺。岩茶的采摘以形成"驻芽"（俗称开面）的新梢顶部三四叶为标准，这与一般红、绿名茶的鲜叶标准不同。鲜叶力求新鲜、完整。对优质品种、名枞采摘时，还规定不能在烈日下、雨中或叶面带有露水时采，以免影响其品质，而且单枞、名枞的采制都要求分开进行，不得混淆。

岩茶加工工艺细致复杂，要经过晒青、晾青、做青、炒青、初揉、复炒、复揉、走水焙、簸扇、摊晾、拣剔、复焙、炖火、毛茶再簸拣、补火等15道工序方能得到成品岩茶，足见其来之不易。

武夷岩茶属半发酵青茶，其成品条形

［南宋］刘松年《补衲图》（局部）

壮结、匀整，色泽绿褐鲜润，冲泡后茶汤呈深橙黄色，清澈艳丽；叶底软亮，叶缘朱红，叶心淡绿带黄；具有明显的"绿叶红镶边"之美感。它兼有红茶的甘醇、绿茶的清香；泡饮时常用小壶小杯，因其香味浓郁，冲泡五六次后余韵犹存。这种茶最适宜泡功夫茶，因而十分走俏。

前月浮梁买茶去：景德镇浮梁茶

浮梁茶产于江西省景德镇市浮梁县。

浮梁产茶历史悠久，汉代即有僧人种植和采集茶叶。唐朝诗人白居易在其名著《琵琶行》中有"商人重利轻别离，前月浮梁买茶去"的描写，说明当时浮梁茶叶市场已颇有名气。

[宋] 刘松年《博古图》

至唐以后，浮梁的"仙芝""嫩蕊""福合""禄合"等茶，以其"色艳、香郁、味醇、形美"四绝，历宋、元、明、清数代而不衰，并选为贡品。

元代，浮梁绿茶生产工艺已趋定型。明汤显祖在其《浮梁县新作讲堂赋》一文中，曾对浮梁茶有过描述："今夫浮梁之茗，冠于天下，帷清帷馨，系其薄者……"

清道光年间，红茶制作工艺传入浮梁，给浮梁茶叶生产带来了技术性的革命。浮梁工夫红茶以其"外形美观、汤色红艳、滋味醇厚、回味隽永"闻名，远销欧美市场。

浮梁红茶简称"浮红""祁红"，多产自浮梁北部和东北部。那里自然条件优越，山地、森林很多，植被广袤而温暖湿润；土层深厚，雨量充沛，多云多雾，"晴天早晚遍地雾，阴雨成天满山云"，很适宜茶树生长。加之当地茶树的主体品种——楮叶种内含物丰富、酶活性高，很适合功夫茶的制作。

浮梁绿茶茶叶条索紧细，色泽嫩绿，白毫显露，清香持久，汤色清澈，滋味鲜爽醇正。其中，"浮瑶仙芝"与"瑶里崖玉"为其中翘楚。

浮梁茶外形紧、细、圆、直；色泽干湿翠绿，湿显金黄，香气有板栗、兰花之香，溢味醇厚，叶底明亮。

世间何物比芳醇：安溪铁观音

安溪铁观音属青茶类，乌龙茶类的代表，原产于福建省安溪县尧阳乡，以其成品色泽褐绿、沉重若铁、茶香浓馥、媲美观音净水而得此圣洁之名，被人们誉为"乌龙茶之王"。

安溪产茶始于唐末。宋元时期，铁观音产地安溪不论是寺观或农家均已产茶。据《清水岩志》载："清水高峰，出云吐雾，寺僧植茶，饱山岚之气，沐日月之精，得烟霞之霭，食之能疗百病。老寮等属人家，清香之味不及也。鬼空口有宋植二三株，其味尤香，其功益大，饮之不觉两腋风生，倘遇陆羽，将以补茶话焉。"

明清时期，是安溪茶叶走向鼎盛的一个重要阶段。

相传，1720年前后，安溪尧阳松岩村有个叫魏荫的老茶农，勤于种茶，又笃信佛教，敬奉观音。每天早晚一定在观音菩萨前敬奉一杯清茶，几十年如一日，从未间断。有一天晚上，他睡熟了，朦胧中梦见自己扛着锄头走出家门，他来到一条溪涧旁边，在石缝中忽然发现一株茶树，枝壮叶茂，芳香诱人，跟自己所见过的茶树不同。第二天早晨，他顺着昨夜梦中的道路寻找，果然在一处石隙间找到梦中的茶树。他仔细观看，只见茶叶椭圆，叶肉肥厚，嫩芽紫红，青翠欲滴。魏荫十分高兴，将这株茶树挖回悉心培育并大规模种植。因这茶是观音托梦得到

［辽］张文藻墓壁画《童嬉图》

的，所以取名"铁观音"。

明代，安溪茶业生产的一个显著特点是饮茶、植茶、制茶广泛传遍至全县各地，并迅猛发展成为农村的一大产业。

清初，安溪茶业迅速发展，相继发现了黄金桂、本山、佛手、毛蟹、梅占、大叶乌龙等一大批优良茶树的品种。清代名僧释超全有"溪茶遂仿岩茶制，先炒后焙不争差"的诗句，这说明清代时溪茶生产已十分盛行。

安溪县地处戴云山脉的东南坡，地势从西北向东南倾斜。西部以山地为主，重峦叠嶂，通称"内安溪"。东部以丘陵为主，通称"外安溪"。以往茶区集中于内安溪，安溪铁观音茶树萌发期为春分前后，每年一般分四次采摘，分春茶、夏茶、暑茶、秋茶，制茶品质以春茶为最佳。

铁观音鲜叶采摘一年有春、夏、暑、秋之分，从4月中旬采至10月上旬。各季茶中，春茶最好，秋茶次之，夏、暑茶较差一些。

铁观音采摘须在茶芽形成驻芽、顶芽形成小开面时，及时采下二三叶，以晴天午后茶品质最佳。毛茶的制作需经晒青、晾青、做青、杀青、揉捻、初焙、包揉、文火慢焙等十多道工序。其中做青为形成"铁观音"茶色、香、味的关键。毛茶再经过筛分、风选、拣剔、干燥、匀堆等精制过程后，即为成品茶。

铁观音是乌龙茶的极品，其品质特征是：茶条卷曲，肥壮圆结，沉重匀整，色泽砂绿，整体形状似蜻蜓头、螺旋体、青蛙腿；冲泡后汤色金黄浓艳似琥珀，有天然馥郁的兰花香，滋味醇厚甘鲜，俗称有"观音韵"。

祁红特绝群芳最：祁门红茶

祁门红茶简称祁红，产于中国安徽省西南部黄山支脉区的祁门县一带。

祁门红茶由安徽茶农创制于光绪年间，但史籍记载最早可追溯至唐朝陆羽的《茶经》。

胡元龙（1836—1924），字仰儒，祁门南乡贵溪人。他博读书史，兼进武略，被朝廷授予世袭把总一职。但是胡元龙轻视功名，注重工农业生产，18岁就辞去官职，在贵溪村垦山种茶。清光绪以前，祁门不产红茶，只产绿茶、青茶等，而且销路不畅。

光绪元年（1875年），胡元龙筹建了日顺茶厂，开始用自产茶叶试制红茶。经过不断改进提高，到光绪八年（1883年），终于制成色、香、味、形

胡元龙像

俱佳的上等红茶，胡元龙也因此成为祁门红茶的创始之人。

祁门茶区自然条件优越，山地林木多，温暖湿润，土层深厚，雨量充沛，云雾多，很适宜于茶树生长，所以其生叶柔嫩且内含水溶性物质丰富。

祁红采制工艺精细，采摘一芽二三叶的芽叶做原料，经过萎凋、揉捻、发酵，使芽叶由绿色变成紫铜红色，香气透发，然后进行文火烘焙至干。红毛茶制成后，还须进行精制，精制工序复杂花功夫，经毛筛、抖筛、分筛、紧门、撩筛、切断、风选、拣剔、补火、清风、拼和、装箱而制成。

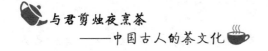
与君剪烛夜烹茶
——中国古人的茶文化

　　高档祁红外形条索紧细苗秀，色泽乌润，冲泡后茶汤红浓，香气清新芬芳馥郁持久，有明显的甜香，有时带有玫瑰花香。祁红这种特有的香味，被称为"祁门香"。

　　茶道的传统茶单上，有一种著名的"满江红"独家茶，其主要成分就是红茶和生姜，以祁门红茶为最好。生姜含多种活性成分，具有解毒、消炎、去湿活血、暖胃、止呕、消除体内垃圾等作用。用红茶混合适当比例的生姜成分，并且做到口感和感官的舒适，这就是"满江红"受到茶客欢迎的奥妙所在。

　　"祁红特绝群芳最，清誉高香不二门。"祁门红茶是红茶中的极品，享有盛誉，是英国女王和王室的至爱饮品，高香美誉，香名远播，美称"群芳最""红茶皇后"。

　　红茶起源于16世纪，在茶叶制造发展过程中，人们发现用日晒代替杀青，揉捻后叶色变红，继而产生了红茶。最早的红茶生产从福建崇安的小种红茶开始。清代刘靖《片刻余闲集》中记述："山之第九曲处有星村镇，为行家萃聚。外有本省邵武、江西广信等处所产之茶，黑色红汤，土名江西乌，皆私售于星村各行。"自星村小种红茶出现后，逐渐演变产生了工夫红茶。

　　除了祁门红茶外，滇红茶、宜红茶与黔红茶也很有名。

　　滇红茶即云南工夫红茶，产于凤庆、临沧、云县、双江、昌宁和勐海等县，历史悠久，被誉为红茶珍品。

　　滇红茶的特点是香气浓高持久，滋味浓烈而醇爽，茶汤红浓色艳；芽壮而肥，色泽黄红鲜明，条形壮实，色泽乌红而光润，含有多种有益成分；且既耐冲泡，又耐贮藏，冲泡三四次香味不减，贮存过年仍味厚如初。

　　滇红茶的采摘期较长。这里的茶树不但春季发芽早，而且全年发芽轮次多，直至冬季仍发芽。为了采养结合，采摘期为每年的3月中旬至11月中旬，分为春茶、夏茶和秋茶，以春茶居多，秋茶最少。制作时大体上要经过萎凋、揉捻、发酵和干燥四大工序，制成毛茶。毛茶经定级归堆后，再分级加工精制，便成为各级滇红茶。

　　宜红茶是驰名中外的传统出口产品，始产于16世纪末，主产地为宜昌、宜都、长阳、五峰四县。由于当时由宜昌集中转运汉口出口，故称"宜红"；四县也被称为"宜红茶之乡"。当时，英国商人曾在此地开设"宝顺合茶庄"采购茶叶。

宜红茶风格独特，品质优良，外形条索紧细，色泽乌黑油润，内质香气馥郁，汤色红浓，滋味醇厚。

宜红工夫茶是红茶类之佳品，早在公元1800年就销往俄国、英国，到1886年前后大量出口，远销欧美各国，享有较高声誉，曾荣获首届中国国际茶博交易会"中华文化名茶"金奖。

黔红是贵州红碎茶的简称，主要产于湄潭、羊艾、花贡、广顺、双流等大中型专业茶场。20世纪50年代末试制成功以来，黔红远销美国、英国、荷兰等国。

贵州红碎茶以其香气高、鲜爽度好、品质独具一格而著称，由于产地、茶树品种和加工方法的不同，其品质各具特色。

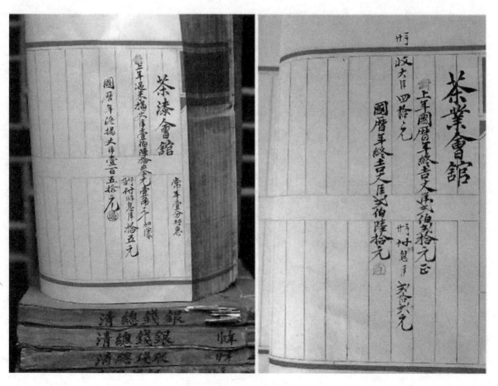

民国时期方正大茶庄账册

箬笼封春贡天子：宜兴阳羡茶

阳羡茶产于江苏宜兴的唐贡山（茶山）、南岳寺、离墨山、茗岭等地，以汤清、芳香、味醇的特点而誉满全国。

阳羡茶历史悠久，古时就称为"阳羡贡茶""毗陵茶""阳羡紫笋"和"晋陵紫笋"，享有盛名。

早在三国孙吴时代，阳羡茶就名驰江南，当时称为"国山茶"。

到了唐代，被称为"茶圣"的陆羽曾在阳羡南山进行了长时间的考察，他评价"阳羡茶"确是"芳香冠世，推为上品"，"可供上方"。

由于陆羽的推荐，"阳羡茶"因此名扬全国，声噪一时。从此，"阳羡茶"被选入贡茶之列，故有"阳羡贡茶"之称。

元代进贡的阳羡茶数量是十分可观的。为了适合蒙古贵族的嗜好，元朝在贡茶院之外，又设置一个名为"磨茶所"的贡茶官署，兼管宜兴的贡茶。到了明代，阳羡茶依旧是贡品。

[清] 吴昌硕《品茗图》

在整个清代的几百年间，随着经济发展和社会变迁，宜兴茶业起起落落，但上层名流、文人雅士，仍然十分喜好阳羡茶，并由饮茶而推崇紫砂壶，使紫砂壶达到鼎盛时期。

阳羡茶不仅深受皇家贵族的偏爱，而且得到文人雅士的喜爱。

唐代诗人卢仝在《走笔

谢孟谏议寄新茶》诗中称："天子须尝阳羡茶，百草不敢先开花。"

曾在宜兴居住的著名诗人杜牧在《题茶山》诗中，也写下了"山实东南秀，茶称瑞草魁""泉嫩黄金涌，芽香紫璧裁"的名句，充分说明了阳羡茶在当时的至尊地位。

多次到宜兴并打算"买田阳羡，种橘养老"的大文豪苏轼，留下了"雪芽我为求阳羡，乳水君应饷惠泉"的咏茶名句。

猴坑遍生兰草花：太平猴魁

太平猴魁，产于安徽省太平县猴坑（今黄山区），属绿茶类，其色、香、味、形独具一格，具有"刀枪云集，龙飞凤舞"的特色，深得茶人好评。

传说古时候，有个小毛猴独自外出玩耍没有回来，老猴立即出门寻找，由于寻子心切，劳累过度，老猴病死在太平县的一个山坑里。

山坑里住着一个心地善良的采茶老人，他发现这只病死的老猴，便将它埋在山岗上，并移来几棵野茶和山花栽在老猴墓旁。正要离开时，忽然听到说话声："老伯，您为我做了好事，我一定感谢您。"

第二年春天，老汉又来到山岗采野茶，发现整个山岗都长满了绿油油的茶树。这时老汉才醒悟过来，这些茶树是神猴所赐。为了纪念神猴，老汉就把这片山岗叫作猴岗，把自己住的山坑叫作猴坑，把从猴岗采制的茶叶叫作猴茶。由于猴茶品质超群，堪称魁首，后来就将此茶取名为"太平猴魁"了。

猴坑位于湘潭南面山麓，属黄山山脉，是中国的古老产茶区之一。境内海拔1000米，湖漾溪流，山清水秀，颐然成画。

清末时这里的茶叶生产和购销十分兴旺。当时南京的江南春茶庄就在太平县收购茶叶，为了获取更多的利润，在所购茶叶中挑选出细嫩芽尖作为新花色茶，运往南京高价出售。此法使家住猴坑的茶农王魁成（外号王老二）很受启发，于是他在凤凰尖的茶园内选摘肥壮细嫩的芽叶，精心制作成尖茶，投放市场，大受欢迎，被人们称作王老二魁尖。

由于王老二魁尖品质出类拔萃，为了与其他魁尖相区别，便取其尖茶中"魁首"之意，同时考虑产地在猴坑一带，而猴坑又地属太平县，将其定名为"太平猴魁"。

太平猴魁问世后不久即得到众茶商的青睐。1912年茶商刘敬之收购后装运至南京，颇受好评。1916年又在江苏省举办的商品陈赛会展出，并获一等金牌奖。从此太平猴魁名扬华夏。

猴坑遍生兰草花，花香逸熏，对茶叶品质形成有利的影响，味厚鲜醇，回甘留味。猴魁的外形，叶里顶芽，有"两刀夹一枪""二叶抱一芽""尖茶两头尖，不散不翘不弓弯"之称。

猴魁芽身重实，白毫隐伏，色泽苍绿匀润，叶脉绿中隐红，俗称"红丝线"。入杯冲泡，徐徐展开，芽叶成朵，嫩绿悦目。汤色清绿明澈，香气高爽，滋味醇厚回甘，独具"猴韵"。其耐泡性特别好，有"头泡香高，二泡味浓，冲泡三四次滋味不减，兰香犹存"之誉。

［清］刘彦冲《复竹炉煮茶图》

来试湖山处女泉：**凤凰水仙**

凤凰水仙，属于乌龙茶类。产于广东省潮州市潮安区凤凰山。其山海拔在1100米以上，属海洋性气候，土质为黄土壤，是茶树良好的生长环境。

凤凰水仙古称鹪嘴茶，也是凤凰镇最主要的茶品。由于历史和地理及茶树自身的变异，许多单株各具特点，形成了很多品系（株系），现有80多个品系。

潮州凤凰山的产茶历史十分悠久，可追溯至唐代。民间盛传宋帝南逃时路经凤凰山，口渴难忍，侍从们从山上采下一种叶尖似鹪嘴的树叶，烹制成茶，饮后既止渴又生津，故后人广为栽种，并称此树为宋种或叫鹪嘴茶。

明朝嘉靖年间的《广东通志初稿》记载："茶，潮之出桑浦者佳。"当时潮安

[元] 赵原《陆羽烹茶图》

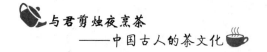

已成为广东产茶区之一。清代，凤凰茶渐被人们所认识，并列入全国名茶。

凤凰茶品质极佳，素有形美、色翠、香郁、味甘四绝之特点。因为选用原料优次，制造工艺精细程度不同，按成品品质，依次分为凤凰单枞、凤凰浪菜、凤凰水仙三个品种。

凤凰单枞茶的品质特点是：外形挺直肥硕，色泽黄褐，有天然花香，滋味浓郁、甘醇、爽口，汤色清澈，叶底青绿镶红，耐冲泡。

凤凰浪菜与单枞相比，选料不那么严格，但制作却非常讲究而繁复，是凤凰水仙中性价比优秀的茶品。凤凰茶的制作包括晒青、晾青、做青、揉青、炒青、烘干等环节，其中做青就是"浪菜"。在茶区，采来的茶叶，人们叫它为"菜青"，更喜欢叫"茶菜"，因为原先用茶就是古人当菜佐食的。"浪菜"中的"浪"在潮汕话中是"翻腾""翻动""摇动"的意思，是凤凰茶制作技术中的一个重要环节。

凤凰水仙味醇回甘，香浓持久，汤黄明澈，叶呈"绿叶红镶边"，外形壮挺，色泽金褐光润，泛朱砂红点。

清丘逢甲《潮州春思》诗云：

曲院春风啜茗天，竹炉搅炭手亲煎。
小砂壶瀹新鹩咀，来试湖山处女泉。

凤凰茶文化源远流长、底蕴深厚，是岭南传统文化的重要一脉，在海内外享有极高声誉，特别在中国广东、中国香港和东南亚国家和地区名声更显。

海雨天风育妙香：白毫银针

白毫银针，属于白茶类，即微发酵茶，是中国福建的特产，被称作"白茶极品"。过去因为只能用春天茶树新生的嫩芽来制造，产量很少，所以相当珍贵。现代生产的白茶，是选用茸毛较多的茶树品种，通过特殊的制茶工艺而制成的。

白毫银针创制于1796年，主要产区为福鼎、柘荣、政和、松溪、建阳等地，素有茶中"美女""茶王"之美称。其外观特征挺直似针，满披白毫，如银似雪。

白毫银针因产地和茶树品种不同，又分北路银针和南路银针两个品种。

北路银针产于福鼎市的太姥山，茶树品种为福鼎大白茶（又名福鼎白毫）。北路银针外形优美，芽头壮实，毫毛厚密，富有光泽，汤色碧清，呈杏黄色，香气清淡，滋味醇和。

南路银针产于政和县、松溪县，茶树品种为政和大白茶。南路银针外形粗壮，芽长，毫毛略薄，光泽不如北路银针，但香气清鲜，滋味浓厚。

白毫银针的采摘十分细致，要求极其严格，有号称"十不采"的规定，即雨天不采，露水未干时不采，细瘦芽不采，紫色芽头不采，风伤芽不采，人为损伤不采，虫伤芽不采，开心菜不采，空心芽不采，病态芽不采。

白毫银针由于鲜叶原料全部是茶芽，制成后，形状似针，白毫密被，色白如银，因此命名为"白毫银针"。其针状成品茶，长约一寸，整个茶芽为白毫覆被，银装素裹，熠熠闪光，令人赏心悦目。冲泡后，香味怡人，饮用后口感甘香，滋

［明］文徵明《惠山茶会图》

味醇和。杯中的景观也使人情趣横生,茶在杯中冲泡,即出现"白云疑光闪,满盏浮花乳"之景,芽芽挺立,蔚为奇观。

白毫银针味温性凉,有健胃提神之效,祛湿退热之功,常作为药用,有降虚火,解邪毒的作用,常饮能防疫祛病。对于白毫银针的药效,清代周亮工在《闽小记》中,有很好的说明:"太姥山古有绿雪芽,今呼白毫,色香俱绝,而尤以鸿雪洞为最,产者性需凉,功同犀牛,为麻疹圣药,运销国外,价同金埒。"白毫银针在海外也被视为珍贵名品。

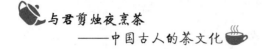 独有普洱号刚坚:普洱茶

云南是茶树原生地,许多茶叶的根源都在云南的普洱茶产区。普洱茶是云南久享盛名的历史名茶。普洱地区原不产茶,只因曾是滇南重要的贸易集镇和茶叶市场,才将出自此处的茶统称为普洱茶,实际普洱茶主产区应是位于西双版纳和思茅所辖的澜沧江沿岸各县。

由于产区自然条件优越,茶树品种多为大叶茶,且茶多酚含量高,制出的普洱茶品质特别优异,味浓耐泡,泡上十余次仍有茶味,因而广受茶人好评。

普洱茶外形条索粗壮肥大,紧压茶形状因茶而异,色泽乌润或褐红,俗称猪肝色,茶汤红浓明亮,滋味醇厚回甜,具有独特陈香,在当地有"爷爷的茶孙子卖"的俗语。

普洱茶香气风格以陈为佳,越陈越好,保存良好的陈年老茶售价极高。普洱茶不仅为饮用佳品,也具有很好的药用保健功效。

经中外医学专家临床试验证明,普洱茶具有降血脂、降胆固醇、减肥、抑菌、助消化、醒酒、解毒等多种作用,有美容茶、减肥茶、益寿茶之美称。

普洱茶历史非常悠久,根据最早的文字记载,早在三千多年前的周武王伐纣时期,云南种茶先民就已将这种茶献给周武王,只不过那时还没有普洱茶这

个名称。到了唐朝，普洱茶开始了大规模的种植生产，称为"普茶"。宋明时期，普洱茶开始在中原地区流行，并且在国家社会经济贸易中扮演重要角色。到了清朝，普洱茶的发展进入了鼎盛时期，据史料记载，早在清初，清政府便将普洱茶正式列入贡茶之中,清代宫廷也一直有"夏喝龙井、冬饮普洱"的传统。

传说，在乾隆年间，普洱地区的濮家茶庄将没有完全晒干的毛茶压饼、装驮进京献给皇帝。由于普洱地处边远山区，交通闭

民国时期茶叶店储藏茶叶的罐子

塞，茶叶运输只能靠人背马驮，所以在运输过程中，由于时间长久以及在外界湿、热、氧、微生物等作用下，茶叶开始变质。等到了京城才发现，原本绿色泛白的茶饼变成了褐色。

护送茶叶进京的茶庄少主人因为贡茶的变质而惊恐万分，甚至想了却自己的生命，但在无意间却发现茶的味道变得又香又甜，茶色也红浓明亮。于是，少主人就将这些变质的茶送进皇宫，并深得乾隆皇帝的喜爱，赐名普洱茶。

清代诗人、文学家查慎行《谢赐普洱茶》诗云：

洗尽炎州草木烟，制成贡茗味芳鲜。

筠笼蜡纸封初启，凤饼龙团样并圆。

赐出俨分瓯面月，瀹时先试道旁泉。

侍臣岂有相如渴，长是身依瀣露边。

普洱茶有两种形式，即散茶和紧压茶。散茶为滇青毛茶，经渥堆、干燥后再筛制分级而成。其商品茶一般分为五个等级。紧压茶则为滇青毛茶经筛分、拼配、渥堆后再蒸压成形而制成。

人们都说普洱茶越陈越香，但是知道其中奥妙的人并不多。因为普洱茶后发酵过程变化复杂，其多酚类大致可分三部分：未被氧化的多酚类物质；水溶性的氧化产物——茶黄素、茶红素；非水溶性的转化物。

在普洱茶的后发酵中，茶黄素和茶红素氧化、聚合，形成茶褐素，从而使茶汤的收敛性和苦涩味明显降低，再加上较高的可溶性糖和水浸出物含量，从而形成了普洱茶滋味醇厚，汤色红褐。茶黄素是汤色"亮"的重要成分，茶红素是汤色红的主要成分，茶褐素是汤色"暗"的主要原因。

普洱茶的香气是普洱茶的原料品种受加工工艺和云南的独特生态气候所致，普洱茶水浸出物质含量是随着年代增加的，于是就有了"新茶便宜陈茶贵"的市场规律，即人们常说的越陈越香。

第三章

碾破云团北焙香：古代茶具

精致的器具可使事物增美，茶具也不例外。

在传统中国家庭中，茶具是必不可少的饰品。它的本色就像一幅白描，简洁而恬静，让人心境平和。一如品茶人的心情，饰家时拥有一套属于自己的完整茶具，尝试自己动手布置茶桌，在家中款待三五好友聚饮闲聊，声色形于茶具，而意寓于茶香。或浓或淡都是一份属于自己的置家心情。

中国茶具，种类繁多，造型优美，兼具实用和鉴赏价值，为历代饮茶爱好者所青睐。茶具的使用、保养、鉴赏和收藏，已成为专门的学问。

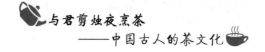

喜共紫瓯吟且酌：茶具的组成与分类

中国茶具源远流长，各个朝代的茶具组成都有其独特之处，但是茶具的基本功能相同，所以按功能可以将茶具分为煮水、备茶、泡茶、品茶和辅助茶具五个部分。中国民族众多，不同民族的饮茶习惯各具特点，所用器具更是异彩纷呈。

1. 陆羽《茶经》中的茶具

茶具，古今定义并不相同。古代茶具，泛指制茶、饮茶使用的各种工具，包括采茶、制茶、贮茶、饮茶等几个大类。陆羽在《茶经》中就是这样概述茶具的。

茶具，其实就是各种与泡茶有关的器具，古时叫茶器。直到宋代以后，茶具与茶器才逐渐合一。现在，茶具则主要指饮茶器具。

陆羽《茶经》中详列了与泡茶有关的用具8大类24种，对茶具总的要求是实用性与艺术性并重，力求有益于茶的汤质，又力求古雅美观。

陆羽在《茶经》中罗列了如下茶具：

风炉：烹煮器具。

灰承：供承灰用。

炭挝：供敲炭用。

火策：供取炭用。

交床：供置物用。

夹：供炙烤茶时翻茶用。

纸囊：用来贮茶。

碾：用于将饼茶碾成碎末。

拂末：用来清掸茶末。

罗合：经罗筛下的茶末盛在盒子内。

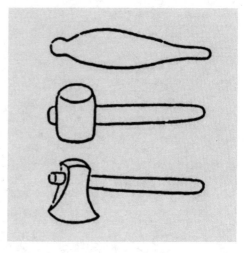

古代炭挝造型

则：供量茶用。

水方：用来煎茶。

水囊：供清洁净水用。

瓢：用来煎茶。

熟盂：供盛放茶汤，"育汤花"用。

鹾簋：盛盐用的器具。

揭：用来取盐。

碗：供盛茶饮用。

畚：放碗之用。

札：供清洗茶器之用。

涤方：用来盛放洗涤后的水。

滓方：用于擦干各种茶具。

具列：用来收藏和陈列茶具。

都篮：用来盛放烹茶后的全部器物。

以上器具都是唐时较为流行的茶具，但并非每次饮茶时必须件件具备。这在陆羽的《茶经》中说得很清楚，在不同的场合下，可以省去一些茶具。

2. 茶具的分类

中国茶具是随着中华民族的饮茶实践、社会发展而不断创新、变化、完善起来的。

按用途来分，可以将茶具分为以下几类：

生火用具：即燃具类，如风炉等。

煮茶用具：即煮水类茶具，如茶铛、茶釜、茶铫。

制茶用具：如茶碾、罗合。

量辅用具：即置茶类物品，如茶匙、茶则。

贮水用具：即贮水类器物，如水方。

调味器具：如盛盐罐。

唐代鎏金仙人驾鹤纹壶门座茶罗子

泡茶用具：如紫砂壶、盖碗杯等。

饮茶用具：如茶碗、茶盅、茶杯等。

清洁用具：如滓方、涤方、茶帚等。

贮物器具：如具列、都篮。

此外，茶具有广义和狭义之分。狭义上的茶具是指泡饮茶时直接在手中运用的器物，具有必备性、专用性的特征；而广义上的茶具则可包括茶几、茶桌、座椅及饮茶空间的各种陈设物。

我国饮茶历史悠久，不同时代的茶具也有很大的差异，很难将茶具的组成做出一个标准的模式。所以，此处只能结合中国茶具的发展史，选择主要器具按功能加以总结。

3. 煮水用具

煮水用具主要有煮水器和开水壶。

煮水器是加热泡茶之水的一种茶具。如古代的"茗炉"，炉身为陶器，可与陶水壶配套，中间置酒精灯等燃烧物用以加热；同时将开水壶放在"茗炉"上，也可以起到保温的作用。

开水壶古代称注子，则是专门用于贮存沸水的工具，其中以古朴厚重的陶质水壶最受人推崇。在民间最为流行的是金属水壶，它传热快，又坚固耐用，而且价格实惠。

（1）茶壶。

茶壶在唐代以前就有了。唐代人把茶壶称"注子"，其意是指从壶嘴里往外倾水。

据《资暇录》载："元和（唐宪宗年号）初酌酒犹用樽杓……注子,其形若罂,

而盖、嘴、柄皆具。"罂是
一种小口大肚的瓶子，唐代
的茶壶类似瓶状，腹部大，
便于装更多的水，口小利于
泡茶注水。

后人把泡茶叫"点注"，
就是根据唐代茶壶有"注子"
一名而来。

约到唐代末期，世人不
喜欢"注子"这个名称，甚

北宋定窑青釉无纹茶壶

至将茶壶柄去掉，整个样子形如"茗瓶"。因没有提柄，所以又把"茶壶"叫
"偏提"。

明代茶道艺术越来越精，对泡茶、观茶色、酌盏、烫壶更有讲究，要达到这
样高的要求，茶具也必然要改革创新。明朝在茶壶上开始看重砂壶，就是一种新
的茶艺追求。因为砂壶泡茶不吸茶香，茶色不损，所以砂壶被视为佳品。据《长
物志》载："茶壶以砂者为上，盖既不夺香，又无热汤气。"

（2）茶盏、茶碗。

古代饮茶茶具主要有"茶椀"（碗）、"茶盏"等陶瓷制品。

茶盏是古代一种饮茶用的小杯子，是"茶道"文化中必不可少的器具之一。
茶盏在唐以前已有，《博雅》称为"盏杯子"。宋时开始有"茶杯"之名。陆游诗
云："藤杖有时缘石磴，风炉随处置茶杯。"

宋代茶盏非常讲究陶瓷的成色，尤其追求"盏"的质地、纹路细腻和厚薄均匀。
《长物志》中记录有明朝皇帝的御用茶盏，可以说是我国古代茶盏工艺最完美的
代表作。《长物志》载："明宣宗喜用尖足茶盏，料精式雅，质厚难冷，洁白如玉，
可试茶色，盏中第一。"

碗，古称"椀"或"盌"。在唐宋时期，用于盛茶的碗，叫"茶椀"。茶
碗比吃饭用的更小，这种茶具的用途在唐宋诗词中有许多反映。诸如唐白居

南朝五件套盏盘

易《闲眼诗》云："昼日一餐茶两碗，更无所要到明朝。"韩愈《孟郊会合联句》说："云绋寂寂听，茗盌纤纤捧。"可见，唐代茶碗确实不大是可以肯定的，而且也非圆形。

依上述不难看出，茶碗也是唐代一种常用的茶具，茶碗当比茶盏稍大，但又不同于如今的饭碗，当是一种"纤纤状"如古代酒盏形。

唐宋以来，陶瓷茶具明显取代过去的金属、玉制茶具，这还与唐宋陶瓷工艺生产的发展状况直接有关。唐代的瓷器制品已达到圆滑轻薄的地步，唐皮日休诗云："邢客与越人，皆能造兹器。圆似月魂堕，轻如云魄起。"当时的"越人"多指浙江东部地区土著居民，越人造的瓷器形如圆月，轻如浮云，因此还有"金陵碗，越瓷器"的美誉。

宋代的制瓷工艺技术更是独具风格，大观年间朝廷贡瓷要求"端正合制，莹无瑕疵，色泽如一"。宋朝廷命汝州造"青窑器"，其器用玛瑙细末为油，更是色泽洁莹。汝窑被视为宋代瓷窑之魁，史料说当时的茶盏，茶罂价格昂贵到了"鬻诸富室，价与金玉等"。

一言蔽之，唐宋陶瓷工艺的兴起是唐宋茶具改进与发展的根本原因。

4. 备茶用具

备茶用具是在元代散茶之风兴起之后才开始流行，是专门用于贮存茶叶的茶具，最为常用的有茶叶罐、茶则、茶漏、茶匙等。

茶叶罐是专门用于贮放茶叶的罐子，在我国古代以陶瓷为佳质材，但用锡罐贮茶的也十分普遍。

茶则是用来衡量茶叶用量的测量工具，以确保投茶量准确，通常以竹子或优质木材制成，但不能用有香味的木材。

茶匙则是一种细长的小耙子，帮助将茶则中的茶叶耙入茶壶、茶盏，其尾端尖细可用来清理壶嘴淤塞，是必备的茶具，一般以竹、骨、角制成。

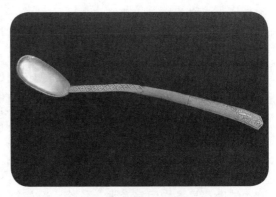

唐代茶匙

茶漏是一种圆形小漏斗，当用小茶壶泡茶时，将它放在壶口，茶叶从中漏进壶中，以免洒到壶外。

5. 泡茶用具

泡茶用具是茶叶冲泡的主体器皿，主要有茶壶、茶海、茶盏等。

茶壶是最为常见的一种泡茶用具，泡茶时将茶叶放入壶中，再注入开水，将壶盖盖好即可。茶壶一般以陶瓷制成，其规格有大有小，但古人多以小为上。

茶海又可称为"公道杯"或"茶盅"，是用于存放茶汤的茶具。为了使冲泡后的茶汤均匀，以及不使因宾客闲谈致使壶中茶汤浸泡过久而苦涩，先将壶中泡出的茶汤倒在茶海里，然后再分别倒入茶杯中供客人品尝。

宋代景德镇茶盏

茶盏是一种瓷质盖碗茶杯，也可以用它代替茶壶泡茶，再将茶汤倒入茶杯供客人饮用。但一个茶壶只配四个茶盏，所以最多只能供四个人饮用，其局限性比较大。

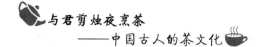
6.品茶用具

品茶用具是指盛放茶汤并用于品饮的茶具，主要有茶杯、闻香杯等。

茶杯，又可以雅称为"品茗杯"，是用于品尝茶汤的杯子，但因茶叶的品种不同，也要选用不同的茶杯。一般以白色瓷杯为好，也有用紫砂茶杯的。

青瓷茶杯

7.辅助茶具

辅助茶具是指用于煮水、备茶、泡茶、饮茶过程中的各种辅助茶具。常见的有如下几种：

茶荷：又称"茶碟"，是用来放置已量定的备泡茶叶，同时兼可放置观赏用样茶的茶具。

茶针：是用于清理茶壶嘴堵塞时的茶具。

漏斗：是为了方便将茶叶放入小壶的一种茶具。

茶盘：是放置茶具，端捧茗杯用的托盘。

壶盘：是放置冲茶的开水壶，以防开水壶烫坏桌面的茶盘。

茶池：是用于存放弃水的一种盛器。

水盂：是用来贮放废弃之水或茶渣的器物，其容量小于茶池。

汤滤：是用于过滤茶汤用的器物。

承托：是放置汤滤或杯盖等物的茶具。

茶巾：是用来揩抹溅溢茶水

古代茶荷

的清洁用具。

纵观中国茶具历史，我国的茶具组合大致经历了从"简"到"繁"，又从"繁"到"简"的循环发展过程，不少古茶具已因茶事变革而被后人摒弃。

竹炉汤沸人初红：茶具的发展

"茶具"一词最早在汉代已出现。西汉辞赋家王褒《僮约》有"烹茶尽具，铺已盖藏"之说，这是我国最早提到"茶具"的一条史料。到唐代，"茶具"一词在唐诗里处处可见，如唐代文学家皮日休《褚家林亭诗》有"萧疏桂影移茶具"之语。宋、元、明几个朝代，"茶具"一词在各种书籍中都可以看到。

1. 唐代以前的茶具

茶具，古代亦称茶器或茗器。

古代"茶具"的概念似乎指很大的范围。按唐文学家皮日休《茶具十咏》中所列出的茶具种类有"茶坞、茶人、茶笋、茶籝、茶舍、茶灶、茶焙、茶鼎、茶瓯、煮茶"。其中"茶坞"是指种茶的凹地，"茶人"指采茶者，"茶籝"是箱笼一类器具，"茶舍"多指茶人居住的小茅屋，"茶灶"指煮茶的炉，"茶焙"指烘茶叶的器具。

除了上述列举的茶具之外，在各种古籍中还可以见到的茶具有茶磨、茶

古代茶碗

碾、茶臼、茶柜、茶榨、茶槽、茶筅、茶笼、茶筐、茶板、茶挟、茶罗、茶囊、茶瓢、茶匙等。据《云溪友议》说："陆羽造茶具二十四事。"如果按照唐代文学家《茶具十咏》和《云溪友议》之言，古代茶具至少有24种。

中国茶具可谓源远流长，自从茶被发现以来，由于各个历史时期人们利用茶的方式不同，与之相随的器具也发生了相应的变化；从功能多样的"早期茶具"到频繁用于饮茶的饮食器具，再到具有审美情趣的专用茶具。

早期的茶作为一种食物而存在，因此当时的茶具只是一种饮食器具，而中国饮食器具的历史久远。据考古发掘证明，现存最早的饮食器具是在新石器时代，这一时期的陶器门类众多，有碗、钵、豆、壶、罐等。这些陶器并不具备某种专门的功能，即使就饮食说，也没有我们所想的那么严格，因此其用途很多。

茶具与饮茶是密切相关的，很多史料和实物证明，饮茶是在秦汉之际才出现的。魏晋时期则是我国茶文化的萌芽时期，茶的利用在当时是诸多方式并存的，如食用、药用、饮用等，但其饮料的功能已上升为主导地位。此外，据《广陵耆老传》载，晋代时集市上已经有专门卖茶为生的老婆婆了，而且"市人竞买"，生意十分红火，由此也可以看出饮茶在当时的普及程度。

按照事物的发展规律，饮茶器具也应当在茶成为饮料之后出现。不过，茶从被利用到发展为单纯的饮料是一个十分漫长的过程。在这一段时期内，茶都是食用、药用以及饮用的混合利用形式。即使到了晋代，茶作为饮品已经基本固定下来了，但是专用茶具并没有随着饮茶的普及而出现。

由于缺乏相应的历史资料，当时饮茶的器具在史书之中只有零星的记载。如《三国志》有一段关于"赐茶荈以当酒"的记录，这已经说明当时的茶从表面看应该类似于酒，而酒杯也可以兼用作茶具。另据唐代杨晔《膳夫经手录》记载，茶则类似于一种蔬菜。因此，专用茶具在那时就没有产生的必要了。

从一般的生活常识而言，在饮食器物品种较少、数量有限的情况下，明显的分工是不可能的，加以茶文化在当时还处于萌芽阶段，茶还不是人们日常生活的一部分，专用茶具是不可能出现的。

随着饮茶的日渐普及，部分饮食器具已经越来越频繁地被用于饮茶。此外，文献中关于饮茶用具的资料也渐渐增多。如汉宣帝时，王褒所作《僮约》中有"烹茶尽具"的句子，近代在浙江湖州一座东汉晚期墓葬中发现了一只高33.5厘米的青瓷瓮，瓷瓮上面书有"茶"字。

近年来，在浙江上虞又出土了一批东汉时期的瓷器，内中有碗、杯、壶、盏等器具。这些史料和出土文物表明，在晋以前，茶具还没有完全从饮食器具中分离出来。然而，随着茶由食用、药用向饮料的转变，一些饮食用具已经较为频繁地作为饮茶器具来使用，这就为饮器向茶具的过渡打下了基础。

2. 唐代茶具

唐代经济发达、茶业繁盛，同时也带动了制瓷业的发展，出土的大量金银茶具和瓷质茶具见证了唐代宫廷茶具的金碧辉煌、精致绝伦和民间茶具的简单质朴、小巧耐用。

唐代的饮茶之风更为流行，专用茶具也开始出现。如湖南长沙窑遗址出土了一批唐朝的茶具，其中很多底部都刻有"茶碗"字样，这是我国迄今所能确定的最早茶碗。

唐代茶具的种类也很多，包括贮茶、炙茶、碾茶、罗茶、煮茶及饮茶茶具等。而且唐代的制瓷业也很发达，现今出土的诸多唐代茶具也证实了当时的茶具制作工艺的高超。尤其是越窑的青瓷茶碗受到"茶圣"陆羽和众多诗人的喜爱。

（1）专用茶具的确立。

唐朝是中国政治、经济、文化的繁盛时期，随着生活水平的提高，人们在日常饮食上就会有更高的要求。在这一背景下，茶开始从饮食之中独立出来而成为一种放松精神的消费品。

这也就要求饮茶的器具独立出来，而且还要具备饮茶情趣的作用。陆羽的《茶经》不仅对茶具的认识达到了相当水平，而且将茶具提到了文化的高度。

因此，专用茶具不仅在唐代出现，而且发展稳定。到了安史之乱前后，唐朝的茶具不但门类齐全，而且开始讲究质地，并且因饮茶的不同而择器了，所以唐朝应该是中国专用茶具的确立时期。

（2）精美的宫廷茶具。

唐代王室饮茶，注重礼仪、讲究茶器，这也直接促进了茶具制作工艺的发展。宫廷茶具的质地、造型、材料都极为讲究，是民间茶具所不能相比的。

陕西省扶风县法门寺地宫中出土的一套唐代宫廷茶具，可以说是对《茶经》有关茶具记载的最好的佐证，也使我们得以了解唐代宫廷

法门寺地宫中出土的唐代宫廷茶具

茶具之精美，以及千余年前辉煌灿烂的茶具艺术。

经考古发掘，这批茶具大多在咸通九年（868年）至咸通十年（869年）制成，是唐僖宗的专用茶具，封藏于873年岁末。出土茶具包括茶碾子、茶涡轴、罗身、抽斗、茶罗子盖、银则和长柄勺。除此之外，还有部分琉璃质的茶碗和茶盏以及盐台、法器等。

地宫中还出土了两枚贮茶用的笼子，一为金银丝结条笼子，一为飞鸿毬路纹婆金银笼子，编织都十分巧妙、精美。

此外还有一件鎏金银盐台更是独具匠心之作。本来是盛盐的日常生活用品，但它的盖、台盘、三足都设计为平展的莲叶、莲蓬，仿佛摇曳的花枝以及含苞欲放的花蕾，美不胜收。这套金碧辉煌、蔚为大观的金银、琉璃、秘色瓷茶具，是中国首次发现的唐代最全最高级的专用茶具，真实地再现了唐代宫廷茶具的豪华奢侈。

（3）朴素的民间茶具

唐代民间使用的茶具以陶瓷为主，茶具配套规模较小，主要有碗、瓯、执壶、

杯、釜、罐、盏、盏托、茶碾等数种。

　　碗作为唐时最流行的茶具，造型主要有花瓣型、直腹式、弧腹式等种类，多为侈口收颈或敞口腹内收。晚唐，制瓷工匠创造性地把自然界的花叶瓜果等物经过概括简化，运用到制瓷业中，从而设计出形象生动的葵花碗、荷叶碗等精美的茶具。

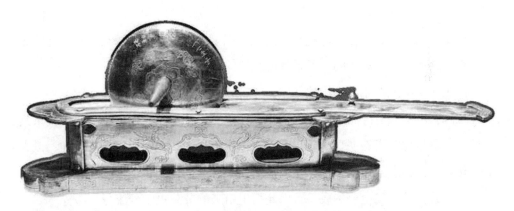

唐代鎏金鸿雁流云纹银制茶碾

　　瓯是中唐以后出现并迅即风靡一时的越窑茶具新品种，是一种体积较小的茶盏。这种敞口斜腹的茶具，深得诗人皮日休的喜爱。他在《茶瓯》中说尽了溢美之词："邢客与越人，皆能造兹器。圆如月魂堕，轻如云魄起。枣花势旋眼，蘋沫香沾齿。松下时一看，支公亦如此。"

　　执壶又名注子，是中唐以后才出现的，由前期的鸡头壶发展而来。这种壶多为侈口，高颈，椭圆腹，浅圈足，长流圆嘴，与嘴相对称的一端还有泥条黏合的把手，壶身一般刻有花纹或花卉动物图案，有的还留有铭文，标明主人或烧造日期。

　　茶杯、盏托、茶碾等物，在越窑中也常见，这类瓷器在釉色、温度、形状和彩饰上均较好地体现了当时越窑的制作工艺和烧造水准。

3. 宋代茶具

　　宋代斗茶之风盛行，饮茶的世俗化风气较浓，这也使得茶具的艺术性部分丧失，甚至沦为朝廷和士大夫阶层炫耀豪富的工具。这一时期，建州窑的茶盏较为流行。

宋代文人的生活非常优越，但那种报国无门的痛苦却比任何朝代都要强烈，因此他们开始寻求精神上的满足，以营造精巧雅致的生活氛围来满足自我，而饮茶恰恰满足了他们的这一要求。在文人与皇帝的参与下，宋代饮茶之风达到了巅峰之境。

但是宋代茶风，过于追求精巧，这也导致了宋人对茶质、茶具以及茶艺的过分讲究，从而日趋背离了陆羽所提倡的自然饮茶原则。

（1）斗茶之风对茶具的影响。

从现存资料来看，宋人饮用的大小龙团仍然属于饼茶，所以现存的宋代茶具与唐代茶具相比并没有明显的差异。但在饮茶方法上，宋与唐则大不相同，最大的变化是宋代的点茶法取代煎茶法而成为当时主要的饮茶方法。同时，唐代民间兴起的斗茶到了宋代也蔚然成风，由此衍生出来的分茶也十分流行。

这种点茶法以及斗茶、分茶的风气极大地影响了宋代茶具的发展。

宋人为达到斗茶的最佳效果，极力讲求烹瀹技艺的高精，对茶水、器具精益求精。宋人改碗为盏，因为它形似小碗，敞口，细足厚壁，便于观看茶色，

宋代黑地兔毫纹盏

其中著名的有龙泉窑青釉碗、定窑黑白瓷碗、耀州窑青瓷碗。

为了便于观色，茶盏就要采用施黑釉者，于是建盏成了最受青睐的茶具。其中，产在建州（今福建建阳一带）的兔毫盏等，更被宋代茶人奉为珍品。因为茶盏的黑釉与茶汤的白色汤花相互映衬，汤花咬盏易于辨别。正是这

样的特点，宋人斗茶必用"建盏"。可见斗茶对宋代茶具的巨大影响。

（2）宋代茶具的特点。

建州窑所产的涂以黑釉的厚重茶盏称建盏。建盏品种不多，造型也很单一，但其特别注重色彩美。因为建盏并非单调呆板的黑色，而是黑中有着美丽的斑纹图案，即《茶录》和《大观茶论》中所说的黑釉中隐现的呈放射状、纤长细密如兔毛的条状毫纹的"兔毫斑"，这使得本来黑厚笨拙的建盏显得精致而又极富动感。

从现存资料与实物来看，建盏受欢迎的原因主要是其适于斗茶。拿兔毫盏来说，其釉色纷黑，与茶汤的颜色对比强烈，加上胎体厚重、保温性强，使茶汤在短时间内不冷却，同时又不烫手，受欢迎就是很正常的了。此外，建盏在外观上也独具匠心。其敞口如翻转的斗笠，面积大而多容汤花。在盏口沿下有一条明显的折痕，称"注汤线"，是专为斗茶者观察水痕而设计制造的。

因建盏特别是兔毫盏备受推崇，宋代诗文里也有很多赞美之词，如苏轼"来试点茶三昧手，勿惊午盏兔毫斑"、梅尧臣"兔毛紫盏自相称，清泉不必求虾蟆"等。

此外，宋代上层人物极力讲求茶具的奢华，以金银茶具为贵的奢靡之风气很浓。如蔡襄的《茶录》和宋徽宗的《大观茶论》对茶具的质地有极高的要求，认为炙茶、碾茶、点茶与贮水必须用金银茶具，用来表现茶的尊贵高雅。据史料记载，宋代还有专供宫廷用的瓷器，普通人不许使用。在宋代，这种奢靡之风已经蔓延

宋代乌金釉束口盏

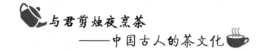

全国，一些价值百金甚至千金的茶具成为士大夫们夸耀门庭的摆设。

4. 元代茶具

元代泡饮散茶风行，人们开始崇尚简约、自然的茶具。

从饮茶方式上看，元代是一个过渡的时期，在当时虽然还有点茶法，但泡茶法已经较为普遍。

这种饮茶方法的变革直接影响了元代茶具，部分点茶、煎茶的器具逐渐消失。

元朝凤纹青花瓷茶器

从制瓷的历史来看，元代茶具以瓷器为主，尤其是白瓷茶具具有不凡的艺术成就，把茶饮文化及茶具艺术的发展推向了全新的历史阶段。

元代不到百年的历史使茶具艺术从宋人的崇金贵银、夸豪斗富的误区中走了出来，进入了一种崇尚自然、返璞归真的茶具艺术境界，这也极大地影响了明代茶具的整体风格。

5. 明代茶具

与唐宋时期相比，明代茶具出现了返璞归真的倾向。明代茶具在注重简约的同时，有了重大的改进与发展而且成为定制。尤其是饮茶器具的创新，可说是一个划时代的标志，为中国茶文化和茶具艺术的历史写下了浓重的一笔。

（1）朱权对茶具变革的影响。

朱元璋出于"休养生息"的举措，其中之一就是"罢造龙团"，但对茶文化的贡献只是停留在政治的层面上。若从品饮变革与茶具革新的角度着眼，宁王朱权的革新更值得关注。

朱权强调，饮茶是表达志向和修身养性的一种方式。为此，他在其所著《茶谱》中对茶品、茶具等都重新规定，摆脱了此前饮茶中的繁杂程序，开启了明代的清饮之风。这使得明代的茶具发生了一次大变革。

因明代冲泡散茶的兴起，唐、宋时期的炙茶、碾茶、罗茶、煮茶器具成了多余之物，而一些新的茶具品种脱颖而出。明代对这些新的茶具品种是一次定型，从明代至今，茶具品种基本上没有多大变化，仅茶具式样或质地稍有不同。

另外，由于明人饮的是条形散茶，贮茶、焙茶器具比唐、宋时显得更为重要。而饮茶之前，用水淋洗茶，又是明人饮茶所特有的，因此就饮茶全过程而言，当时所需的茶具并不多。明代高镰的《遵生八笺》中列了16件，另加总贮茶器具7件，合计23件。明代张谦德的《茶经》中专门写有一篇"论器"，提到当时的茶具也只有茶焙、茶笼、汤瓶、茶壶、茶盏、纸囊、茶洗、茶瓶、茶炉8件。

[明] 王问《煮茶图》

（2）白色茶盏的兴起。

宋代的斗茶到明已经基本绝迹，而为斗茶量身定制的黑盏自然就不再符合时代的要求，白色茶盏再一次大受青睐。这是因为明人的泡茶与唐宋的点茶不同，所注重的不再是茶色的白，而是追求茶的自然本色。明代饮用的茶与现代炒青绿茶相似的芽茶，所以当时所讲的自然之色即绿色。绿色的茶汤，用洁白如玉的白瓷茶盏来衬

明代宣德青花釉里红六方瓷茶壶

托，更显清新雅致、悦目自然，而黑盏显然不能适应这一要求。

此外，人们在饮茶观念、审美取向上也发生了较大的变化。如张谦德《茶经》云："今烹点之法与君谟不同。取色莫如宣定，取久热难冷莫如官哥。向之建安盏者，收一两枚以备一种略可。"就指出了随着饮茶方式的改变，人们的审美情趣也发生了变化。

（3）明代茶具的创新。

由于饮茶方式的改变，明代的茶具与唐宋相比也有许多创新之处。

其一，贮茶器具的改良。许次纾《茶疏》中有较为具体的说明："收藏宜用瓷瓮……四围厚著，中则贮茶……茶须筑实，仍用厚箬填紧瓮口，……勿令微风得入，可以接新。"

其二，洗茶器具的出现。洗茶的目的是为了除去茶叶中的尘滓。洗茶用具一般称为茶洗，质地为砂土烧制，形如碗，中间隔为上、下两层，然后用热水淋之去尘垢。

其三，烧水器具主要是炉和汤瓶。炉有铜炉和竹炉，铜炉往往铸有饕餮等兽

面纹，竹炉则有隐逸之气，均深得当时文人的喜爱。

其四，茶壶的出现。明代茶壶不同于唐宋用于煎水煮茶的注子和执壶，而是专用于泡茶的器具，这只有在散茶普及的情况下才可能出现。明人对茶壶的要求是尚陶尚小。

除茶壶外，茶盏也有所改进，即在原有的茶盏之上开始加盖，现代意义上的盖碗正式出现，而且成为定制。

而明人茶具在注重简约的同时，也对茶具进行了改进和发展，甚至影响到今天茶具的形制。

6. 清代茶具

起源于宋、兴盛于明的紫砂茶具，到了清代进入鼎盛时期。尤其是壶制艺术与文人结缘的产物——"文人壶"的出现，使茶壶脱离了实用器皿的束缚，自身具备了独立的精神内涵，实现了器与道的统一。

（1）"文人壶"的出现。

文人壶的创制标志着紫砂茶具发展到了极致，紫砂茶具不但成了茶文化的载体之一，而且本身的艺术内涵也取得了前所未有的进步，对紫砂茶具的评价不再是仅从形状、风格等方面，镌刻在上面的诗歌、书法以及绘画也同样受到重视。

清代制壶名家陈鸣远最先开始探索紫砂壶的风格创新，迈出了文人壶的第一步。

陈鸣远，名远，号壶隐、鹤峰、鹤，江苏宜兴人，生于制壶世家，主要生活

陈鸣远制南瓜壶

在康熙年间。陈鸣远技艺精湛，雕镂兼长，善翻新样，富有独创精神，堪称紫砂壶史上技艺最为全面精熟的名师。

陈鸣远的艺术成就主要表现在两个方面：一是取法自然，做成几乎可以乱真的"象生器"，使得自然类型的紫砂造型风靡一时，此后仿生类作品已逐渐取代了几何型与筋纹型作品；二是在紫砂壶上镌刻富有哲理的铭文，增强其艺术性。

陶器有款由来已久，但将其艺术化是陈鸣远的功劳。而陈鸣远的款识超过壶艺，其现存的梅干壶、束柴三友壶、包袱壶以及南瓜壶等，集雕塑装饰于一体，情韵生动，匠心独具，其制作技艺登峰造极。

（2）"文人壶"的初兴。

自陈鸣远开创"文人壶"之后，陈曼生、杨彭年等潜心研究，不入俗流，使紫砂壶艺术得到进一步升华。他们将壶艺与诗、书、画、印结合在一起，创制出风格独特、意蕴深邃的文人壶，至今仍旧影响深远。

陈曼生，名鸿寿，字子恭，浙江杭州人，主要生活在嘉庆年间，清代著名的书法家、画家、篆刻家、诗人，是当时著名的"西泠八家"之一。他酷爱紫砂，结识了当时的制壶名家杨彭年、杨凤年兄妹，他以超众的审美能力和艺术修养，"自出新意，仿造古式"，设计了众多壶式，交给杨氏兄妹制

［清］陈曼生《壶菊图》

作，后人也把这种壶称"曼生壶"。

陈曼生为杨彭年兄妹设计的紫砂壶共有18种样式，即后来所谓的"曼生十八式"。陈曼生仿制古式而又能自出新意，其主要特点是删繁就简，格调苍老，同时在壶身留白以供镌刻诗文警句。

陈曼生也曾经在紫砂壶上镌刻款识详述自己嗜茶之趣，以及饮茶变迁，这些文字甚至可以当作一篇意味隽永的散文小品来欣赏，从中透露出清代文人的散淡心绪。这种生活趣味同时也体现在紫砂壶中，也就是所谓的文人壶。

曼生十八式，无论是诗，是文，或是金石、砖瓦文字，都是写刻在壶的腹部或肩部，而且满肩、满腹，占据空间较大，非常显眼，再加上署款"曼生""曼生铭""阿曼陀室"，或"曼生为七芗题"等，都是刻在壶身最为引人注目的位置，格外突出。

石瓢，壶铭：不肥而坚，是以永年。

井栏，壶铭：汲井匪深，挈瓶匪小，式饮庶几，永以为好。

合欢，壶铭：八饼头纲，为鸾为凰，得雌者昌。

周盘，壶铭：吾爱吾鼎，强食强饮。

横云，壶铭：此云之腴，餐之不癯，列仙之儒。

南瓜，壶铭：开心暖胃门冬饮，却是东坡手自煎。

石銚，壶铭：銚之制，搏之工，自我作，非周穜。

石瓢提梁，壶铭：煮白石，泛绿云，一瓢细酌邀桐君。

乳瓯，壶铭：乳泉霏雪，沁我吟颊。

石扁壶，壶铭：有扁斯石，砭我之渴。

匏瓜，壶铭：饮之吉，匏瓜无匹。

曼生十八式之半瓦壶

笠荫，壶铭：笠荫暍，茶去渴，是二是一，我佛无说。

却月，壶铭：月盈则亏，置之座隅，以我为规。

葫芦，壶铭：为惠施，为张苍，取满腹，无湖江。

合斗，壶铭：北斗高，南斗下，银河泻，阑干挂。

半瓦，壶铭：不求其全，乃能延年，饮之甘泉。

半瓢，壶铭：曼公督造茗壶，第四千六百十四为羃泉清玩。

半瓜，壶铭：梅雪枝头活火煎，山中人兮仙乎仙。

（3）"文人壶"的繁盛。

自"文人壶"开创了文人与工匠合作制壶的新局面后，文人、书画家们纷纷合作，使紫砂壶艺术达到了一个更高的境界。紫砂壶在当时也大受欢迎，烧造数量惊人，这是我国历史上文人加盟制壶业最成功范例。

这一时期的书画家如瞿应绍、邓符生、邵大亨以及郑板桥等人也都曾为紫砂壶题诗刻字。

有"诗书画三绝"之称的瞿应绍与擅长篆隶的邓符生联合制造的紫砂壶曾名动一时。

道光、同治年间的邵大亨创制的鱼龙化壶，龙头和龙舌都可以活动。他还以菱藕、白果、红枣、栗子、核桃、莲子、香菇、瓜子等18样吉祥果巧妙地组成一把壶式。这些都是"文人壶"的经典之作。

郑板桥则在自己定制的紫砂壶上题诗云："嘴尖肚大耳偏高，才免饥寒便自豪。量小不堪容大物，两三寸水起波涛。"

总之，清代紫砂茶具不但继承了明代的辉煌而且又有很大的发展，尤其是文人与制壶名匠的合作开辟了紫砂壶茶具的新天地。

（4）精美的青花瓷茶具。

清代是中国瓷茶具发展史上的黄金时期，此时以景德镇为代表的制瓷业飞速发展，创制了精美的青花瓷茶具，开创了清代文人的"文士茶"情结。

清代除了紫砂茶具得到了极大发展之外，瓷茶具也在技术上臻于成熟。经过明末清初短时间的衰落后，瓷器生产很快得以恢复，康、雍、乾三朝是我国瓷器发展的最高峰。康熙瓷造型古朴、敦厚，釉色温润；雍正瓷轻巧媚丽，多白釉；乾隆瓷造型新颖，制作精致。此后，随着饮茶的日益世俗化，民间的茶具生产渐趋繁荣。

清代的瓷质茶具从釉彩、纹样以及技法等几个方面都有较大发展。在釉彩方面，清代创造出很多间色釉，这使得瓷绘艺术更能发挥出其独具的装饰特点。

据乾隆时景德镇所立"陶成记事碑"载，当时掌握的釉彩就已达57种之多。就纹样说，清瓷取材广泛，或以花草树木，或以民间风习，或以历史故事作为绘制的内容。就技法来说，或用工笔，或用写意，内容丰富，技法也极为精湛，这都表明了清代瓷茶具的生产进入了黄金期。

清代瓷业的烧造，以景德镇为龙头，福建德化，湖南醴陵、河北唐山、山东淄博、陕西耀州等地的生产也蒸蒸日上，但质量和数量不及景德镇，清代景德镇发展最辉煌时从业人员达万人，成为"二十里长街半窑户"的制瓷中心，更有人用"昼则白烟蔽空，夜则红焰烛天"来形容景德镇瓷业的繁盛。此外，清代官窑生产成就也不小。清官窑可分御窑、官窑和王公大臣窑三种，在景德镇官窑中，"藏窑""郎窑""年窑"影响较大。

蒸蒸日上的清代瓷业，为瓷茶具烧制提供巨大的物质和技术支持。而清代对外贸易的主要产品就是茶和茶具，这也形成了巨大的外部需求，但是最为主要的是饮茶的大众化和饮茶方法的改变。因为清代的茶类，除绿茶外，还出现了红茶、乌龙茶等发酵型茶类，所以在色彩等方面对茶具提出了更高的要求，这些都刺激了瓷茶具的迅速发展。

青花瓷茶具是清代茶具的代表，它是彩瓷茶具中一个最重要的花色品种。它创始于唐，兴盛

清代青花瓷盖碗

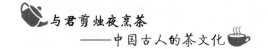

于元,到了清朝则发展到顶峰。景德镇是中国青花瓷茶具的主要生产地。据史料载,明代景德镇所产瓷器,就已经精致绝伦。但是到了清代,青花瓷茶具又进入了一个快速发展期,它超越前代,影响后代。尤其是康熙年间烧制的青花瓷器,史称"清代之最"。清代陈浏在《陶雅》中说:"雍、乾之青,盖远不逮康窑。"此时,青花茶具的烧制以民窑为主,而且数量非常可观,这一时期的青花茶具被称为"糯米胎",其胎质细腻洁白,纯净无瑕,有似于糯米,可见清代在陶瓷工艺上的精妙和高超。

紫砂新罐买宜兴:明清紫砂壶

紫砂茶壶是一种陶器,不是瓷器,是素有"陶都"之称的江苏宜兴(古称阳羡)的特产。

1.紫砂风情

紫砂壶以其独特的实用功能和卓绝的工艺水平,赢得了"世间茶具称为首"的美誉,为历代品茗爱好者所推崇,自古赞语甚多。

苏轼曾经谪居宜兴,尤爱用紫砂壶泡茶,并有词句:"铜腥缺涩不宜泉,爱此苍然深且宽。"据传他设计了一种"提梁式紫砂壶",被称为"东坡壶"。

关于紫砂陶,民间有许多传说:古时候,某日有一异僧路过宜兴的山村,连呼"卖富贵土",数日不已。村民以为痴人,

东坡提梁壶

不予理睬。后异僧引几位好事的村民到山脚的洞穴边说："富贵在此中,可自就之。"言罢即离去。

于是,半信半疑的村民在洞中挖掘,果然挖出大量五彩缤纷的泥土。后来,村民们便以这些泥土烧制成紫砂陶器行销中外。

还有个传说,在春秋时期,越国大夫范蠡辅佐越王勾践打败吴国后,谢绝封赏,偕西施乘舟过太湖,迁徙到宜兴鼎山的山村隐居。他见当地泥土斑斓,富于黏性,适宜制陶,便设坊建窑做起制陶的营生,故后人有称范蠡为"陶朱公"的。

这个传说有宜兴鼎蜀镇的蠡墅(相传范蠡当年隐居的村子)、蠡河和施荡桥(传为西施当年泛舟荡桨之处)为证,且有晋宋紫砂陶精品可考,似乎较为可信。以此算来,紫砂壶应该有两千多年的历史了。

是文人与紫砂器的传统情缘,把紫砂器的创始时间大大地提前了。1974年,江苏宜兴羊角山紫砂窑址发现,才确切地将紫砂烧造历史提前到了北宋。而南宋紫砂器,也在江苏丹徒一古井内发现三件。陶器史于是形成共识,将紫砂器的创始时间由"明代说"改为"北宋说"。

宋代文人们为紫砂器至少留下了这样一些可资参证的美妙诗词:

小石冷泉留早味,紫泥新品泛春华。(梅尧臣《宛陵集·依韵和杜相公谢蔡君谟寄茶诗》)

雪贮双砂罂,诗琢无玉瑕。(梅尧臣《宛陵集·答宣城张主簿遗鸦山茶次其韵》)

喜共紫瓯饮且酌,羡君潇洒有余清。(欧阳修《和梅公仪尝茶诗》)

窗外炉烟自动,开瓶试一品香泉。轻涛起,香生玉尘,雪溅紫瓯圆。(米芾《满庭芳·绍圣甲戌暮春与周熟仁试赐茶》)

这些北宋时期赫赫有名的文人学者为紫砂茶具描画了韵味精致的图景,象征了他们文人情趣的一部分。在诗词中,紫砂茶具如此妥帖地与周边景致、事象、诗人的情趣融会为一,显示着它在文人生活中所扮演的重要角色。

在唐代，饮茶的主要器具是瓷器，茶圣陆羽比较天下瓷器，目的无非在选择何种瓷器杯皿更适合饮茶与观赏。但至少在北宋，紫砂茶具开始进入了文人的视野。

当时，恰是饮茶之风盛行的时期。南宋蔡绦在《铁围山丛谈》中就说："茶之尚，盖自唐人始，至本朝为盛；而本朝又至祐陵时，益穷极新出，而无以加矣。"宋徽宗《大观茶论》也说："从事茗饮，故近岁以来，采择之精、制作之工、品第之胜、烹点之妙，莫不盛造其极。"

当时，文人雅士甚至把是否饮茶与人之雅俗联系起来。如苏东坡有诗云："一啜更能分幕府，定应知我俗人无。"贵为皇帝的徽宗赵佶也说："至若茶之为物，擅瓯闽之秀气，钟山川之灵禀，祛襟涤滞，致清导和，则非庸人孺子可得而知矣；冲淡闲洁，韵高致静，则非遑遽之时可得而好尚矣。"可见，当时饮茶以为风雅、以为习俗，正是全盛时期。

明代，文人诗句提供了最早的紫砂器交易的记录。在自言"吾书第一，诗二，文三，画四"的天才狂人徐渭的一首七律诗中，诗曰："青箬旧封题谷雨，紫砂新罐买宜兴。"（《某伯子惠虎丘茗谢之》）晚明张岱的《陶庵梦忆》，也有关于无锡紫砂器名铺的记载。

供春紫砂提梁壶

据史料记载说，明朝宜兴有一位名叫供春的陶工是使宜兴砂壶享誉的第一人。此后又有一个名叫时大彬的宜兴陶工，用陶土或用染颜色的砀砂土制作砂壶，其壶"不务妍媚，而朴雅坚粟，妙不可思……前后诸名家，并不能及"。

从此宜兴砂壶名声远布，流传至今。

紫砂壶的造型千姿百态。大体上可以分为自然物体造型、几何形态造型和筋纹器形造型三大类。

自然物体造型取材于自然界中瓜果花木、虫鱼鸟兽等物体形象，融自然之形和艺术之魂于一体，如常见的竹节壶、梅花壶、劲松壶、三友壶、松树葡萄壶等。

几何形态造型是从圆形、方形、六角形等基本形态演变而成的，线条简单、秀丽，富有古朴典雅的艺术魅力，如汉云壶、集玉壶、掇球壶、井栏壶等都是驰名中外的名壶。

筋纹器形造型，讲究上下、左右对称，用立体线条把壶体分成若干部分，给人以简洁、清逸、含蓄的美感。

紫砂壶装饰独特，艺人往往以刀做笔，在壶身上雕刻花鸟、山水、金石、书法，使茶壶成为集文学、书画、雕塑、金石、造型诸艺于一体的艺术品。

2. 紫砂器的材料

紫砂器的材料是一种质地细腻、含铁量高的陶土。人们通常把做紫砂器的陶泥称作紫砂泥，当地人称之为"富贵土"。紫砂泥包括了红泥（朱砂泥）、紫泥、团山泥（本山绿泥呈米黄色）。这三种泥由于矿区、矿层分布的不同，烧成时温度稍有变化，色泽就会变化多端，妙不可思。紫砂泥丰富多彩。其中以朱、紫、米黄三色为紫砂器的本色，而朱有浓淡，紫又有深浅，黄则富有变化。如果辨色命名，则有铁青、天青、栗色、猪肝、黯肝、紫铜、海棠红、朱砂紫、水碧、沉香、葵黄、冷金黄、梨皮、香灰、青灰、墨绿、铜绿、鼎黑、棕黑、榴皮、漆黑

［清］邵大亨"鱼化龙壶"

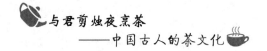

诸色。紫砂壶独特的泥料，为紫砂器在色泽上构成了一道亮丽的景观。

紫砂泥属于高岭—石英—云母类型，特点是含铁量比较高。紫砂器的烧成温度在 1100℃ ~ 1200℃之间，烧成的成品吸水率小于 2%，说明它的气孔率介于一般陶器和瓷器之间，也就是说，它比其他陶器致密，又比瓷器有更好的透气性。这就是紫砂器"泡茶色香味皆蕴"和"暑月夜宿不馊"的主要原因了。

紫砂泥的可塑性和结合能力好，有利于加工成型。紫砂器可以经受巧匠的雕琢运思，一壶之间，赏尽古代文人诗书画印，显示它在可塑性和结合能力方面的优势。此外，紫砂器不渗漏、不老化，越使用越显光润。这种历久弥新的特性也着实招人喜爱，被人视为有生命色彩的器物。

前人对紫砂壶的好处有以下总结：

其一，紫砂陶既不夺茶香气又无熟汤气，故用以泡茶色香味皆蕴。

其二，砂质茶壶能吸收茶汁，使用一段时间能增积"茶锈"，所以空壶里注入沸水也会有茶香。茶锈的成分，经生化检验，内含灰黄霉素成分，有消炎杀毒的作用。

其三，便于洗涤，日久不用，难免异味，可用开水泡烫两三遍，然后再泡茶原味不变。

其四，冷热急变适应性强，寒冬腊月，注入沸水，不因温度急变而胀裂，而且砂质传热徐缓，抚握把玩均不烫手，并有健身的功用。

其五，紫砂陶质耐烧，冬天置于温火烧茶，壶也不易爆裂，可享受"红泥小火炉"的乐趣。

3. 紫砂泥的种类

紫砂壶所用的原料统称为紫砂泥，其原泥分为紫泥、红泥和绿泥三种，地质特征及成因基本与甲泥一致，质地细腻柔韧，可塑性很强，渗透性良好，是一种品质极优的陶土。

宜兴出产的陶土，按其颜色、产地不同，大体可分为本山甲泥、东山甲泥、瓦窑甲泥、西山嫩泥、屺山泥、蜀山泥、白泥、黄泥、绿泥、乌泥、红棕泥和紫砂泥。

甲泥是接近地表面的一种黏土，质性有软硬、韧脆、粗细以及耐火程度的不同，各种陶器根据大小、厚薄、曲直之异，用泥也各有区别。白泥、黄泥、绿泥和紫砂泥用水簸法精练后，可以单独制造陶器。其他各种陶土均需混合作用，方能获得良好的性能。

（1）嫩泥。

嫩泥亦称黄泥，颜色有浅灰色、淡黄色和黄红色等。因这种泥风化程度好，质地较纯，具有比较好的可塑性和结合能力，可以保持日用陶器成型性能及干坯强度，所以它是日用陶器中常用的结合黏土。

（2）甲泥。

甲泥亦称夹泥，是一种硬质骨架泥岩，粉砂质黏土，未经风化时叫石骨。这种泥料种类很多，按颜色和厚度的不同，分别冠以产地名称。如本山甲泥、东山甲泥、西山甲泥、瓦窑甲泥等。颜色有紫红色、紫青色、浅紫色和棕红色，是制作日用陶器大件产品必不可少的原料。

（3）紫泥。

紫泥古称青泥，是制作紫砂壶的主要原料。紫泥一般深藏于甲泥之中，因此泥又有"岩中岩""泥中泥"之称。紫泥的种类较多，有梨皮泥，烧后呈冻梨色；淡红泥，烧后呈松花色；淡黄泥，烧后呈碧绿色；密口泥，烧后呈轻赭色。还有一种本山绿泥，矿土呈蛋青色，表面光滑如脂，该泥夹于黄石板与甲泥之间，又称夹脂。

（4）红泥。

红泥或称朱泥，是制作紫砂壶的主要原料。矿石呈橙黄色，埋于泥矿的底部，质坚如石，亦称"石黄泥"，即古人

［清］杨凤年"风卷葵壶"

113

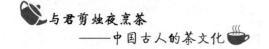

所谓"未触风日之石骨也"（清·吴骞《阳羡名陶录》），产量较少。因其含铁量多寡不等，烧成之后变朱砂色、朱砂紫或海棠红等色。因为产量少，过去除销往南洋的水平小壶用此制作胎身外，一般只用作着色的原料。如在紫泥制成的胎面，再涂上一层朱泥，就可以烧成粉红色。

（5）绿泥。

绿泥亦称段泥，是紫泥矿层上面的一层绵头，产量不多，泥质较嫩，耐火力比紫泥低。绿泥大多用作胎身外面的粉料或涂料，使紫砂陶器皿的颜色更为多样。如在紫泥塑成的坯件上再涂上一层绿泥，可以烧成粉绿的颜色。

（6）白泥。

白泥是一种单纯粗砂质铝土质黏土，用于生产砂锅、煨罐和彩釉工艺陶，原泥呈灰白、桃红和象牙白等色。经淘漂压滤后，表面细腻光亮，烧成以后呈象牙色泽。

4. 明代紫砂壶

自从瓷器出现之后，陶器实际上就逐渐地从生活日用中淡出了。一次次属于陶器的亮点，多是在工艺上屡有创新的结果。兵马俑与唐三彩，其功用多为明器，只有到了明清兴盛起来的紫砂器，才再一次把日用和艺术高度统一起来，树立了陶器史上的又一个辉煌。

一部紫砂史，自然还是要从"金沙寺僧"和"供春"说起。

明人周高起在《阳羡茗壶系》中提出了紫砂器的"创始"说："金沙寺僧，久而逸其名矣。闻之陶家云：僧闲静有致，习与陶缸瓮者处，抟其细土，加以澄练，捏筑为胎，规而圆之，剜使中空，踵傅口柄盖蒂，附陶穴烧成，人遂传用。"文中所说金沙寺僧的姓名与生平不详，明周容《宜兴瓷壶记》认为他是"万历间（1573—1619）大朝山寺僧"，是他首先从陶工那里学会制陶技术从而首创了紫砂器。

供春，相传为紫砂器第一代有姓名流传的工艺大师。据《正始篇》记载，供春姓龚，故又作龚春，明正德、嘉靖年间人。正德（或弘治末），供春为宜兴参政吴颐山的家童，时吴氏正读书于金沙寺。

供春聪明过人，向寺内僧人学习制作紫砂的技术，并在实践中逐渐改变了前人单纯用手捏制的方法，改为木板旋泥并配合竹刀制壶。供春充分利用了陶泥的本色，烧造的紫砂壶造型新颖雅致，质地较薄却又坚硬，"栗色暗暗，如古金铁，敦庞周正"，在当时就名声显赫，有"供春之壶胜于金石"的说法。

明人张岱在他著名的笔记小品集《陶庵梦忆》中称："宜兴罐以供春为上……直跻商彝周鼎之列而毫无愧色。"可见，当时文人名流对供春紫砂器推崇的程度。鉴于他的声望，其作品被后人广为仿造。自此，供春壶便成为紫砂壶的一个象征，供春也就成了中国工艺史上最杰出的代表之一。

时大彬，生卒年月尚不详，但从《许然明先生疏》以及他与松江陈继儒（1558—1639）、太仓王世贞（1526—1590）等一时名流的交往来看，可能生于嘉靖初年，死于万历三十二年前后。

自供春而后，紫砂名家先后有明万历年间的董翰、赵梁、元畅、时朋"四家"，之后有时大彬、李仲芳、徐友泉（时大、李大、徐大）三人并称"三大壶中妙手"。"三大"中，又以时大彬最为著名。

时大彬是时朋之儿子，制壶始仿"供春"，多制大壶，后独树一帜，制作小壶。《画舫录》说："大彬之壶，以柄上拇痕为识。"是说世人以壶柄上识有时大彬拇指印者为贵。

关于大彬壶，虽然时人文札笔记，留有一鳞半爪，传世之作也都被誉颂为一代"良陶"，还是无法脱离"烟笼寒水月笼沙"的神秘气息。

时大彬款紫砂胎剔红山水人物图执壶

115

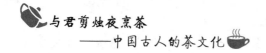
"三大"中的另二位李仲芳、徐友泉，都是时大彬的弟子。李壶工巧，徐壶新异，擅作仿古铜器和蕉叶、莲房、菱花、鹅蛋等样式。

紫砂器是中国历代陶工留名最多的器物，此前只有在秦兵马俑上，偶尔能见到陶塑工匠的名字。万历时的名工，还有欧正春、邵文金、邵文银、陈用卿、陈信卿、闵鲁生等人。万历以后的名家有陈俊卿、周季山、陈和之、陈挺生、承云从、沈君盛、徐令音等。

5. 清代紫砂壶

紫砂壶是清代最为流行的茶具，其经历了明代的发展，在此时已达到巅峰。尤其是文人的参与，则直接促进了其艺术含量的提高。

有清一代，特别是康熙嘉庆年间，紫砂盛行，名家名壶辈出。其中陈鸣远堪称时大彬之后最杰出的紫陶大师。

陈鸣远的创作题材汪洋恣肆，"形制款识，无不精妙"，受到时人喜爱，曾有诗赞云："古来技巧能几人，陈生陈生今绝伦。"据《宜兴县志》记载："陈鸣远工制壶杯瓶盒，手法在徐（友泉）、沈（君用）之间，而所制款识书法雅健，胜于徐、沈，故其年未老而特为表之。"吴骞《阳羡名陶录》赞曰："一技之能，问世特出。足迹所至，文人学士争相延揽。"由于名噪一时，造假者众多，其中也不乏紫砂高手，所以仿制品的水平也是良莠不一。

嘉庆年间，著名的紫砂器名家，还有宜兴杨彭年一家，即杨彭年、其妹杨凤年和其弟杨宝年。

陈鸣远制拼砂梅桩壶

江南文人对紫砂器的热爱和积极参与给紫砂器带来了前所未有的活力和艺术上的精进。紫砂器在明清两代实现了它作为士林雅赏的所有美学功能，可以说是文人们协同制壶名匠把紫砂器的工艺推到了艺术的高峰。

杨彭年与陈曼生合作的"曼生壶"把紫砂壶与诗书画篆刻融为一体，成了文人雅士与紫砂壶艺家之间成功合作的典范。也就是说，由于有了陈曼生这样的传统文人的深入参与，大大提升了紫砂壶的文化内蕴。

6. 紫砂器的制作工艺

紫砂器的制作工艺流程，大致包括选泥、练泥、成型、装饰、烧造。紫砂壶，成型尤为关键。全壶由壶身、颈、底、脚、盖、嘴、鋬等组成。《若壶说〈赠邵大亨君〉》中说："其掇壶，顶项及腹，骨肉亭匀，雅俗共赏，无乡者之讥。"指的就是壶体与附件的关系。

在紫砂壶丰富的造型中，有凹凸线、凹线、圆线、鳝肚线、碗口线、鲫背线、飞线、翻线、竹爿线、云肩线、弄堂线、隐线、侧角线、阴角线、阳角线、方线，增加了壶的美感。

紫砂壶的盖有截盖、压盖、嵌盖、虚盖、平盖、线盖，增加实用功能和欣赏趣味。口盖直而紧，直径通转，壶身倾注无落帽之忧，工艺严谨。

紫砂壶的嘴有直嘴、一弯嘴、一弯半嘴、二弯嘴、三弯嘴；嘴孔有独孔、多孔、球孔。

紫砂壶的鋬有直握鋬、横握鋬，梁有提梁、半提梁。

紫砂壶的品类又可分为光货、花货和筋瓢货。光货

清代宜兴窑竹节式茶壶（故宫博物院藏）

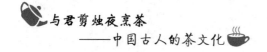

的工艺,圆形应珠圆玉润,方器应轮廓周正。花货的工艺,写实的应表达逼真,写意的应具备神采趣味。筋瓢货应线条脉络有致,卷曲和润。

紫砂壶的装饰手法有刻、塑、雕、琢、贴、绘、彩、绞、嵌、缕、釉、堆、印、镶、漆、包、鎏等。

具体来说,紫砂壶有以下四种类型:

(1)仿生形。

做工精巧,结构严谨,仿造树木及花卉的枝干、叶片、种子,或者动物形状,栩栩如生,质朴亲切。如扁竹壶、龙团壶、樱花壶、大鱼化龙壶、葵壶、南瓜壶等。

(3)几何形。

外形质朴无华,表面平滑,富有光泽。按球形、四方形等立体几何形状制作。如圆壶、六方菱花壶、八角壶、四方壶、直腹壶等。

(3)艺术形。

造型多变,集诗、书、画、雕刻于一体,体现壶的人文内涵。代表作品有"曼生壶"、玲珑梅芳壶、束柴壶、束竹壶、加彩人物壶、什锦杯、八宝壶、九头报春壶等。

(4)特种形。

专为泡特种茶而制。最典型的是专为福建、广东、台湾一带啜饮乌龙茶而制的茶具。代表作有"烹茶四宝":潮汕风炉、玉书(烧水壶)、孟臣罐(茶壶)、若深瓯(喝功夫茶只容得下4毫升茶汤的小杯子)。

7.紫砂壶与茶文化

紫砂壶的兴起是中国茶文化大环境陶冶下的突出成果,同时也是中国茶文化发展变革的必然产物。

明代初期,平民出身的明太祖朱元璋鉴于连年战乱,从体恤民情、减轻贡役出发,下诏废除团茶,改制叶茶(散茶)。朱元璋的这些措施不但减轻了广大茶农为造团茶所付出的繁重苦役,也带动了整个茶文化系统的演变。茶的品饮方式发生根本变化,手撮茶叶、用壶冲饮,替代烹煎方式,由此茶具有了用作案几陈设品的可能,茶事开始讲究器具。

品茗本是生活中的物质享受，茶具的配合却蕴含了人们对形体审美和对理趣的感受。紫砂壶制作技巧精湛，且与诗书画及金石篆刻结合，雅俗共赏，使人把玩不厌，正好满足了茶文化时代变革的需要。

紫砂茶壶因其表里不施釉彩，透气性佳，故以紫砂壶泡茶不仅色、香、味俱佳，而且三伏天隔夜不馊。

清代宜兴窑方斗式壶（故宫博物院藏）

更奇妙的是，嗜茶者往往执紫砂茶壶手抚怀抱，经长期摩挲的壶身越发光润古雅，泡出来的茶味也愈加馥郁纯正；甚至仅仅在空壶里注入沸水，也会散发出淡淡的茶香。有些老茶客就是喜欢壶中的茶垢之味，新壶还要在茶水中煮上许久让它充分"入味"。

用紫砂茶壶泡红茶，茶色深酽而味浓醇；若沏绿茶，则茶色碧翠而味清纯。但紫砂壶表面不施釉，材质具有细微的透气性和吸附力，茶香容易被壶体吸收。所以同一把紫砂壶一般不宜冲泡不同种类的茶，以免串味破坏了茶汤的纯正。

紫砂壶还有其他茶具所不具备的特性。关于这一特性，《阳羡砂壶图考》一书作了精辟的总结：

茗壶为日用必需之品，阳羡砂制，端宜论茗，无铜锡之败味，无金银之奢靡，而善蕴茗香，适于实用，一也。名工代出，探古索奇，或仿商周，或摹汉魏，旁及花果，偶肖动物，或匠心独运，韵致怡人，几案陈之，令人意远，二也。历代文人或撰壶铭，或书款识，或镌以花卉，或镂以印章，托物寓意，每见巧思，书

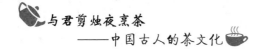

法不群，别饶韵格，虽景德名瓷，价逾巨万，然每出以匠工之手，响鲜文翰可观，乏斯雅趣也。

　　紫砂器的蕴香特征，至今没有任何物品能够替代；它的外形艺术创作，也至今不衰，仍然保持着蓬勃的创造力。

　　今人在前人的基础上总结出紫砂壶作为茶具的八大特性：

　　（1）泡茶不失原味，色香味皆蕴，能使茶叶越发醇香。

　　（2）紫砂器使用的时间越长，器身就越光亮，这是因为茶水本身在冲泡过程中也可以养壶。

　　（3）紫砂器的冷热急变性好，既可以放到火上烧，也可以在微波炉中使用而不会爆裂。

　　（4）传热慢，而且保温，提携无烫手之感。

　　（5）坯体能吸收茶的香气，用常沏茶的紫砂壶偶尔不放茶叶，其水也有茶香味。

　　（6）紫砂壶的泥色与经常冲泡的茶叶有关，泡红茶时茶壶会由红棕色变成红褐色，经常泡绿茶时，砂壶会由红棕色变成棕褐色。壶色富于变化，使其更具魅力。

　　（7）紫砂有很好的可塑性，入窑烧造不易变形，所以成型时可以随心所欲地做成各种器型，使紫砂器的花货、筋纹的造型能自成体系。

　　（8）独特的透气性能。泡茶不易变味，而且隔夜茶也不会馊。

　　正因为如此，紫砂茶具自明清以来受到了人们的喜爱，尤其得到文人的青睐，大量文人还参与到紫砂器的创作活动中。他们除了邀请大家艺匠特别制作外，大多自己亲自设计外形，由艺人按图制作，再自己题刻书画，运用诗书画印相结合的形式，从艺术审美的角度追求紫砂器的外在鉴赏价值，从而提升了与茶文化紧密相连的紫砂文化的品位。

☕ 焙前时时炙花脯：茶具工艺

茶具对茶汤的影响，主要在两个方面：一是表现在茶具颜色对茶汤色泽的衬托。陆羽《茶经》推崇青瓷"青则益茶"，即青瓷茶具可使茶汤呈绿色（当时茶色偏红）。随着制茶工艺和茶树种植技术的发展，茶的原色在变化，茶具的颜色也随之而变。二是茶具的材料对茶汤滋味和香气的影响，材料除要求坚而耐用外，至少要不损茶质。

我国古代的茶具，种类繁多，造型优美，既有实用价值，又富艺术之美，为历代饮茶爱好者所青睐。

在中国饮茶的发展史上，作为饮茶的专用工具，其工艺必然也有一个发展和变化的过程。

1. 陶土茶具

我国茶具最早以陶器为主。陶器中的佼佼者，首推宜兴紫砂茶具，它早在北宋初期就已崛起，成为别树一帜的茶具。紫砂壶和一般的陶器不同，其里外都不施釉，采用当地的紫泥、红泥焙烧而成。由于成陶火温高，烧结致密，胎质细腻，还能吸附茶汁，蕴蓄茶味；且传热不快，不致烫手；若热天盛茶，也不会破裂；若有必要，甚至还可直接放在炉灶上

清乾隆宜兴窑紫砂烹茶图壶

煨炖。

紫砂茶具还具有色调淳朴古雅的特点，外形有似竹结、莲藕、松段和仿商周古铜器形状的。

2. 瓷器茶具

瓷器发明之后，陶质茶具就逐渐为瓷器茶具所代替，分为白瓷茶具、青瓷茶具和黑瓷茶具等。

（1）白瓷茶具。

白瓷以景德镇的瓷器最为著名，其他如湖南、河北唐山的也各具特色。

景德镇原名昌南镇，北宋景德三年（1004 年）真宗赵恒下旨建办御窑，并把昌南镇改名为景德镇。到元代，景德镇的青花瓷闻名于世。

（2）青瓷茶具。

青瓷茶具晋代开始发展，那时青瓷的主要产地在浙江。宋朝时五大名窑之一的浙江龙泉哥窑达到了鼎盛时期，其器包括茶壶、茶碗、茶杯、茶盘等。当时瓯江两岸盛况空前，群窑林立，烟火相望，运输船舶往返如梭，一派繁荣景象。

（3）黑瓷茶具。

黑瓷也称天目瓷，是一项古老的汉族制瓷工艺。

黑瓷茶具，始于晚唐，鼎盛于宋，延续于元，衰微于明，没落于清。这是因为自宋代开始，饮茶方法已由唐时煎茶法逐渐改变为点茶法，而宋代流行的斗茶，又为黑瓷茶具的崛起创造了条件。

宋人衡量斗茶的效果，一看茶面汤花色泽和均匀度，以鲜白为先；二看汤花与茶盏相接处水痕的有无和出现的迟早，以盏无水痕为上。所以，宋代的黑瓷茶

宋代建窑油滴盏

盏，成了瓷器茶具中的最大品种。福建建窑、江西吉州窑、山西榆次窑等，都大量生产黑瓷茶具，但以建窑生产的建盏最为人称道。

宋蔡襄《茶录》说："茶色白，宜黑盏，建安所造者，绀黑，纹如兔毫，其坯微厚，熁之久热难冷，最为要用。出他处者，或薄或色紫，皆不及也。其自不用。"这种黑瓷茶盏，风格独特，古朴雅致，而且瓷质厚重，保温性能好，最为茶行家所真爱。

明代以后，由于烹点之法与宋代不同，黑瓷茶具建盏，遂从名冠天下的顶峰跌落下来，而为其他茶具品种所取代。

3. 漆器茶具

漆器茶具始于清代，主要产于福建一带。

漆器茶具较有名的有北京雕漆茶具、福州脱胎茶具、江西鄱阳等地生产的脱胎漆器等，均具有独特的艺术魅力。其中，尤以福建生产的漆器茶具多姿多彩，"金丝玛瑙""釉变金丝""雕填""高雕"和"嵌白银"等品种，特别是加宝石的"赤金砂"和"暗花"等新工艺出现以后，更加鲜丽夺目，惹人喜爱。

4. 玻璃茶具

玻璃，古人称之为流璃或琉璃，其实是一种有色半透明的矿物质。用这种材料制成的茶具，能给人以色泽鲜艳、光彩照人之感。

我国的琉璃制作技术虽然起步较早，但直到唐代，随着中外文化交流的增多，西方琉璃器具的不断传入，我国才开始烧制琉璃茶具。

法门寺地宫出土唐代素面淡黄色琉璃茶盏和茶托

陕西扶风法门寺地宫出土的由唐僖宗供奉的素面圈足淡黄色琉璃茶盏和素面淡黄色琉璃茶托，是地道的中国琉璃茶具，虽然造型原始、装饰简朴、透明度低，但却表明我国的琉

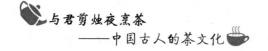

璃茶具唐代已经起步，在当时堪称珍贵之物。

近代，随着玻璃工业的崛起，玻璃茶具很快兴起。玻璃质地透明，光彩夺目，可塑性大，因此形态各异，用途广泛，加之价格低廉、购买方便，受到茶人广泛好评。用玻璃杯泡茶，可直接观赏到茶汤的鲜艳色泽、茶叶的细嫩柔软，还有在整个冲泡过程中茶叶的上下浮动、叶片逐渐舒展等景象，简直是一种动态的艺术欣赏。特别是冲泡各类名茶，茶具晶莹剔透，杯中轻雾缥缈，澄清碧绿，芽叶朵朵，亭亭玉立，赏其形，品其味，别有风味在心头。不足的是，玻璃器具容易破碎，比陶瓷烫手。

在现代，玻璃器皿有较大的发展。玻璃质地透明，光泽夺目，外形可塑性大，应用广泛。玻璃杯泡茶，茶汤的鲜艳色泽，茶叶的细腻柔软，茶叶在整个冲泡过程中叶片的逐渐舒展等，可以一览无余，可以说是一种动态的艺术欣赏。冲泡晶莹剔透，杯中轻雾缥缈，澄清碧绿，芽叶朵朵，亭亭玉立，观之赏心悦目，玻璃杯价廉物美，深受广大消费者的欢迎。玻璃器具的缺点是容易破碎。

5.金属茶具

金属茶具指用金、银、铜、锡等制作的茶具，尤其是锡作为茶器材料有较大的优点：比较密封，因此对防潮、防氧化、防光、防异味都有好处。

唐代时皇宫饮用顾渚茶，取金沙泉，便以银瓶盛水，直送长安。因其价贵，一般老百姓无法使用。

6.竹木茶具

在历史上，广大农村，包括产茶区，很多百姓使用竹或木碗泡茶，价廉物美，如今已经很少使用。至于用木罐、竹罐装茶，则仍然随处可见，特别是作为艺术品的竹片茶罐，既是一种馈赠亲友的珍品，也有一定的实用价值。

中国历史上还有用玉石、水晶、玛瑙等材料制作的茶具，因为这些器具制作困难，价格高昂，并无多大实用价值，主要显示主人富有而已。

7. 搪瓷茶具

搪瓷茶具以坚固耐用、图案清新、轻便耐腐蚀而著称，相传起源于古代埃及，以后传入欧洲，但是现今使用的铸铁搪瓷多始于 19 世纪初的德国与奥地利。

搪瓷工艺传入我国，大约是在元代时期。明代景泰年间（1450—1456 年），我国创制了珐琅镶嵌工艺品景泰蓝茶具。清代乾隆年间（1736—1795 年）景泰蓝从宫廷流向民间，可说是我国搪瓷工业的肇始。

中国真正开始生产搪瓷茶具，是 20 世纪初的事，至今已有近百年的历史。

在众多的搪瓷茶具中，可与瓷器媲美的仿瓷茶杯、有较强艺术感的网眼花茶杯、造型独特的鼓形茶杯和蝶形茶杯、携带方便的保温茶杯，以及加彩搪瓷茶盘等，受到不少茶人的欢迎。但搪瓷茶具传热快，烫手，放在茶几上会烫坏桌面，加之"身价"较低，使用时受到一定限制，一般不做居家待客之用。

清代景泰蓝茶壶

忙里偷闲吃茶去：古代茶馆

饮茶始于中国，中国茶馆之多，严格地说来，冠于世界。丰富的茶馆文化，是中华茶文化的重要组成部分。

纵观茶馆的发展历程，它始于唐朝，兴盛于宋朝，在元朝衰微，而后在明朝复兴，至清繁荣发展。它从专供名流贵族享受的场所，逐渐变为大众休闲娱乐之地。

从古到今，茶馆经历了上千年的演变，不仅具有各个时代的烙印，也具有明显的地域特征，使得茶馆由单纯经营茶水的功能，衍生出了诸多其他的功能。

在朝代的更替中，茶馆的功能也随之发展，它不仅丰富了百姓的日常生活，而且提供了人与人交往与信息传播的平台。

茶烟透窗魂生香：古代茶馆兴衰

茶馆，古代又称茶肆、茶寮、茶坊、茶店、茶社、茶亭、茶铺、茶楼等，是以饮茶为中心的综合性活动场所。茶馆是随着饮茶的兴盛而出现的，是随着城镇经济、市民文化的发展而兴盛起来的。

唐宋时称茶馆为茶肆、茶坊、茶楼、茶邸，明代以后始有茶馆之称，清代以后就惯称茶馆了。

1. 晋代茶馆的萌芽

茶馆最早的雏形是茶摊、茶肆，史书记载最早的茶摊出现于晋代。

据《广陵耆老传》中记载："晋元帝时有老姥，每日独提一器茗，往市鬻之，市人竞买。"也就是说，当时已有人将茶水作为商品到集市进行买卖了。

不过这还属于流动摊贩，不能称为"茶馆"。此时，茶摊所起的作用仅仅是为人解渴而已。

2. 唐代茶馆的兴起

唐玄宗开元年间，出现了茶馆的雏形。唐玄宗天宝末年进士封演在其《封氏闻见记》卷六"饮茶"中载："开元中，泰山灵岩寺有降魔师，大兴禅教。学禅，务于不寐，又不夕食，皆许其饮茶。人自怀挟，到处煮饮，从此转相仿效，遂成风俗。自邹、齐、沧、棣，渐至京邑，城市多开店铺，煎茶卖之。不问道俗，投钱取饮。"这种

[唐]周文矩《饮茶图》

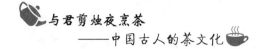

在乡镇、集市、道边"煎茶卖之"的"店铺",当是茶馆的雏形。

《旧唐书·王涯传》记:"太和……九年五月……涯等仓皇步出,至永昌里茶肆,为禁兵所擒。"唐文宗太和七年(833年),江南榷茶使王涯在李训诛杀宦官仇士良事败后,仓皇出逃,但逃至永昌,在一家茶肆里喝茶时,不幸被禁兵擒获。由此可见,唐文宗太和年间已有正式的茶馆——茶肆。

大唐中期国家政治稳定,社会经济空前繁荣,加之陆羽《茶经》的问世,使得"天下益知饮茶矣",因而茶馆不仅在产茶的江南地区迅速普及,也流传到了北方城市。此时,茶馆除予人解渴外,还兼有予人休息、供人进食的功能。

3. 宋代茶馆的兴盛

到了宋代,茶馆的社会功能逐渐增强,已经不再是单纯的休息场所,它还具有了联络感情、交流信息、休闲娱乐以及解决社会纠纷等功能,而茶馆文化也就随之形成。

至宋代,便进入了中国茶馆的兴盛时期。由于皇室的提倡,宋代饮茶之风更为盛行,而且以极快的速度深入民间,茶成了人们日常生活的必需品之一。吴自牧《梦粱录》说:"人家每日不可阙者,柴、米、油、盐、酱、醋、茶。"随着饮茶之风的盛行,宋代的茶馆也开始兴盛起来,几乎各大小城镇都有茶肆,而且逐渐脱离酒楼、饭店,开始独立经营。

张择端的名画《清明上河图》生动地描绘了当时繁盛的市井景象,再现了万商云集、百业兴旺的情形,其中亦有很多的茶馆。而孟元老的《东京梦华录》中的记载则更让人感受到当时茶肆的兴盛:"东十字大街,曰从行裹角,茶坊每五更点灯,博易买卖衣服图画、花环领抹之类,至晚即散,谓之鬼市子……归曹门街,北山于茶坊内,有仙洞、仙桥,仕女往往夜游吃茶于彼。"

值得一提的是南宋时的杭州。南宋小朝廷偏安江南一隅,定都临安(即今杭州),统治阶级的骄奢、享乐、安逸的生活使杭州这个产茶地的茶馆业更加兴旺发达起来。当时的杭州不仅"处处有茶坊",且"今之茶肆,刻花架,安顿奇松异桧等物于其上,装饰店面,敲打响盏歌卖"(《梦粱录》)。《都城纪胜》中记载:

《清明上河图》中"望火楼"下的茶馆

"大茶坊张挂名人书画……多有都人子弟占此会聚，习学乐器或唱叫之类，谓之挂牌儿。"

宋时茶馆具有很多特殊的功能，如供人们喝茶聊天、品尝小吃、谈生意、做买卖，进行各种演艺活动、行业聚会等。

据史料记载，宋代除了唱曲、说书、卖娼、博弈的茶坊之外，还有人情坊、聘用工人的市头、蹴球茶坊、大街车儿茶肆、士大夫聚会的茶肆，甚至还有买卖东西的茶馆。出入茶馆的人也形形色色，尤其是一些靠茶馆谋生的社会下层百姓。据《东京梦华录》载，茶馆中有专门跑腿传递消息的人，叫"提茶瓶人"。最初，这些人的服务对象主要是文人，后来范围逐渐扩大，媒婆、帮闲也频频出入其间了。

两宋茶馆虽不是鼎盛时期，但它基本上奠定了中国传统茶馆文化的基础。此后，元、明、清直至近代的茶馆虽呈现出不同风貌，但基本没有超出两宋茶馆的格局。

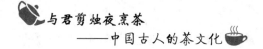

4. 元代茶馆"俗饮"的文化

到了元代，茶馆依旧风行各地，崇尚"俗饮"成为这一时期茶馆文化的特征。

元代文人对茶馆的态度开始发生了变化。两宋时期，文人士大夫普遍认为茶馆品位不高，"非君子驻足之地"。而元朝的社会情况有了较大的变化，文人受其影响很大。因为入主中原的蒙古族人不太重视文化教育，元朝建立之初就取消了科举考试，使许多知识分子失去了唯一的一条走向仕途的道路。郁闷的文人开始热衷于泡茶馆，以排解心中的烦闷。

由于蒙古人性格豪爽质朴，对宋代精致文雅的茶艺茶技不感兴趣，而是喜欢直接冲泡茶叶。因此，散茶在元代大为流行。散茶简化了饮茶的程序，在某种程度更加有利于饮茶的普及，促进茶馆的大规模发展。此外，随着饮茶的简约化，元代茶文化出现了一个明显的趋势，即"俗饮"日益发达，饮茶与百姓生活结合得更为密切而广泛。

元代茶馆的数量很大，在民间甚至把"茶帖"（类似于现在的代金券，专门在茶馆中使用）当钱使用。

元代茶馆的社会功能也是多样化的。如元人秦简夫的杂剧《东堂老劝破家子弟》中说："柳隆卿、胡子传上，云：……今日且到茶房里去闲坐一坐，有造化再弄个主儿也好。"这里的柳隆卿、胡子传是戏中两个帮闲无赖人物，他们所说的"再

[元] 刘贯道《消夏图》

弄个主儿"，即寻找有钱人家的子弟，怂恿其挥霍，自己趁机从中捞钱。

5. 明代茶馆的普及

经过唐、五代、宋、元时期的发展，茶馆在明代走向成熟。

到了明代，品茗之风更盛。社会经济的进一步发展使得市民阶层不断扩大，民丰物阜造成了市民们对各种娱乐生活的需求。而作为一种集休闲、饮食、娱乐、交易等功能为一体的多功能大众活动场所，茶馆成了人们的首选。因此，茶馆业得到了极大的发展，形式愈益多样，功能也愈加丰富。

"茶馆"一词的正式出现是在明代末期。据张岱《陶庵梦忆》记载："崇祯癸酉，有好事者开茶馆。"

明代茶馆较之唐宋，多元化倾向更加明显。

明代茶馆较之以前各代有了比较明显的变化，其中最重要的是茶馆的档次有了区分，既有面对平民百姓的普通茶馆，也有了满足文人雅士需要的高档茶馆。后者较之宋代更为精致雅洁，茶馆饮茶对水、茶、器都有严格的要求，这样的茶馆自然不是普通百姓可以出入的。明代市井文化相当繁荣，这是由于明代资本主义萌芽的出现，商品经济更为发达。在这样的社会背景之下，明代的茶馆文化又表现出更加大众化的一面，最为突出的表现即是明末北京街头出现了面向普通百姓的大碗茶。

明代茶馆除了茶水之外，还供应各种各样的茶食，仅《金瓶梅》一书就提及了十余种之多。

此外，这一时期曲艺活动盛行。北方茶馆有大鼓书和评书，南方茶馆则盛行弹词。这为明代通俗文学的繁荣起了推波助澜的作用。张岱在《陶庵梦忆·二十四桥风月》中还记载了江苏扬州"歪妓多可五六百人，每日傍晚，膏沐熏烧，出巷口，倚徙盘礴于茶馆酒肆之前，谓之'站关'"。可见妓女之众、茶馆之多，而妓女与茶馆酒肆已形成一定的共生关系。

元明茶馆文化具有雅俗共存的特征，从而突破了茶馆的庸俗化倾向，满足了社会各个阶层的不同需求，也使茶馆自身保持了旺盛的生命力；同时，也进一步体现了茶馆文化的开放性和包容性，丰富和发展了中国的茶馆文化。

这一时期，中国古典茶馆样式——室内园林式应运而生。

当"自然"越来越为城市稀缺时，把大自然挪入茶馆，在室内营造自然美景的做法就日益风行。这类茶馆以中国园林建筑为蓝本，模仿古代私家花园而建，极富典型的江南园林特色。小桥、流水、亭台、假山、拱门，被从室外移入室内，一应俱全，使人恍若置身烟花三月的江南。不经意间，秀美的山石中，

［明］文徵明《真赏斋图》(局部)

已经映现了几分闲情野趣。而那清宁质朴的氛围，更能使人真切地融入久违的大自然之中。

6. 清代茶馆的鼎盛

中国的茶文化在清代发生了很大的变化，开始从文人文化向平民文化转变，茶开始与普通百姓的日常生活结合起来，成为民间俗礼的一部分。茶在民间普及的一个重要表现就是茶馆的兴盛。

清代的茶馆不仅数量多，而且种类繁多，功能齐全。据相关资料记载，康熙、雍正、乾隆时期仅杭州就有大小茶馆 800 多家。吴敬梓的《儒林外史》中也有这样的记载："庙门口都摆的是茶桌子，这一条街，单是卖茶就有三十多处，十分热闹。"由此可见当时茶馆的繁盛。

民间还流传着很多乾隆与茶的故事，涉及种茶、饮茶、取水、茶名、茶诗等。

清末茶馆

相传,乾隆皇帝南巡杭州。在龙井狮子峰胡公庙前饮龙井茶时,赞赏茶叶香清味醇,遂封庙前十八棵茶树为"御茶",并派专人看管,年年进贡——当然茶客就是他本人。乾隆十六年（1752年）,他初次南巡到杭州,在天竺观看了茶叶采制的过程,颇有感受,写了《观采茶作歌》,其中有"地炉微火徐徐添,乾釜柔风旋旋炒。慢炒细焙有次第,辛苦功夫殊不少"的诗句。皇帝能够在观察中体知茶农的辛苦与制茶的不易,也算是难能可贵。

乾隆皇帝还于皇宫禁苑的圆明园内建了一所皇家茶馆——同乐园茶馆,与民同乐。新年到来之际,同乐园中设置了一条模仿民间的商业街道,安置各色商店、饭庄、茶馆等,所用器物皆事先采办于城外。午后三时至五时,皇帝大臣入此一条街,集于茶馆、饭肆饮茶喝酒,一切都是民间市集的样子,连跑堂的叫卖声都惟妙惟肖。

乾隆晚年退位后仍嗜茶如命,在北海镜清斋内专设"焙茶坞",悠闲品尝。他在世88年,为中国历代皇帝中之寿魁,喝茶也是他的养生之法。

中国茶馆在唐宋时曾达到过一个高峰,明清时则是第二个发展高峰时期。茶馆成了人们休闲放松的重要娱乐空间,举办"诗会""笔会",诚邀文人雅士饮茶赋诗、舞文弄墨以增添茶馆的雅致;听一段评弹鼓书、观一出茶园戏剧成了有闲阶层趋之若鹜的饮茶风尚;押宝掷骰、抹牌"上册"引得多少平民百姓流连茶馆暂忘生活苦累。

此外,一大批游手好闲的八旗子弟经常光顾茶馆,也在一定意义上带动了北京乃至全国茶馆的繁荣。

茶馆不仅与文人雅士联系在一起,而且与表演艺人不可分。茶馆与戏曲结合始于宋代,当时茶馆就有茶博士随侍,有时还有艺伎吹拉弹唱,名士官吏点唱,或艺人卖唱供欣赏。随着元明曲艺、评话的兴起,"五方杂处"的茶馆就成了这些艺术活动的理想场所。《杭俗遗风》载:"明清以后,杭州评话问世,茶馆又成了艺人献艺的场所。"这时的茶馆已具有了茶园的雏形。一说到北京的"茶园",人们首先想到的便是演戏的地方。

特别是清代中叶以后,南方的评弹、北方的鼓书将茶馆当成他们演艺的主要场所。有评弹鼓书的书茶馆一般比较雅致，墙上张挂字画，桌椅分不同档次，高档的是藤椅，一般的是木椅。室内靠墙处有一小木台，上摆一条桌，罩以洁净的蓝布，作为评书或鼓书艺人的表演场地。

北京东华门外的东悦轩、天桥的福海轩都是当时有名的书茶馆。上海的书茶馆则主要集中在城隍庙一带。书茶馆不仅在城

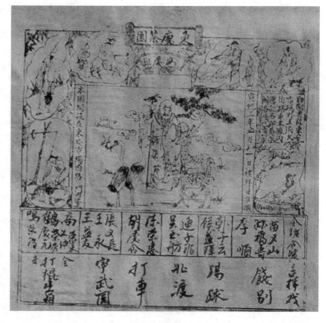

清末茶园戏单

市中为人们所钟爱，而且衍射到乡镇百姓生活中，许多人到茶馆喝茶的主要目的就是听书。

随着戏曲节目在茶馆中演出的兴盛，有的茶馆渐被称为"茶园"。咸丰、同治以后，有些戏园子干脆改称茶园，其中以广和楼最有代表性。听书观剧比饮茶更为重要了，茶客到茶馆主要追求的就是赏剧时的精神享受，喝茶反倒成了一种点缀。就连茶客结账，也叫付书钱而不叫茶钱。京城南部天桥一带的茶馆是以表演曲艺见长，梅花大鼓、京韵大鼓、含灯大鼓、单弦、双簧、相声、杂耍等都有演出。

清代的茶馆娱乐还有一些诱人聚赌而非法盈利的，最普遍的就是在茶馆内开赌场。在浙江宁波，茶馆兼作赌场的现象也很盛行。茶馆聚赌，除抹牌之外，还有很多花样，如秋季时节，有专门聚众斗蟋蟀者。在苏州，上蟋蟀赌台被称为"上册"。据当时的参赌人回忆说，斗蟋蟀在玄妙观内第一篷茶社者较多，输赢之巨竟有上百成千，亦有因此倾家荡产之人。因此每逢蟋蟀上市，照例有禁止赌博之公告，实则无济于事。

与聚众赌博的娱乐方式不同，在茶馆里看电影成了清末民众接触到的新鲜事，尤其"交际茶舞"更是引领时尚的上层人士的独享。电影是清末从西方传入中国的，当时称为"西洋影戏""西洋景"。在上海出现了早期的茶馆电影。1896 年 8 月 11 日，徐园"又一新"放映了法国影片，成为电影正式传入中国之首创。

另外，在上层人士中还有一种从西方引进的"交际茶舞"娱乐形式。清朝的交谊舞是 19 世纪中叶由西方冒险家带入中国租界的"西洋舞"，在清朝是非常新鲜的事。以跳华尔兹、探戈、列队方阵舞为代表的交际舞，逐渐演变为清末一些上层人士的娱乐活动。1897 年，上海道台蔡钧为配合慈禧的"万寿庆典"，在上海洋务局举办盛大舞会。这是中国官方举行的第一次大型舞会。20 世纪初，上海洋人开设的礼查饭店首次举办"交际茶舞"，每逢周末，都会举办舞会至深夜。但这种舞会是西方人的自娱活动，不对外开放。所以跳舞只是晚清某些上层人士的一种娱乐方式，并没有广泛流行于民间。

近现代时期，中国经历了战争、贫困和一些非常时期，茶馆也就一度衰微。

改革开放以后，尤其是 20 世纪 90 年代以来，随着经济的迅猛发展、人们生活水平的提高，直接导致了人们对精神生活的追求，茶馆作为文化生活的一种形

光绪年间茶园演剧图

135

式也悄然回复，茶馆已成为人们业余生活的重要选择之一。

豆蔻连梢煎熟水：古代茶博士

"茶博士"一词源自哪里呢？首先，我们常讲的"博士"，它起源于战国时秦国的职官名，汉时为常寺属官，掌管图书，博学以备顾问。

"茶博士"最早见于唐代封演《封氏闻见记》，书中记载：御史李季卿宣慰江南，至临淮（今江苏泗洪县）县馆，闻伯熊精于茶事，遂请其至馆讲演；后闻陆羽亦"能茶"，亦请之。陆羽"身衣野服"，李季卿不悦，表演一完，就"命奴仆取钱三十文，酬煎茶博士"。陆羽受此大辱，愤而写就《毁茶论》。

还有一说，是陆羽因《茶经》一书传世，被唐德宗当面尊称为"茶博士"。后来人们以此词专指精于茶道之人。

清代茶馆

其实，"茶博士"一词，更多的是指对旧时茶店伙计的雅称，也就是茶楼、茶馆内沏茶跑堂的堂倌，现多指煎茶、煮茶、沏茶、泡茶的师傅。

由于茶的普及，人们得以广泛地接触到茶博士。特别是在四川茶馆里，你只要一坐下，就会有茶博士紧随而来，拎着晶亮的铜开水壶，将捏在手中的白瓷盖碗"啪"地一声摆到你面前；然后，提壶从一尺多高处往碗里汩汩冲茶。那不滴不溅的功夫，让人拍案叫绝。

宋代的茶坊大多实行雇工制，人们将那些茶肆主招雇来的熟悉烹茶技艺的人尊称为"茶博士"。有人诙谐地按照技能的高低将茶馆里的伙计分为"茶博士"和"茶学士"：茶博士的胳膊能搁一摞盖碗，他手提铜壶开水，对准茶碗连冲三次，滴水不漏，称作"凤凰三点头"；那些只能做到"一点头"的伙计便只能屈居"茶学士"了。

由于茶馆内沏茶跑堂的堂倌沏茶技艺高超，有许多绝活；加上他们广泛接触社会各阶层，见闻广博，知识面广，茶客每每誉之为"茶博士"。

中国古典小说如《水浒传》《三言二拍》中有很多关于"茶博士"的描写。

如《水浒传》第十八回中："宋江便道：'茶博士，将两杯茶来。'"

又如《水浒》第二回中：史进便入茶坊里来拣一副座位坐了。茶博士问道："客官，吃甚茶？"史进道："吃个泡茶。"茶博士点个泡茶放在史进面前。史进问道："这里经略府在何处？"茶博士道："只在前面便是。"史进道："借问经略府内有个东京来的教头王进么？"茶博士道："这府里教头极多，有三四个姓王的，不知哪个是王进。"

从宋江的茶博士"将两杯茶来"，我们可以知道，那个时候的茶博士，其实就是和现在的服务员差不多；而从史进和茶博士的对话中，发现他又不仅仅是服务员，还有包打听服务。

旧时的茶馆就是一个信息传播场，很多人有什么消息都会在这里谈论。茶馆堂倌每天游走于各类茶客之中，自然而然熟悉天下事以及江湖消息，包括寻人问路等都略知一二，所以茶客有什么问题都会向茶师询问。茶客见茶师见多识广，便都尊称其为茶博士。

自古以来，茶博士便是茶艺学的实践者，称为茶师也不为过，嗅茶、温壶、装茶、润茶、冲泡、浇壶、温杯、运壶、倒茶、敬茶、品茶等程序，各有其规矩与礼仪，非一般人所能熟习。

须从前路汲龙泉：老北京茶馆

老北京的茶馆最早出现在元朝，明清两代发展很快。

因为北京是全国的政治、经济中心，所以老北京茶馆的区域性文化特征并不明显，大众性是北京茶馆的主要文化特征。

老北京的茶馆在清代极为发达，它的发展，不但与清代"八旗子弟"游手好闲、无所事事从而整天泡茶馆有关；甚至官居三四品的大员，也喜欢坐茶馆；甚至很多普通百姓也有喝茶的习惯。

不少老北京人早晨起来的第一件事就是泡茶、喝茶，茶喝够了才吃早饭。所以，老北京人早晨见了都问候："喝了没，您？"如果问"吃了没有"，就有说对方喝不起茶的嫌疑，是很不礼貌的。由此可见，饮茶已经成为老北京民众生活的一部分。

1. 独特的茶馆习俗

老北京的茶馆与南方的茶馆不同，有很多独特之处。

其一，老北京茶馆是把开水与茶叶分开结账。有的茶馆干脆只供应开水，称为"玻璃"，听凭茶客自带茶叶，"提壶而往，出钱买水而已"。

其二，老北京茶馆所卖的茶叶，大都是茉莉花茶，俗称"香片"，当然也有少数红茶、绿茶等。

其三，老北京茶馆里用的茶壶也很有特点，大肚子，细长壶嘴，俗称"铜搬壶"。沏茶时从柄上一扳，开水就从壶嘴流出。

老北京茶馆的服务人员都是男性茶倌，没有女招待。因为茶馆中人员庞杂，如遇见不检点的茶客，会使主客都不愉快，这也是一种行规。

此外，茶馆伙计提水壶的手势很有讲究，要手心向上、大拇指向后。茶谱写在特制的大折扇上，客人落座后，展开折扇请其点茶。

老北京茶馆

2. 大茶馆

大茶馆是一种多种功能的饮茶场所，市民气息浓郁。

大茶馆人员繁杂，是信息交流的中心，极具大众性。这与北京特殊的城市特色有关：关心政治，注重清谈，生活悠闲。

大茶馆茶价低廉，在清代曾经红极一时，茶客多为旗人。

大茶馆入门为头柜，管外卖及条桌账目；过条桌为二柜，管腰栓账目；最后为后柜，管后堂及雅座账目，各有地界。后堂有连于腰栓的，如东四北六条天利轩；有中隔一院的，如东四牌楼西天宝轩；有后堂就是后院，只做夏日买卖和雅座生意的，如朝阳门外荣盛轩等，各有一种风趣。

茶座以前都用盖碗，一是因品茶的人以终日清谈为主旨，无须多饮水；二是冬日茶客有养油葫芦、蟋蟀、咂嘴、蝈蝈，以至蝴蝶、螳螂的，需要暖气熏拂。尤其是蝴蝶，没有盖碗暖气不能起飞，所以盖碗盛行一时。

在大茶馆喝茶既价廉又方便，如喝到早饭之时需要回家吃饭，或有事外出的，可以将茶碗扣于桌上，吩咐堂倌一声，回来便可继续品用。因用盖碗，一包茶叶可分两次用，茶钱一天只付一次，极为低廉。

具体来说，大茶馆可分为红炉馆、窝窝馆、搬壶馆、二荤铺四种。

（1）红炉馆。红炉馆专做满汉饽饽，比一般饽饽铺做得稍小，价也稍廉；

也能做大八件、小八件、大馃馅、中馃馅、焖炉烧饼等。最奇特的是"杠子馃馅",用硬面做成长圆形,质分甜、咸两种。火铛上放置石子,连拌炒带烘烙,极具特色。

清代红炉馆只有四处,即前门外东荷包巷的高名远、后门的天汇轩、东安门的汇丰轩(别称"闻名远")、安定门内的广和轩(俗称西大院)。

(2)窝窝馆。专做小吃点心,由江米艾窝窝得名,还有炸排叉、糖耳朵、蜜麻花、黄白蜂糕、盆糕、喇叭糕等。

(3)搬壶馆。介于红炉、窝窝两馆之间,亦有焖炉烧饼、炸排叉等几种小吃,或代以肉丁馒头。

(4)二荤铺。既不同于饭庄,又不同于饭馆,是一种既卖清茶又卖酒饭的铺子,所以名为二荤铺,并不是因为兼卖猪牛羊肉。铺子准备的原料,算作一荤;食客携来原料,交给灶上去做,名为"炒来菜儿",又为一荤。

二荤铺有一种北京独有的食物,就是"烂肉面",形如卤面,卤汁较淡而不用肉片,其他作料也不十分齐全,却有一种特殊风味。

二荤铺

3. 书茶馆

书茶馆以演述评书为主。评书分"白天""灯晚"两班，白天由下午三四时开书，至六七时散书；灯晚由下午七八时开书，十一二时散书。另外，还有在白天开书以前加一短场的，由下午一时至三时，名曰"说早儿"。凡是有名的评书角色，都是轮流说白天、灯晚；初学乍练或无名角色，才肯说早儿。不过，普通书茶馆一般都不约早场。

书茶馆开书以前可卖清茶,开书后是不卖清茶的。书馆听书费用名"书钱"。法定正书只说六回,以后四回一续,可以续至七八次。平均每回书钱一小枚铜圆。

北京是评书发源地，一些评书名角大半由北京训练出来。书茶馆所说评书主要有长枪袍带书、侠义书、神怪书等。书茶馆培养了许多著名艺人，如女艺人良小楼、花小宝、小岚云等。

4. 野茶馆

野茶馆是指设在北京郊外的茶馆。旧时北京的郊区与现在不同，具有纯粹的乡村特征，而茶馆也是农家小院的模样。茶馆的设置也很粗陋，多是紫黑色的浓苦茶。

这类茶馆主要以环境清幽、格调朴素为卖点，主要是供人休闲、遣闷，也可做临时的歇脚点。

这种风格的野茶馆也正好契合了文人对田园的追求，所以也曾经红火一时。老北京较著名的野茶馆有麦子店茶馆、六铺炕野茶馆等。

5. 清茶馆

清茶馆则以喝茶为主，茶客也多为闲散老人和纨绔之辈。

在这里喝茶的人多谈论家常琐事，也有茶客在这里谈论买卖、互通信息。凡找某行手艺人的，便到某行常驻的茶馆去找。手艺人没活干，到本行茶馆沏壶茶一坐，也许就能找到工作。

6. 茶饭馆

茶饭馆，顾名思义，即除喝茶之外也可以吃饭，但提供的饭食都很简单，不像饭馆的品种繁多。老舍先生的名剧《茶馆》里的裕泰茶馆就是一家茶饭馆，所备食物似乎只有烂肉面一种。

7. 棋茶馆

老北京的棋茶馆多集中在天桥市场一带，茶客以普通百姓为主，而且多是闲人。

大多数棋茶馆只收茶资不收棋盘租费，但茶室的设备十分简陋，只是将长方形木板铺于砖垛或木桩上，然后在上面画上棋盘格，茶客便可以在这里边饮茶边对弈。来这里的人们主要是为了下棋，对茶具、茶叶并不讲究。

棋茶馆

当然，老北京也有专门的高级棋茶馆，这些棋茶馆环境高雅、器具别致，如什刹海二吉子围棋馆、隆福寺二友轩象棋馆等。

8. 茶酒馆

茶馆卖酒，规模很小，不但比不过大酒缸，连小酒铺都比不上。

茶酒馆虽然卖酒，并不预备下酒菜，只有门前零卖羊头肉、驴肉、酱牛肉、羊腱子等，互不相扰。

凡到茶酒馆喝酒的，目的在谈天，酒反而是次要的了。

9. 季节性茶馆

北京的季节性茶馆一般设施都比较简陋，但其环境却十分适合吃茶。

季节性茶馆以什刹海附近的茶馆最为有名。

旧时的什刹海不仅有荷花，还有各种水生植物，如菱、茨等，甚至还有不少稻田。坐在这样的茶馆里喝茶，满园的荷塘景色尽收眼底，颇有一番"江南可采莲，莲叶何田田"的滋味。

季节性茶馆往往还兼卖佐茶的点心，种类多而且做工精致，较有名的是莲藕菱角、豌豆黄等。

除此之外，北京的新式茶馆也曾经繁盛一时。新式茶馆是以茶社、茶楼命名的茶馆。

庚子之乱后，北京前门外建造了几处新式市场，如劝业场、青云阁等，茶社就开设在新式市场中。这种茶社的鼎盛时期是在清末民初前后十三四年中，在20世纪30年代中叶则开始走向没落。

清·金农《玉川先生煎茶图》

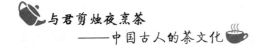

海上壶天容小隐：老上海茶馆

老上海茶馆文化始于清朝初年，随着市民文化的兴起，茶馆开始成为人们休闲娱乐、信息交流、商洽生意的场所，成为人们品味社会的小窗口。

史载，清末宣统元年（1909 年），上海约有茶馆 64 家；到了民国八年（1919 年），短短 10 年间便增到 164 家。近代上海的茶馆更是发展迅速。

1. 不同等级的茶馆

同治初年，在三茅阁桥临河而建设的"丽水台"茶馆楼宇轩敞，它是上海最早的规模较大的茶馆。继它之后，南京路上出现了第二家茶馆——"一洞天"。

光绪二年（1876 年），广东人在上海广东路的棋盘街北开了同芳茶居，兼营茶点，清晨供应鱼粥，中午供应各色点心，晚上供应莲子羹、杏仁酪。很快，在同芳茶居的对面出现了"怡珍茶居"，兼营烟酒。

同芳茶居和怡珍茶居是早期上海茶馆中经营得颇具特色的茶馆。此外，南市的湖心亭茶室、"也有轩"、"四美轩"和"春风得意楼"等都颇具盛名。

老上海有很多高档茶馆，出入这种茶馆的人一般来自上流社会，多为政界要人、社会名流、商贾老板以及在社会颇有名望的帮、门、会、道首领等。这类茶馆大多地处城市繁华地段，店面高大雄伟，不论是建筑风格，还是内部装潢，都极为讲究。茶馆内环境优雅，器具名贵，还设有内室和雅座，茶资也比一般茶馆昂贵得多。

老上海还有许多大众茶馆，它遍布街市里弄，其中数量最多的是一种俗称"老虎灶"的茶馆。老虎灶一般设在马路边，砌一个灶头就可以开店。店内一般用的是廉价紫砂壶，茶叶也是最低档的粗茶。这类茶馆的茶客多为穷苦百姓和一些无业游民。

豫园湖心亭茶楼

　　清朝末期，上海的老虎灶很少，而且生意也很平淡，那时的商店大多自己生炉子烧开水，供店伙计泡茶喝。如果自家不生炉子，就需要拎着茶壶到老虎灶去冲开水。而当时没有开水瓶等保温设施，一壶茶喝完，就必须再去老虎灶；如果店面离老虎灶很远，就非常不便。到 20 世纪 20 年代初，德商礼和洋行将英格兰化学家杜瓦发明的真空瓶加以改造，制成热水瓶。一些商店和单身汉为了减少麻烦，都不再自己生炉烧水，而是直接拿热水瓶到老虎灶打开水，于是老虎灶的生意也渐渐兴旺起来。再加上这段时期的战乱，一些江浙乡民纷纷逃到上海，在短短几年内，几十万人涌入上海，他们生活条件极差，喝茶几乎全靠老虎灶解决。从此，老虎灶开始在上海滩风行。

　　当时的老虎灶也时兴"吃讲茶"，但这里的吃讲茶，不是为了生意上的矛盾或帮派之间的纷争，而是为了鸡毛蒜皮的小事，如借钱不还、家庭纠纷等。

2. 茶馆的社会功能

　　老上海的茶馆是新闻的集散之地，各路记者、巡捕、侦探等都经常光顾茶馆。记者在茶馆听到一些消息后，往往当场在茶馆里写稿，然后送往报社刊印发行。而巡捕侦探不仅从茶馆中寻找破案线索，有的甚至在茶馆办案，把茶馆变成公事房。不过，这种茶客喝茶是不付茶资的，茶楼老板则依仗他们的势力维持市面。

老上海的茶馆还是商人们进行交易的场所，他们也是上海一些茶馆的主要茶客。每日清晨，各行各业的商人都到茶馆里洽谈生意。著名实业家刘鸿生在那时就经常出入"青莲阁"茶楼与人进行煤炭交易。创建于清末的"春风得意楼"更是商贾们的聚集之地。时间一长，商人们就形成了每天到茶楼的固定时间，并且按照不同的行业交错，形成了"茶会"。

老上海茶会包罗万象，商业界有"领市面"的商人茶会，巡捕侦探有"包打听"茶会，新闻界有访员（记者）茶会，艺术家有"美术茶会"，养鸟者有"养鸟人茶会"，甚至娼寮也有妓女茶会。

老上海的茶馆中还有一种专门从事房屋租赁或买卖的经纪人，俗称"白蚂蚁"。

旧上海平安里

当时房产中介因为没有正规且固定营业场所，居间人（经纪人）公所也不认这个行当，所以他们只能寄居于茶会，在这里了解各色人等的房屋出租、买卖、迁居需求，从中牵线搭桥，经手交易获取提成或佣金。由于他们经常活跃在上海的各种茶楼中，所以，一般有房屋出租、出卖或租赁房屋需求的人也就经常去茶楼与经纪人接洽。

大名鼎鼎的春风得意楼便是当时的茶会大码头。商人们在这里进行行业聚会，布业、糖业、豆业、钱业、丝业、茶业……一杯茶吃过，生意成交。文人墨客也常在此雅集，衙门书吏、包打听更是经常光顾。这个位于老城隍庙的三层茶楼成了海量动态数据发布平台，"白蚂蚁"当然不会放过。既然白蚂蚁在这里，房东和房客也就被吸引过来，白蚂蚁"现场办公"撮合双方，因此赢得"白蚂蚁茶会"大名，春风得意楼也因此得了一个别称——顶屋市场。

此外，老上海的茶馆还有劳务市场的功能。在一些茶馆中，经常有一些手工工匠在这里等待雇工。这些遍布街市里弄、"不入流"的低档茶摊，也有底层的茶会——"老虎灶"（也叫熟水店）。店里摆上几张破桌凳，泡上一大壶廉价的茶，主顾是箍桶、修雨伞、磨剪子戗菜刀、锔碗补锅、摇拨浪鼓收破烂等之类的小商小贩或市井平民。他们在这里说笑逗趣，传播着走街串巷耳闻目睹的各色消息与奇遇怪事。

3. 茶馆中的曲艺表演

老上海有曲艺表演的茶馆多是中小型茶肆，这类茶馆一般都比较宽敞，以便于安置茶壶茶杯，茶客也可以随听随喝。茶馆门口常挂着一块黑牌，用白粉写上艺人姓名和所说的书名。

尤其是到年底，茶馆主人还争邀各路艺人联袂登台表演。这时的茶客最多，茶馆主人为了容纳更多的听客，往往把桌子和凳子全部撤掉，茶也不备了，因为茶客的目的也不是为了喝茶，主要是为了听书。

茶馆对听书的老茶客服务极为周到，有的茶馆甚至在书台前设置专门的席位，以供这些人享用。而这些茶客入座时也很有特点，要茶不张口，而是用手势表示：食指伸直是绿茶，食指弯曲是红茶，五指齐伸微弯是菊花茶。

上海全安茶楼龙旗片

老上海的书场式茶馆较著名的有景春楼、玉液春茶楼，以及城隍庙附近的茶楼，如春风得意楼、乐辅阆、四美轩等。

老上海的茶馆文化也反映了当时的社会文化风貌，从中可以品味到西方思潮下的旧上海风情。

扫来竹叶烹茶叶：老广州茶馆

在广州，饮茶之风极盛，饮茶习俗渗透到生活的方方面面。

广州人称茶馆为茶楼或茶居。根据史料记载，广州第一家茶馆应该出现在唐代之后，但茶肆的繁荣是在清代。老广州较有影响的老字号茶楼，大多创始于清代。到了民国时期，广州茶馆依然保持了兴旺的势头，茶馆仍然很多，高级茶楼有30多家，中档茶楼60多家，低档的也有数百家。

广州茶馆文化中的商业气息非常浓厚，无论是茶馆的名号，还是富有特色的俗约，都体现出这一特点。但是广东茶馆也有古风浓郁的一面，充满文化气息的楹联就令人惊叹不已。

1. 各式各样的名号

老广州茶馆的名目很多，如茶肆、茶居、茶室、茶馆、茶寮、茶楼等。

清朝末年，广州最多的是"二厘馆"，即只收二厘钱的廉价茶馆，属于档次较低的茶馆。这类茶馆多设在市民集中的地方，建筑、器具、茶叶都不甚讲究，属于大众化茶馆。这里也有廉价的点心出售，据说这就是广州"早茶"的源头。

有一首民谣这样唱："去二厘馆饮餐茶，茶银二厘不多花。糕饼样样都抵食，最能顶肚冇花假。"

伴随着商品经济的进一步发展，茶居渐渐现出繁荣之势，并逐步发展成为"茶楼饼饵业"。

清光绪年间，广州的茶馆多改叫"茶楼"了，这些茶楼一般都较有档次。"十三行"时期，商贾名流需要一处款待生意伙伴的场所，第一间现代化茶楼"三元楼"

1825 年十三行的茶叶贸易

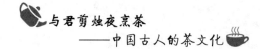
应运而生。三元楼楼宇宽大、装饰豪华，镜屏字画、奇花异草应有尽有，体现了广州茶馆文化中的商业气息，在当时有很大的影响力。

随后，广州又出现了一批以"居"命名的茶馆，如怡香居、陆羽居、陶陶居等。这些茶居大都建筑雄伟，内设豪华，其中的器具、茶叶也很名贵，多用瓷盏泡名茶，并佐以高级点心，还有名伶艺人吹拉弹唱，极其奢华。有一首竹枝词这样描述当时茶馆的热闹场景：

米珠薪桂了无惊，装饰奢华饮食精。
绝似生平歌舞日，茶楼处处管弦声。

2. 古风浓郁的楹联

匾额、对联是我国古代文化的重要表现形式，广州的茶馆则继承了它的形式与精神，这使得商气浓郁的广州茶馆也有了古风浓郁的一面。

据史料记载，清末广州大同茶楼就曾出巨款征联，并规定上、下联除了要有品茗之意，还要包含"大"和"同"二字。最后征到一副奇联：

好事不容易做，大包不容易卖，针鼻铁，薄利只凭微中削
携子饮茶者多，同父饮茶者少，檐前水，点滴何曾倒转流

此联将卖茶微利、饮茶之乐寓于文中，质朴而又自然。
广州著名茶馆陶陶居的门联是：

陶潜善饮，易牙善烹，饮烹有度
陶侃惜分，夏禹惜寸，分寸无遗

此联的妙处就是将"陶陶"二字嵌于上下联之首，且含劝诫之意。

3.富于特色的俗约

在老广州，茶馆的规矩很多。最为典型的是客人需要添水时，服务员不为客人揭壶盖冲水，客人必须自己打开壶盖。部分茶楼还有收"小费"的习惯，体现了广州浓厚的商业氛围。

此外，当服务人员端上茶或点心时，客人须用食指和中指轻轻在台面上点几点，以示感谢。据说，这是乾隆下江南时流传下来的礼俗。

老广州茶馆实行"三茶两饭"。所谓"三茶"，即在一天之内有早、午、晚茶三次；"两饭"则指午、晚饭各一。

老广州的"三茶"以早茶最为热闹。"饮早茶"是老广州茶文化最具特色的内容，突出体现了岭南文化"早"的特色。

以前，广州人有早起的习惯，因此早茶是重头戏。茶楼早上六点已经热闹起来，有人带着鸟笼逗乐，也有人边听粤剧边饮茶。因此，饮茶在广东又称为"叹茶"（即享受之意）。

4.茶馆中的茶点

广州人饮早茶的同时一定要伴以可口的茶点，一般两种，这就是广州茶馆中最著名的"一盅两件"。这些特点也是广州茶馆文化的突出之处。

清代广州茶馆中的点心是由茶客自取，吃完后结账。当时茶点的种类很少，仅有蛋卷、酥饼之类。清末，广州成为中西文化交汇的窗口，茶馆自然也受到西方的影响，出现了面包、蛋糕等洋味点心。民国时期，茶馆点心日趋多样化，增加了各种富有岭南特色的糕点，如豆沙包、椰蓉包、叉烧包、腊肠卷，以及干蒸烧麦、虾饺烧麦等。20世纪30年代后期，还出现了李应、余大苏等技艺超群的点心"四大天王"。

广州点心，兼收中西点心制作之优长，而形成自身的特色，主要特点是：选料广博，造型独特，款式新颖，制作精细，皮薄馅丰。茶点，也成为广州美食的重要组成部分。

茶点分为干湿两种，干点有饺子、粉果、包子、酥点等，湿点则有粥类、肉类、龟苓膏、豆腐花等。其中又以干点做得最为精致，卖相甚佳。如每家茶楼必制的招牌虾饺，以半透明的水晶饺皮包裹两三只鲜嫩虾仁，举箸之前已可略略窥见晶

各色茶点

莹中透出一点微红，待入口以后轻轻一咬，水晶饺皮特有的柔韧与虾仁天然的甜脆糅合出鲜美的口感，让人回味无穷。

广州配茶点心的丰富多彩，不仅体现广州人饮茶有着丰富的文化内涵，而且标志着广州茶文化逐渐进入兴盛时期。

茶烹活水天上客：老杭州茶馆

吴越地区是中国的产茶圣地，独特的区域文化造就了丰富多彩的茶文化，而吴越茶文化的典型代表就是老杭州茶馆文化。

1. 老杭州茶馆兴衰

老杭州的茶馆自南宋开始兴盛，茶馆的种类、功能都极为齐全。南宋时，杭州茶馆星罗棋布，盛极一时。南宋诗人吴自牧所著《梦粱录》专列"茶肆"一卷，记述了杭州茶馆业的盛况，以后历代都没有超出过南宋。

宋代茶肆，常用各种植物、书画作品装饰门店，售卖各种珍奇的茶和茶水。如《梦粱录·茶肆卷》所云："汴京熟食借，张挂名画，所以勾引观者，留连食客。

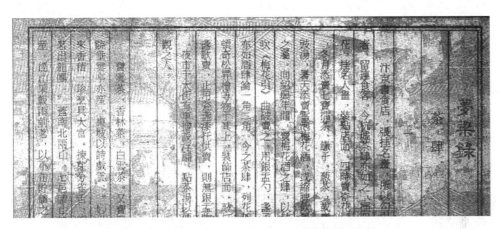

南宋诗人吴自牧《梦粱录·茶肆卷》书影

今杭城茶肆亦如之，插四时花，挂名人画，装点店面。"

元代至明前期，杭州茶馆有过一段衰落时期，至明后期又兴起第二个高潮。

明代田汝成《西湖游览志余》中说："杭州先年有酒馆而无茶坊，富家燕会至湖上，有专供茶事者，曰茶博士……嘉靖二十六年三月，有李氏者，忽开茶坊，饮客云集，获利甚厚，远近仿之。旬日间，开茶坊者五十余所。然以茶为名耳，沉湎酣歌，无殊酒馆也。"

这段记载，大致意思是：早年的杭州只有酒馆而没有茶馆，有钱人如果在西湖上宴饮，边上伺候提供茶水的人，被叫作茶博士……到了明代嘉靖二十六年（1547 年），有个姓李的人开了一间茶馆，立马就有很多客人前来消费，李老板赚了好多钱。结果，大家都来效仿，十日间杭州新开的茶馆就多达五十余家。然而，都是挂羊头卖狗肉，只是有茶馆之名而已，实则与普通的酒馆并没有多大区别。

清代时，茶馆推及市井。清代著名的小说家吴敬梓曾游历西湖，因而在《儒林外史》中对西湖茶馆着墨颇多：那位马二先生步出钱塘门，过圣因寺，上苏堤，到净慈，四次上茶馆喝茶。到了吴山，那里茶铺子、茶桌子林立，"这一条街，单是卖茶的，就有三十多处"。

清代至民国年间，杭州茶馆从地域分布来说，大体可分为市区街巷、风景名胜、山间农家和寺院庵堂几大类。晚清及民国末年，由于市民阶层的进一步扩大，

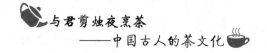

杭州茶馆又得到了迅猛发展，仅大型茶馆就达300多家，小型茶馆、茶摊更是不计其数，空前繁荣。

2. 茶馆中的曲艺

清代诗人黄晦闻曾云："一市秋茶谈岳王。"说的就是秋日西湖，云淡天高，爽朗宜人，熙熙攘攘的茶馆里，茶客满座，都神情专注地在聆听说书人讲岳飞的故事。

"一市秋茶"反映了清代杭州茶风之盛和茶馆之乐。

自宋代以来，杭州的茶馆中就有多种形式的曲艺表演，其中最为广泛的就是说书。清同治、光绪年间，茶馆书场发展很快，较有名的有三雅园、藕香居及四海第一楼、雅园、迎宾楼、碧露轩、醒狮台等。到了民国时整个杭州茶馆书场多达两百余家，较大的有望湖楼、得意楼、雅园、碧雅轩、松声阁等。

一般而言，稍大一点的茶馆都设有专门的书场，聘请说书艺人进馆表演。

除了评话说书外，还有不少曲艺品种也选择茶馆作为表演场所，如说唱评词的涌昌、宝泉居、杨冬林等茶馆，演唱杭州摊簧的宴宾档、望湖楼等茶馆，演唱杭州地方曲种的也有数十家之多。总之，当时的曲艺往往选择茶馆作为生存场所和立足之地，而茶馆也把曲艺作为招徕生意的手段。

3. 专门性茶馆的出现

老杭州的一些茶馆还具有行业性的特征，同一行业或爱好相同的人，每天到特定茶馆聚会、谈生意、找工作、交流技艺。如南班巷茶馆就是曲艺艺人们指定的聚会之所，住在上城区的艺人们每天上午都来此吃茶，商议业务，交流说书唱曲技艺。周围的一些茶馆书场老板也会按时赶来，寻找需要的艺人并商定场次与节目安排。

老杭州最有特色的还是"鸟儿茶会"。清末以前，杭州喜欢养鸟的人不少，他们拎着鸟笼到特定的茶馆聚会，叫作鸟儿茶会。当时较著名的有三处：涌金门外的三雅园，官巷口与青年路之间的胡儿巷；另一处是鸟雀专业交易市场，叫"禾园茶楼"。

这一类的茶馆，还有万安桥下的水果行茶店，堂子巷、城头巷等处木匠业茶店等，都是特定行业聚会之所，在当时的杭城都小有名气。

4. 别具一格的旅游茶馆

老杭州最有特色的茶馆当属西湖水面上的"船茶"。

旧时西湖上有一种载客的小船，摇船的多为年轻妇女，当地人称作"船娘"。小游船布置得干净整洁，搭着白布棚，既可遮阳，又可避雨。舱内摆放一张小方桌和几只椅子，桌上放有茶壶、茶杯。游客上船，船娘便先沏上一壶香茗，然后荡开小船，便成了一座流动茶馆了。

此外，吴山茶室也是赏景品茶的绝妙去处。吴山脚边的"鼓楼茶园"，环境清幽，冬暖夏凉。清代小说家吴敬梓在乾隆年间来杭州游玩，对吴山茶室印象很深，在《儒林外史》中花了大量笔墨描述了"马二先生"上吴山品茗的情况。

5. 茶馆中的社会

近代杭州茶馆也是各种消息的集散地，人们在这里议论国家大事和民间琐事，散布奇闻轶事和各种流言。衙门捕快也常混迹其中，监视舆论。因此许多茶馆怕茶客惹是生非，常在醒目处贴上"莫谈国事"的纸条。

茶馆里还有各种形式的赌博活动，如打牌搓麻、掷骰划拳、赛鸟斗蟋蟀等。有

晚清茶馆

一些茶客上茶馆并非为了品茗，而是寻找刺激，吃喝玩乐，甚至狎妓。甚至有一些茶客终日混迹于茶馆，养成散漫的性情。

近代杭州规模最大、最具有代表性的茶馆当属"湖山喜雨台"。此茶馆创办于1913年，规模宏大，气势超凡。喜雨台开张后，原来分散在各处的同行茶会多转到此处，一时间行业汇聚，如古玩、书画、纺织、粮油、房地产、营造、水木作、柴炭、竹木、砖瓦、饮食、水产、花鸟虫鱼等。这些茶会多有特定的座位，同行业的人围坐在一起，或洽谈生意，或等候招揽。

可以说喜雨台成了当时杭州市民生活的一个重要场所，市民生活上的难题，只要找到茶会上，立刻可获得圆满解决。

同时，喜雨台里也汇聚了各种文娱活动，每天下午和晚上，都要聘请较有名望的艺人表演评书、评弹、歌曲、京剧等。有的一个场子不够，就分场同时演出。另外还开辟有弹子房、象棋间、围棋间，供不同爱好的人娱乐。

总之，近代杭州茶馆富有鲜明的地域特色，是吴越茶馆文化的典型代表，真实地反映了当时杭州社会状况和人情风物，是观察近代杭州的百叶窗。

晚清茶食店铺

汲泉拟欲增茶兴：老成都茶馆

在四川成都，泡茶馆是人们生活的一部分。巴蜀文化所特有的封闭性和静谧性与茶馆的文化氛围极为调和，这就形成了独具特色的四川茶馆文化。

四川自古以来就有天府之国的美誉，传统农业非常发达，不但是粮食生产大省，也是茶叶生产基地。四川所出产的峨眉毛峰、蒙顶甘露、文君绿茶、峨眉山茶、青城雪芽等在全国都非常有知名度。

长期以来，成都人养成了爱喝茶的习惯：宁可饭不吃，也要喝杯茶。由此，遍布于大街小巷的茶馆就应运而生。"头上晴天少，眼前茶馆多"就是指成都，在这里不论是风景名胜、大街小巷还是田间地头，茶馆随处可见。这些茶馆不但价格低廉，而且服务周到，一杯茶、一碟小吃就可以消遣半日。在茶馆之中休闲的同时，也可以尽情地领略巴蜀之地的茶馆文化。

1. 精巧的内设

"坐茶馆"是成都人的一种特别嗜好，因此茶馆遍布城乡各个角落。成都茶馆不仅历史悠久，数量众多，而且有它自己独特的风格。无论你走进哪座茶馆，都会领略到一股浓郁的成都味：竹靠椅、小方桌、三件头盖茶具、老虎灶、紫铜壶，还有那堂倌跑堂。

四川生产竹子，茶馆大多以竹子作为其建筑材料，馆内的桌椅板凳也多为竹制：一方面是取材方便，另一方面则是竹的清雅之风与茶的清新之香珠联璧合。有些茶馆内还张贴许多名人的字画，以供客人在饮茶之余欣赏。

老成都茶馆对茶具的选择很讲究。这里的茶以盖碗茶居多，盖碗茶具分茶碗、茶船（茶托）、茶盖三部分，各有其独特的功能。茶船既防烫坏桌面，又便于端茶。茶盖则有利于泡出茶香及刮去浮沫，若将其置于桌面，则表示茶杯已空；倘有茶客将茶盖扣置于竹椅之上，表示暂时离去，少待即归。由此可知，精巧的盖碗茶

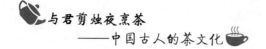

具不仅美观，而且实用。

2. 精湛的茶艺

老成都茶馆特别值得一提的是号称"巴蜀一绝"的掺茶技艺。在大大小小的茶馆中，茶堂倌（也称茶博士）提壶倒水是千年传承下来的绝技。

当茶客一进店，茶倌左手拿七八套茶碗，右手提壶快步迎上前来，先把茶船布在桌上，继而把茶盖搁在茶船旁，然后又把装好茶叶的茶碗放到茶船上，之后便是表演绝技。堂倌把壶提到齐肩高，水柱临空而降，像一条优美的弧线飞入茶碗。须臾之间，戛然而止，茶水恰

老成都茶馆

与碗口平齐。最后用小指把茶杯盖轻轻一勾，来个"海底捞月"，稳稳扣在碗口。整个过程没有一滴水洒在桌面、地上。有时候堂倌还哼上几句川戏，别有一番风味。

3. 休闲娱乐之所

老成都人泡茶馆并不只是为了饮茶，而是"摆龙门阵"（即聊天），把自己知道的新闻告诉别人，再从别人那里获得更多的社会信息，家长里短、国际大事都是佐茶的谈资。在熙来攘往的茶馆之中，一边品茶，一边谈笑风生，人生之乐，不过如此。

老成都茶馆还是休闲娱乐场所。到了晚上，若无处消遣，就可以到茶馆去，要一杯茶，边饮茶边欣赏具有浓郁地方特色的曲艺节目，如川剧或者四川扬琴、评书、清音、金钱板等。

老成都的茶馆热闹，卖瓜子、卖花生、掏耳朵、擦皮鞋、舒筋骨、搓麻将、打长牌、谈生意、闷瞌睡、写文章，百业千行都对茶铺情有独钟。大家偏要挤到一起到茶馆里找感觉，所谓"闹中取静喝杯茶去，忙里偷闲拿杆烟来"，成都人的逍遥派头可见一斑。

4. 社会交往之所

老成都的茶馆除了休闲娱乐之外，也是重要的社交场所。

在旧社会，不仅三教九流相聚于此，不同行业、各类社团也在这里了解行情、洽谈生意或看货交易。黑社会的枪支、鸦片交易也多选在茶馆里进行，因为这里的嘈杂、喧闹提供了相对安全的交易环境。袍哥组织（清末民国时期四川盛行的一种民间帮会组织）的联络点也常设在茶馆里。

每当较有势力的人物光顾时，凡认识的都要点头、躬腰，为付茶钱争得面红耳赤，青筋毕露。这时，谙于人情世故且又经验丰富的堂倌就会择"优"而取，使各方满意。

"吃讲茶"，是老成都人解决日常纠纷的一种办法。每逢茶铺里出现吃讲茶的，看闹热的最多。而最忙的要数堂倌了，茶碗一摞摞地抱来摆开，见坐下来的就得泡一碗。

"吃讲茶"的关键在于当事双方各自"搬"来什么人，如果"后台"硬，即使无理也会变得"有理"；如果地位低于对方，有理也说不清楚，那只好认输把全部茶钱付了。也有双方势均力敌、僵持不下的，出面的"首人"便采取各打五十板的办法，让双方共同付茶钱；或者他装起一副准备掏钱的架势，意在"将"双方"一军"，此时双方只好"和解"了事。

偶尔也有一言不合便茶碗乱飞，打得头破血流的，最后赔偿时，打烂的茶碗、桌椅，都一齐算到"输理"者账上。

总之，老成都茶馆是多功能的，集政治、经济、文化功能为一体。因此，老成都茶馆可以说是社会生活的一面镜子，虽然少了些儒雅，但茶的文化社会功能却得到了充分体现。

晚清老茶馆

第五章

奇人烹茗著奇书：古代茶人茶典

因为中国茶与饮茶的历史文化比较悠久，所以古人留下了很多关于茶的著作。

自唐代茶圣陆羽著《茶经》之后，茶饮专著陆续问世，进一步推动了中国茶事的发展。

明清可以说是中国再次茶道复兴的时期。从茶书上看，整个明清茶书有上百种，占到总茶书72%，但多为抄录唐宋之作。明清茶书有以往唐宋茶书不具备的内容，关于茶树种植管理、茶叶制作技术、饮茶的文人趣味，颇多新见。晚清茶书，更是开近代科学茶学科的先河。

历代茶典众多，代表作品有：宋代蔡襄的《茶录》，宋徽宗赵佶的《大观茶论》；明代钱椿年撰、顾元庆校的《茶谱》，张源的《茶录》；清代刘源长的《茶史》等。

腰佩轻篓相笑归：**古代茶人与茶典**

1. 古代茶人

"茶人"两字，最早见于唐代诗人皮日休、陆龟蒙的《茶中杂咏·茶人》：

生于顾渚山，老在漫石坞。

语气为茶荈，衣香是烟雾。

庭从颖子遮，果任獳师虏。

日晚相笑归，腰间佩轻篓。

随着茶的传播和茶文化的弘扬，茶人的概念在更新，茶人的内涵也在扩大。

茶人可分为三个层次：

其一是专事茶业的人，包括专门从事茶叶栽培、采制、生产、流通、科研之人；

其二是与茶业相关的人，包括茶具的研制，以及从事茶文化宣传和艺术创作的人；

其三是爱茶的人，包括广大的饮茶人和热爱茶叶的人们。

我国历史各代都有很多著名的茶人，如：

汉唐时期的茶人有王褒、王蒙、皎然、陆羽、刘禹锡、白居易、卢仝、温庭筠、皮日休、陆龟蒙等。

宋元时期的茶人有丁渭、梅尧臣、欧阳修、范仲淹、蔡襄、苏轼、苏辙、耶律楚材、黄庭坚、赵佶、陆游、杨万里等。

明清时期的茶人有朱权、文徵明、顾元庆、徐献忠、田艺蘅、张源、许次纾、屠本畯、罗廪、张大复、冯可宾、袁枚、乾隆、郑板桥等。

[明]陈洪绶《烹茶图》扇面

此外，明清时期的紫砂壶制壶大师如供春、时大彬、陈鸣远、陈曼生等人也属此列。

2.历代茶典

古代茶典，真实地记录了茶叶发展的历程，以及我国茶道、茶礼、茶艺、茶俗等传统文化的形成和演化。

据统计，我国由唐及清，现在初步确认的茶典为188种，其中完整的茶典为96种，辑佚28种，佚书书目64种。

现存唐代（含五代）的茶典有：陆羽的《茶经》《顾渚山记》《水品》，裴汶的《茶述》，张又新的《煎茶水记》，温庭筠的《采茶录》，苏廙的《十六汤品》，毛文锡的《茶谱》等。

现存宋代茶典有：陶谷的《荈茗录》，周绛的《补茶经》，叶清臣的《述煮茶小品》，蔡襄的《茶录》，朱子安的《东溪试茶录》，黄儒的《品茶要录》，沈括的《本朝茶法》，赵佶的《大观茶论》，唐庚的《斗茶记》，熊蕃的《宣和北苑贡茶录》，赵汝砺的《北苑别录》，桑茹芝的《续茶谱》，审安老人的《茶具图赞》等。

现存明代茶典有：朱权的《茶谱》，顾元庆的《茶谱》，田艺蘅的《煮泉小品》，徐忠献的《水品》，陆树声的《茶寮记》，徐渭的《煎茶七类》，孙大绶的《茶经水辨》《茶经外集》《茶谱外集》，屠隆的《茶说》，陈师的《茶考》，张源的《茶录》，陈继儒的《茶话》《茶董补》，张谦德的《茶经》，许次纾的《茶疏》，程用宾的《茶录》，熊明遇的《罗岕茶记》，罗廪的《茶解》，冯时可的《茶录》，屠本畯的《茗笈》，夏树芳的《茶董》，徐勃的《茗谭》，喻政的《茶集》，高元濬的《茶乘》，闻龙的《茶笺》，周高起的《洞山岕茶系》《阳羡茗壶系》，冯可宾的《岕茶》，邓志谟的《茶酒争奇》，程百二的《品茶要录补》等。

现存清代茶典有：佚名的《茗笈》，陈鉴的《虎丘茶经注补》，张源长的《茶史》，余怀的《茶史补》，冒襄的《岕茶汇钞》，陆廷灿的《续茶经》，程雨亭的《整饬皖茶文牍》等。

据中州古籍出版社出版的《中国茶书全集校证》作者方健汇编校证：唐宋茶书，收35种，其中20种为辑本，9种为首次作为茶书收录；明代茶书，收录37种，最后1种为新收茶书；清代茶书，收录10种，其中附收1种为民国茶书，新收1种；补编共收书19种，为历代未见著录为茶书者，主要是关于茶法、茶政、茶制、茶马类等茶书，合计101种。

千秋光辉耀楚天：陆羽与《茶经》

中国是茶的故乡，唐朝是中国茶文化发展的鼎盛时期，其间除了朝廷的提倡、社会经济的繁荣等因素外，陆羽及其《茶经》的影响，更应居首功。陆羽从一个弃儿成为家喻户晓的"茶神"，被尊为"茶圣"，他的一生充满传奇。

陆羽所创作的世界上第一部关于茶的专著——《茶经》，为古代茶典的开山之作，系统地记录了茶的各类知识，是一部享誉中外的著作。

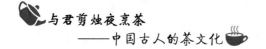

1. 茶圣陆羽

"古亭屹立官池边，千秋光辉耀楚天。明月有情西江美，依稀陆子笑九泉。"这是清朝人写的一首怀念陆羽的诗。

陆羽（733—804），字鸿渐；一名疾，字季疵，号竟陵子、桑苎翁、东冈子，又号"茶山御史"。复州竟陵（今湖北天门）人。唐代著名的茶学家，被誉为"茶仙"，尊为"茶圣"，祀为"茶神"。

据传，陆羽是一个弃儿，三岁时（735年）被竟陵龙盖寺住持智积禅师在西湖一带捡得。后来，他"以《易》自筮"，得到"渐"卦，卦辞为"鸿渐于陆，其羽可用为仪"，由此，他以"陆"为姓，以"羽"为名，以"鸿渐"为字。

陆羽自小在龙盖寺中成长，智积和尚欲教他佛经，希望他皈依佛门。陆羽却以为出家人"终鲜兄弟而绝后嗣"，有违孝道，而不肯接受。智积和尚大怒，遂命他从事清扫等杂役，同时还要他去照料几十头牛。

陆羽在放牛时，仍然不放弃学习，而在牛背上练习写字，一旦被发现，就遭到一顿鞭打。陆羽每想到"岁月往矣，奈何不知书"，便不禁悲从中来。后来陆羽找机会逃离龙盖寺，藏匿在戏班子里当优伶。虽然陆羽面貌丑陋，说话又结巴，却富有机智，扮演丑角极为成功。

玄宗天宝五载（746年），河南府尹李齐物慧眼识才，决定将陆羽留在郡府里，亲自教授他诗文。在人生歧路上徘徊的陆羽，这时才真正开始了学子生涯，这对陆羽后来能成为唐代著名文人和茶学家，是有着不可估量的意义的。

天宝十一载（752年），当时的崔国辅老夫子被贬为竟陵司马。在这期间，陆羽与崔公往来频繁，较水品茶，宴谈终日，他们之间的情谊日渐深厚，成为忘年之交。这也说明陆羽的才华、品德和崭露头角的烹茶技艺，已经为时人所赏识。

肃宗上元元年（760年），陆羽隐居苕溪（今浙江吴兴），自称桑苎翁，又号竟陵子，开始闭门著述。陆羽经常在田野中吟诗徘徊，或以竹击木，或有不称意时，就放声痛哭而归，因此当时人将他比拟作"楚狂人"接舆。肃宗时，

陆羽纪念馆

他曾被任为太子文学，因此有"陆文学"之称。后改任太常寺太祝，陆羽辞官不就。

陆羽生性淡泊，清高雅逸，喜欢与文人雅士交游，《全唐诗》中收录了陆羽写的《六羡歌》："不羡黄金罍，不羡白玉杯，不羡朝入省，不羡暮登台，千羡万羡西江水，曾向竟陵城下来。"由诗中可看出陆羽淡泊名利的处世态度。

陆羽的前半生经历受到了四个人的重大影响，即两僧两吏：两僧为智积和皎然，两吏为李齐物和崔国辅。在隐居期间，他与诗僧皎然、隐士张志和等人，交往甚密，成为莫逆。

陆羽不但喜爱大自然，对茶叶的兴趣更为浓厚，为钻研茶叶生产科学技术，他跋山涉水，四处云游，深入江苏、浙江、江西等各主要茶区进行调查研究，将游历考察时的所见所闻，随时记录下来，丰富了茶叶知识与技能，更是他日后撰写《茶经》的主要依据。

2. 茶神传说

在历代流传下来的茶典中，记载了陆羽的一些轶事与传说。

唐人张又新的《煎茶水记》里曾记载这样一则小故事：一次，湖州刺史李季卿船行至维扬，适遇茶圣陆羽，便邀同行。抵达扬子驿时，季卿曾闻扬子江南泠水煮茶极佳，即命士卒去汲此水。不料取水士卒近船前已将水泼剩半桶，为应付主人，偷取近岸江水兑充之。

回船后，陆羽舀起来尝一口，说："不对呀，这是近岸江中之水，非南泠水。"命复取，再尝，才说："这才是南泠水。"士卒惊服，据实以告。

李季卿对此也大加佩服，便向陆羽请教茶水之道。于是陆羽口授，列出天下二十名水次第。当然，限于时代，所列名水，仅为他足迹所至的八九个省的几处而已，不能概括全国的众多名水。

陆羽不但是评泉、品泉专家，同时也是煎茶高手。据《记异录》中记载：唐代宗李豫喜欢品茶，宫中也常常有一些善于品茶的人供职。有一次，竟陵（今湖北天门）的积公和尚被召到宫中，宫中煎茶能手用上等茶叶煎出一碗茶，请积公品尝。积公饮了一口，便再也不尝第二口了。

代宗问他为何不饮，积公说："我所饮之茶，都是弟子陆羽为我煎的。饮过他煎的茶后，旁人煎的就觉淡而无味了。"

代宗听罢，记在心里，事后便派人四处寻找陆羽，终于在吴兴县苕溪的杼山上找到了他，并把他召到宫中。代宗见陆羽其貌不扬，说话有点结巴，但言谈中看得出他的学识渊博，出言不凡，甚感高兴，当即命他煎茶。

陆羽立即将带来的清明前采制的紫笋茶精心煎制后，献给代宗品尝。代宗一尝，果然

茶圣陆羽塑像

茶香扑鼻，茶味鲜醇，清汤绿叶，真是与众不同。

代宗连忙命他再煎一碗，让宫女送到书房给积公去品尝。积公接过茶碗，喝了一口，连叫好茶，于是一饮而尽。他放下茶碗后，走出书房，连喊："渐儿（陆羽的字）何在？"代宗忙问："你怎么知道陆羽来了呢？"积公答道："我刚才饮的茶，只有他才能煎得出来，当然是到宫中来了。"

3.《茶经》其书

陆羽一生嗜茶，精于茶道，以著世界第一部茶叶专著——《茶经》而闻名于世。他对茶叶有浓厚的兴趣，长期实施调查研究，熟悉茶树栽培、育种和加工技术，并擅长品茗。唐朝上元初年（760年），陆羽隐居江南各地，撰《茶经》三卷，

为世界上第一部茶叶专著，开启了一个茶的时代，为世界茶业发展作出了卓越贡献。

《茶经》共分为三卷十节，约有七千余字，分别按源、具、造、器、煮、饮、事、出、略、图叙述了唐以及唐以前的茶事。

一为茶之源，谈茶的起源、名称、品质，介绍茶树的形态特征。

二为茶之具，详细介绍制作饼茶所需的19种工具的名称、规格和使用方法。

三为茶之造：讲茶叶种类和采制方法，指出采茶的要求，并提出了适时采茶的理论。

四为茶之器：详细叙述了28

《茶经》书影

种煮茶茶具，还论述了各地茶具的好坏及使用规则。

五为茶之煮：写煮茶的方法和各地水质的优劣，叙述饼茶茶汤的调制，着重讲述烤茶的方法。

六为茶之饮：讲饮茶风俗，叙述饮茶风尚的起源、传播和饮茶习俗，提出饮茶的方式方法。

七为茶之事：叙述古今有关茶的故事、产地和药效。

八为茶之出：评各地所产茶的优劣，并将唐代茶叶生产区域划分成八大茶区，按品质分为四级。

九为茶之略：谈哪些茶具、茶器可省略以及可以省略哪些制茶过程。

十为茶之图：提出把《茶经》所述内容写在素绢上挂在座旁，《茶经》内容就可一目了然。

《茶经》是中国第一部总结唐代及唐代以前有关茶事的来历、技术、工具、品啜之大成的茶业著作，也是世界上第一部茶书，它使中国的茶业从此有了比较完整的科学根据，对茶业生产与发展产生了极大的作用，堪称一部茶道的百科全书。

《茶经》的问世，标志着中华茶文化的确立，是唐代茶文化形成的标志，第一次为茶注入了文化精神，提升了饮茶的精神内涵和层次，并使之成为中国传统精神文化的重要一环。

珍泉适与真茶遇：蔡襄与《茶录》

1. 蔡襄其人

蔡襄（1012—1067），字君谟，北宋大臣，著名的书法家、政治家、茶学家、植物学家、文学家。18岁进士及第，曾任漳州军事判官、西京留守推官、馆阁校勘、知谏院、直史馆、知制诰、龙图阁直学士、枢密院直学士、翰林学士、三司使、端明殿学士、福建路转运使，知泉州、福州、开封和杭州府事等职。诗文极丰，功勋尤重。

蔡襄可谓多才多艺：

其于书法，造诣颇高，与苏轼、黄庭坚、米芾，共称"宋四家"。

其于植物学，著《荔枝谱》，被誉为"世界上第一部果树分类学著作"。

其于建筑，主持建造了中国现存年代最早的跨海梁式大石桥——泉州洛阳桥，为中国四大古桥之一洛阳桥的创建人。

蔡襄像

其于茶学，著《茶录》开创千古品评茶风；创制"小龙凤团茶"，引领宋代追捧贡茶狂潮。他生于茶乡，习知茶事，又采造北苑贡茶，茶文化造诣颇深，是宋代北苑茶文化的主要推动者之一，更是宋代茶界的领袖之一。

2.《茶录》其书

蔡襄之所以编写《茶录》，就不得不提丁谓。丁谓是北宋初年宰相，著名"五鬼"（其他四人是王钦若、林特、陈彭年、刘承珪）之一。这个人的人品和为政之道在历史上贬多于褒，然而在中国茶文化史上，他却是一个重要人物，宋代的北苑贡茶"龙团凤饼"的创始人便是他。

北宋咸平年间，丁谓任福建转运使。他在监制龙凤贡茶的过程中，将自己的所观所感进行了一番理论总结，撰写了《北苑茶录》三卷，这是我国第一部记载北苑茶事的开山之作。十分遗憾的是，《北苑茶录》没有流传下来。

蔡襄作为一个行政官员，他在丁谓任福建转运使 40 年后，有幸忝列其职，尽力监制贡茶。将丁谓创制的北苑大龙凤团，改成小龙凤团，又奉旨制成"密

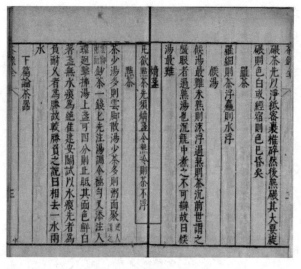

蔡襄《茶录》书影

云龙"，使北苑贡茶在质量上更上一层楼，愈发名扬天下。

蔡襄在长期实践中，成为制茶和品茶的行家。他有感于陆羽《茶经》没有谈及建安茶，丁谓的《北苑茶录》只谈建安茶的采造之法，"至于烹试之法，曾未有闻"，于是蔡襄在皇祐三年（1051年）撰写了这本《茶录》，这也是北苑茶典中最富有特色的一部茶书。

《茶录》共 19 目，分为上、下两篇，上篇茶论，分色、香、味、藏茶、炙茶、碾茶、罗茶、候汤、熁盏、点茶 10 目，主要论述茶汤品质与烹饮方法；下篇器论，分茶焙、茶笼、砧椎、茶钤、茶碾、茶罗、茶盏、茶匙、汤瓶 9 目，谈烹茶所用器具。全文比较详细地介绍了北苑茶的品质、品尝、保存及茶器具的特色。据此，可见宋时团茶饮用状况和习俗。

蔡襄作为宋代著名的书法家和文学家，他以艺术的眼光来分析北苑贡茶的烹试。

首先他强调茶饮过程中的"色彩美"，提出了茶色贵白的美学观点。为了使茶色更白，他用绀黑色的兔毫茶盏，在黑白分明的强烈对比中，茶汤之色更为鲜明。

其次，在北苑茶的味与香方面，他大力推崇茶的"真"，追求北苑茶的真香正味。因此他反对宋代盛行在茶中加入香片的做法。

这种"贵白贵真"的观点，表明了蔡襄在茶饮中所孜孜追求的自然之美。

《茶录》虽然篇幅简短，仅 800 字，但是内容却丰富而精到，是一部具有美学意蕴的茶典；其中所反映的美学思想，是茶文化向更高阶段发展的重要标志，《茶录》也成为继陆羽《茶经》之后最有影响力的论茶专著之一。

3. 蔡襄茶事

蔡襄极为爱茶，在他老年得病后，却不能饮茶，但他每日仍以煮茶品器为乐，可见其嗜茶如命。

有一次，他与苏舜元斗茶。蔡襄使用的是上等精茶，水选用的是天下第二泉惠山泉；苏舜元选用的茶劣于蔡襄，用于煎茶的却是竹沥水。结果，在这次斗茶中，蔡襄输给了苏舜元。

还有这么一段趣闻：

一天，欧阳修要把自己的书《集古录目序》弄成石刻，因此就去请蔡襄帮忙书写。虽然他俩是好朋友，但蔡襄一听，就向欧阳修索要润笔费。欧阳修知道他是个茶痴，就说钱没有，只能用小龙凤团茶和惠山泉水替代润笔。蔡襄一听，顿时欣喜不已，说道："太清而不俗。"于是，两人会心而笑。

欧阳修《归田录》有云："茶之品莫贵于龙凤，谓之团茶。凡八饼重一斤。庆历中蔡君谟为福建转运使，始造小片龙茶以进，其品绝精，谓之小团。凡二十饼重一斤，其价值金二两。"

在欧阳修为蔡襄《茶录》作的后序中写道："茶为物之至精，而小团又其精者，录序所谓上品龙茶是也。盖自君谟始造而岁供焉。仁宗尤所珍异，虽辅相之臣，未尝辄赐。惟南郊大礼致斋之夕，中书枢密院各四人共赐一饼，宫人翦为龙凤花草贴其上。两府八家分割以归，不敢碾试，相家藏以为宝，时有佳客，出而传玩尔。至嘉祐七年，亲享明堂斋夕，始人赐一饼，余亦忝预，至今藏之。"

蔡襄约于公元 1044—1048 年之间研制

蔡襄手书《茶录》书法

创立"小龙团",随即被下旨岁贡。而欧阳修直到 1062 年才得到一饼完整的顶级贡茶"小龙团"。欧阳修为此给予小龙凤茶高度评价,孜孜以求而不得,可见宋代顶级贡茶"小龙团"的珍贵。

蔡襄《即惠山煮茶》诗云:

> 此泉何以珍,适与真茶遇。
>
> 在物两称绝,於予独得趣。
>
> 鲜香筹下云,甘滑杯中露。
>
> 当能变俗骨,岂特渐尘虑。
>
> 昼静清风生,飘萧入庭树。
>
> 中含古人意,来者庶冥悟。

此诗为宋代茶诗名篇,也是一代茶学宗师蔡襄的咏茶诗。蔡襄亲自研制出来宋代的绝顶贡茶"小龙团",蜚声全宋,文人雅士莫不孜孜以求。而当好茶得遇佳泉,更是妙趣横生,美味隽永。蔡襄以酣畅淋漓之笔,写出了一幅美妙绝伦的惠山独酌饮茶图。由此,也在茶香馥郁之间,道出了自己的茶道思想感悟,描述了自己的饮茶之道。

公元 1050 年,蔡襄自福建北苑茶区启程回汴京述职,路经无锡,特此前往传说中的"天下第二泉"——惠山泉。他汲取清澈的山泉水,取出自己研制的小龙团,悠然煎水点茶。极致的美味令蔡襄陶醉其间,遂赋诗以记,《即惠山煮茶》由此而生。

境陟名山烹锦水：赵佶与《大观茶论》

《大观茶论》原名《茶论》,为宋徽宗赵佶所著的关于茶的专论,因成书于大观元年(1107),故后人称之为《大观茶论》。

书中对北宋时期蒸青团茶的产地、采制、烹试、品质、斗茶风俗等均有详细记述，也从侧面反映了北宋以来我国茶业的发达程度和制茶技术的发展状况，为我们认识宋代茶道留下了珍贵的文献资料。

1. 赵佶其人

《茶经》问世之后，相继出现许多茶学专著，其中《大观茶论》就是一部代表性的茶学著作。它是宋徽宗赵佶御笔所著的茶书，从茶叶的栽培、采制、烹点、鉴品，到点茶、藏焙的方法都进行了详细地描述。

赵佶（1082—1135），即宋徽宗，宋神宗第十一子，北宋的第八任皇帝。

赵佶多才多艺，却治国无方。他在位期间，疏于朝政，政治腐朽黑暗，但他精通书画、音律等，对茶艺也极为精通。

他自己嗜茶，也提倡人们饮茶。他以御笔编著了举世闻名的茶书《大观茶论》，这在我国历代君王中是绝无仅有的。他认为茶是灵秀之物，饮茶除了可以享受芬芳韵味，还令人清和宁静。宋代斗茶之风盛行，制茶工艺精湛，贡茶品种繁多，都与赵佶爱茶有关。

宋徽宗主政期间，奸臣当道，民不聊生，也出了不少荒诞之事。

因为赵佶嗜茶如命，故而宫廷斗茶之风盛行。为了满足皇室奢靡之需，贡茶

宋徽宗《文会图》（局部）

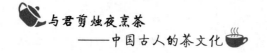

品目数量愈多，制作愈精。

宋徽宗还大量提拔贡茶有功的官吏。宣和二年（1120年），庸臣郑可简创制了"银丝水芽"，制成了"方寸新夸"。这种团茶色白如雪，故人们称为"龙团胜雪"。郑可简因此深受赵佶的宠幸，升至福建转运使。以后郑可简又命他的侄子到各地山谷去搜集名茶，得到一种叫"朱草"的名茶，便让自己的儿子去京贡献，果然也因献茶有功而得官。

其后，郑可简大摆筵宴，亲朋好友都来祝贺，他得意地说："一门侥幸！"他的侄子则因朱草被夺而愤愤不平，当场就顶了一句："千里埋怨。"事后，有人讥讽赵佶"以茶封官"说："父贵因茶白，儿荣为草朱。"

2.《大观茶论》其书

《大观茶论》全书共20篇，2800余字，包括序、地产、天时、采择、蒸压、制造、鉴辨、白茶、罗碾、盏、筅、瓶、水、点、味、香、色、藏焙、品名和外焙等，比较全面地论述了宋代茶业、茶道的发展情况、茶叶的特点和当时茶事的各个方面。其中对采摘、制作、品尝、烹煮的论述最为精辟，反映了北宋茶业和茶文化的发展，至今仍有参考价值。

（1）茶叶品质形成。

赵佶精研茶叶，深知茶叶品质的形成与茶叶的生长地、生长环境、采摘、蒸压、制作等紧密相关。制作茶叶，芽叶、器具必须洁净，火功要好。当天采摘的芽叶当天加工，不然将影响茶叶的品质。这与今天做出好茶的基本要求完全一致。同时，在水的选用上，则以山泉之水为上。赵佶指出："水以清轻甘洁为美，轻甘乃水之自然，独为难得。"

（2）茶叶的鉴别。

赵佶提出，茶的色泽，以当天采摘当天加工的为最好，隔天加工的则差。精品茶汤晶莹透亮，茶芽细小实重。如赵佶在论及茶叶的品质时认为："茶以味为上，甘香重滑，为味之全。"又说："茶有真香，非龙麝可拟。……和美具足，入盏馨香四达，秋爽洒然。"即说茶味甘甜，茶香浓郁，色泽光润为好。

（3）茶艺的规则。

《大观茶论》最精彩的部分是"点"篇，即对茶艺茶道规则的论述。此篇见解精辟、阐述深刻，总结了当时上层社会人士普遍流行的点茶法，对点茶的茶艺技法做了详尽的描述。赵佶首先指出了"一点法"和"静面点法"的不正确之处，详细描述了如何正确地点好茶：要点出上好的茶汤，必须取茶粉适量，注入水的方法还要得当，要经过七次注水和击拂，才可饮用。

（4）茶道精神。

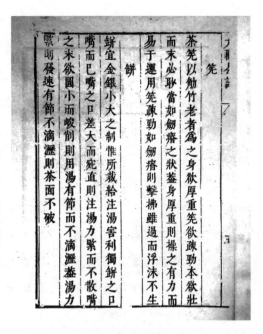

《大观茶论》书影

宋徽宗赵佶在《大观茶论》中从文化学的角度提出了茶道精神。宋徽宗在序中说："至若茶之为物，擅瓯闽之秀气，钟山川之灵禀，祛襟涤滞，致清导和，则非庸人孺子可得而知矣。冲淡闲洁，韵高致静，则非遑遽之时可得而好尚矣。"对茶人的饮茶心境和情性陶冶做了高度概括。

《大观茶论》自问世以来，其影响力和传播力非常巨大，不仅积极促进了中国茶业的发展，同时极大地推进了中国茶文化的发展，使得宋代成为中国茶业和茶文化的兴盛时期。

画图堪与北人看：审安老人与《茶具图赞》

《茶具图赞》是我国历史上第一部茶具图谱。作者审安老人，其真实姓名无考。

陆羽在《茶经》中把饮茶器具称为"茶器"，而将采制茶叶用的器具称为"茶具"，这种称呼一直沿袭到北宋。到了南宋，审安老人于咸淳五年（1269年）撰写《茶具图赞》时才将饮茶品具改称为"茶具"，沿用至今。

《茶具图赞》集宋代点茶用具之大成，书中所列茶具共有12种，称为"十二先生"。审安老人运用图解，以拟人法分别赋予姓名、字、雅号，倍感生动有趣，并用官名称呼之，非常形象生动地反映出宋代社会对茶具的钟爱和对茶具功用、特点的评价，以表经世安国之用意。

如"韦鸿胪"条：

韦鸿胪，名文鼎，字景旸，号四窗间叟。

赞曰：祝融司夏，万物焦烁，火炎昆冈，玉石俱焚，尔无与焉。乃若不使山谷之英堕于涂炭，子与有力矣。上卿之号，颇著微称。

《茶具图赞》的赞语给十二件茶具赋予了个性，不只让人了解宋代人对官员的品德要求，达到了"以器载道"的目的，也把流行于宋代的茶具样式、形制及功能保留了下来，将茶的物质性与文化内涵作了趣味性的结合。

书中所列"十二先生"具体如下：

韦鸿胪，指的是炙茶用的烘茶炉，即茶焙笼。

木待制，指的是捣茶用的茶臼。

金法曹，指的是碾茶用的茶碾。

石转运，指的是磨茶用的茶磨。

胡员外，指的是茶人，即水杓。

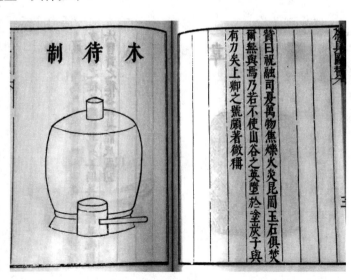

《茶具图赞》书影

罗枢密，指的是筛茶用的茶罗。

宗从事，指的是清茶用的茶帚。

漆雕密阁，指的是盛茶末用的盏托。

陶宝文，指的是茶盏。

汤提点，指的是注汤用的汤瓶。

竺副帅，指的是调沸茶汤用的茶筅。

司职方，指的是清洁茶具用的茶巾。

明代野航道人长洲朱存理曾题语云："愿与十二先生周旋，尝山泉极品，以终身此闲富贵也。"

谁把嫩香名雀舌：黄儒《品茶要录》

追溯中国茶叶质量检验的历史，可以发现在魏晋时期已有片言只语反映品饮者对质量的关注，但是，大多"存于口诀"，并未形成有系统的记载。

自唐代陆羽《茶经》始，对茶叶质量的要求有了较明确的记载。然而，陆羽的《茶经》是一部百科全书式的著作，涵盖面很宽，仅在"三之造"中谈到了鉴别茶叶优劣的方法，且局限于茶叶外形的审评，故未臻全面。

自陆羽《茶经》之后，著书立说者渐趋分门别类，对茶之各方面加以较详细的研究，宋代茶叶专家黄儒所撰的茶叶检验专著——《品茶要录》便是其中较为典型的一种。

黄儒（生卒年不详），字道辅，建安（今建瓯）人。神宗熙宁六年（1073 年）进士，博学能文，不幸早亡。

《品茶要录》成书于宋代熙宁八年（1075 年）左右。黄儒觉得陆羽所著《茶经》中疏忽了品尝建安茶，故特别叙述品茗时对茶叶欣赏应有的鉴别标准，将采摘制造时的得失，列出十项因采制方法错误而使茶味失色的缺点。

《品茶要录》书影

全书约1900字，对于茶叶采制不当对品质的影响及如何鉴别审评茶的品质，提出了十种说法：一至九篇论制作茶叶过程中应当避免的采造过时、混入杂物、蒸不熟、蒸过熟、烤焦等问题；第十篇讨论选择地理条件的重要。

书前后各有总论一篇，主要阐述茶的采制烹试各有其法，析分得失，论辩甚详，为防茶病，故详列病状以示人，以便识别。

黄儒土生土长于福建武夷山，办理过北苑贡茶事务，所以对建安的认识与研究有一定的深度。加以他有实践经验，他在《品茶要录·后论》中说："余尝事闲，乘暑之明净，适轩亭之潇洒，一一皆取品试。"所以在他所撰的《品茶要录》中，细究茶叶采制得失对品质的影响，提出对茶叶欣赏鉴别的标准，对审评茶叶有一定参考价值。

 与客清谈出尘表：朱权与《茶谱》

1. 朱权其人

朱权（1378—1448），明太祖朱元璋之第十七子，又号涵虚子、丹丘先生，晚号臞仙。洪武二十四年（1391年）封宁王。谥献，故称宁献王。曾奉敕辑《通鉴博论》，撰有《家训》《宁国仪范》《汉唐秘史》《史断》《文谱》《诗谱》《茶谱》

等 70 余种。

朱权受封为宁王后，于洪武二十六年
（1393 年）就驻大宁（今辽宁沈阳一带）。
据《明史》记载，当时的大宁地理位置十
分险要，为军事"重镇"，而朱权也是最有
实力的藩王之一。朱元璋令其掌握强兵猛
将，镇守北边军事要塞，目的是防备元室
卷土重来。

建文元年（1399 年），燕王朱棣起兵靖难，
朱权被迫屈从燕军，替燕王起草文书。朱棣
靖难成功后登上皇位，于永乐元年（1403 年），
改封朱权到南昌。

朱权到南昌不久就被人诬告有"巫蛊
诽谤事"，因查无实据作罢。此后，朱权为远祸避害，开始深自"韬晦"，不
问世事，还著成《茶谱》一书，以茶明志。

朱权像

正如他在《茶谱》中所言："予尝举白眼而望青天，汲清泉而烹活火。自谓
与天语以扩心志之大，符水以副内炼之功。得非游心于茶灶，又将有裨于养之道
矣。"又说："凡鸾俦鹤侣，骚人羽客，皆能自绝尘境，栖神物外，不伍于世流，
不污于时俗。或会于泉石之间，或处于松竹之下，或对皓月清风，或坐明窗静牖。
乃与客清谈款话，探虚玄而参造化，清心神而出尘表。"表明他饮茶并非只是浅
尝于茶本身，而是将其作为一种表达志向和修身养性的方式。

《茶谱》所署"臞仙"，故推论作于晚年，即在宣德四年（1429 年）至正统
十三年（1448 年）间。

2.《茶谱》其书

在散茶大行、饮茶风气为之一变的明王朝，朱权受时代风气的影响，以自己
特殊的政治地位和人生经历，结合自己对茶的理解，撰成《茶谱》一书，对明代

饮茶模式的确立和茶文化的发展产生了极为深远的影响。

《茶谱》除绪论外共16则，约2000字，分品茶、收茶、点茶、熏香茶法、茶炉、茶灶、茶磨、茶碾、茶罗、茶架、茶匙、茶筅、茶瓯、茶瓶、煎汤法、品水诸章。如其绪论中所言："盖羽多尚奇古，制之为末，以膏为饼。至仁宗时，而立龙团、凤团、月团之名，杂以诸香，饰以金彩，不无夺其真味。然天地生物，各遂其性，莫若叶茶。烹而啜之，以遂其自然之性也。予故取烹茶之法，末茶之具，崇新改易，自成一家。"标意甚明，书中所述也多有独创。

《茶谱》一书对后世茶文化的贡献表现在：

一是将饮茶看作明志及"有裨于修养之道"的一种方式，把普通的饮茶提升到"道"的高度，不仅完善了唐宋以来的茶道艺术，而且为明及之后的文人茶饮向雅致化方向发展作了理论上的铺垫。

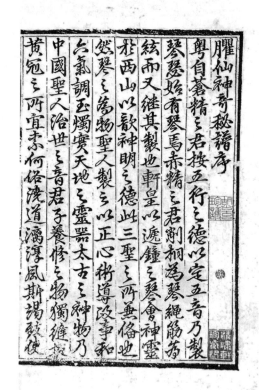

《茶谱》书影

二是主张饮茶与自然环境的完全融合。"或会于泉石之间，或处于松竹之下；或对皓月清风，或坐明窗静牖。乃与客清谈款话，探虚玄而参造化，清心神而出尘表。命一童子设香案，携茶炉于前，一童子出茶具，以瓢汲清泉注于瓶而炊之。"在这里，泉、石、松、竹、皓月、清风、明窗、静牖、香案、茶炉、瓢、瓶、清泉等，构成一个完整的意境，实现了人与自然的高度契合，达到了物我两忘的境界。这种茶与自然相融合的理念，自陆羽在《茶经》中提出后，到了宋代几乎中断，在朱权的努力下，饮茶的环境重新得到了人们的重视，并成为一种流行之风。

三是针对新的饮茶方式，精简了陆羽提出的"二十四器"并加以改造；在茶具上多为省俭，黜金银不用而代之以竹、木、石等物，使茶回到清俭上来。

四是构想了一些行茶的仪式，如设案焚香，既净化空气，也净化精神，寄寓通灵天地之意。他还创造了古来无有的"茶灶"，此乃受丹神鼎之启发。茶灶以藤包扎，后来改用竹包扎，明人称为"苦节君"，寓逆境守节之意。朱权的品饮艺术，后经盛颙、顾元庆等人的多次改进，形成了一套简便新颖的茶叶烹饮方式，于后世影响深远。自此，茶的饮法逐渐变成如今直接用沸水冲泡的形式。

从来佳茗似佳人：许次纾与《茶疏》

跛脚文人许次纾的传世之作《茶疏》，主要从茶的产地、制茶之法、收藏、用水、煮茶方法、品饮、环境等诸多方面进行了论述，被后人誉为"深得茗柯至理，与陆羽《茶经》相表里"，至今仍有很大的借鉴意义。

1. 许次纾其人

许次纾（1549—1604），字然明，号南华，明代钱塘人。明朝的著名茶人和学者。

据相关史料记载，许次纾是个跛子，但是他却很有文采，也是一个性情中人。传说他爱好搜集奇石，又好品泉，还很好客。虽然自己没有多少酒量，但宴请宾客时却经常是通宵达旦，有饮则尽，非常爽快。

许次纾的父亲是嘉靖年间的进士，官至广西布政使。许次纾则因为有残疾没有走上仕途，终其一生只是一个布衣百姓。他的诗文很多，可惜大部分都已经失传，只有《茶疏》还留传于世。

许次纾在闽省有过游历，也对闽地的茶事有一定研究。如他在此书中提道："茶不移本，植必生子，古人结婚，必以茶为礼，取其不移置子之意也，今人犹名其礼曰下茶。南中夷人定亲，必不可无……"所谓南中夷人，便有闽人在列。

许次纾深谙茶理，嗜茶，在《茶疏》中写道："余斋居无事，颇有鸿渐之癖。"意思是说自己和陆羽的喜好一样。每年春茶新上时，他一定要去浙江长兴、吴兴一带。长兴顾渚有茶园和他的故交，许次纾经常去那里与故友一道细啜新茗、品议茶事。

清代厉鹗在《东城杂记》中载："许次纾……方伯茗山公之幼子，跛而能文，好蓄奇石，好品泉，又好客，性不善饮……所著诗文藏富，有小品室、荡栉斋二集，今失传。予曾得其所著《茶疏》一卷，……深得茗柯至理，与陆羽《茶经》相表里。"许次纾嗜茶之品鉴，并得吴兴姚绍宪指授，故深得茶理。

2.《茶疏》其书

《茶疏》成书于明万历二十五年（1597年），论产茶采摘炒焙烹点诸事。

全书分36条，约4700字。涉及范围较广，包括品第茶产、炒制及收藏方法、烹茶用器、用水用火及饮茶宜忌等，提供了不少重要的茶史资料。

关于产茶，许次纾认为南方比北方更适于种茶，科学地阐述了茶产地对气候条件的要求。他还发现钱塘诸山北麓所产的茶叶，由于施肥过勤，使茶芽生长过快，鲜叶内涵成分积累时间过短，造成茶叶香气不足。

瓷瓮藏茶

关于采茶，许次纾认为谷雨前后是采茶的最宜时节。炒茶则不宜久炒，鲜叶入锅要适量，火也不易过大，否则容易使茶香散失。炒茶所用的木材要选用细枝条。炒制茶叶时，先用小火，待到鲜叶柔软时再用大火，快速炒干。

许次纾认为瓷瓮是收藏茶叶的最适宜器具。用来贮茶的瓷瓮必须干燥，四周围以厚箬，中间存放茶叶。茶叶取用的时间也有讲究，阴雨天则不宜开瓮，必须等到天气晴朗之日。而取茶之前，先要用热水洗手，擦拭干净之后再行取茶。

对于煮茶用水，许次纾提出，"水为茶之母，器为茶之父"，由此可见择水的重要。他提出，"古人品水，以金山中冷泉为第一，庐山康王谷为第二，今时品水，则以惠泉为首"。煮茶的器具也不要用新的，因"新器易败水，又易生虫"。

许次纾认为，茶具在泡茶之前就要准备好，而且必须保持茶具干燥和洁净。木炭也要先烧红，目的是去其烟气，以免烟气进入茶汤之中。木炭烧红后再放上盛水的器皿，泡茶之水既要烧开又不能煮老。烹茶时先要洗去沙土，这对茶性的把握很重要。取茶也特别讲究，切忌茶叶提早取出。而是水好入壶之后，即刻把茶叶投入壶中，加上盖子。并快速除去第一次浸润的水，这与今天茶艺中常提到的"洗茶"有相似性。之后再次冲入沸水，利用水进入茶具中的冲击力使茶叶翻滚，这样茶叶的香气才显露出来。

许次纾在谈到茶具时精简地提出了选择的原则和标准，其中包括产地、材质、做工、制作名家等。指出银制的茶具比锡的好，劣质的紫砂壶对茶的滋味、品质影响极大，不宜采用。

许次纾指出了饮茶的境，应是"心手闲适，披咏疲倦，意绪纷乱，听歌拍曲，歌罢曲终，杜门避事，鼓琴看画，夜深共语，明窗净几，洞房阿阁，宾主款狎，佳客小姬，访友初归，风日晴和，轻阴微雨，小桥画舫，茂林修竹，课花责鸟，荷亭避暑，小院焚香，酒阑人散，儿辈斋馆，清幽寺观，名泉怪石"，不要在作字、观剧、大雨雪等不宜饮茶的时间品茗。这些提法有文人的意趣所在，不无道理。

古人对于饮茶环境颇有要求，一般会在住

［明］陈洪绶《停琴品茗图》

所之外另建茶寮。茶寮建造要求"高燥明爽，勿令闭塞"，这与我们今天建造茶馆时要求"干燥洁净，宽敞明亮"是完全一致的。许次纾还提出"粗童、恶婢"不宜用，其中深含道理。品茗本来是一件高雅之事，粗童、恶婢与这一氛围格格不入。此外，寮内的摆设也很有讲究。

许次纾笔下的饮茶氛围，是传统文人茶的典型代表。他认为名优绿茶以一巡、再巡为好。他在《饮啜》一章提出的"三巡"之说颇有生活情趣："一壶之茶，只堪再巡。初巡鲜美，再则甘醇，三巡意欲尽矣。余尝与冯开之戏论茶候，以初巡为婷婷袅袅十三余，再巡为碧玉破瓜年，三巡以来，绿叶成阴矣。"

"三巡"之说可能是从宋代大文人苏轼的茶诗名句"戏作小诗君勿笑，从来佳茗似佳人"生发开来的。比较之下，"佳人"之比高雅，"三巡"之说则有亵渎女性之嫌。

春山谷雨摘芳烟：罗廪与《茶解》

明代茶人罗廪不仅从小爱茶，还亲身种茶、制茶，并结合自己十余年的切身体会，撰成了《茶解》。此书不仅提出了茶叶园艺的概念，而且对茶叶的种植和炒制技术也进行了革新和总结。

罗廪（生卒年不详），明朝宁波慈溪（今宁波江北区）人，中国古代著名书法家、学者、隐士。

罗廪生活在明朝后期万历年间，此时皇帝怠政、政治腐败，淡泊名利的罗廪就归隐山野。他的家乡也是贡茶产地，他便以开辟茶园，以植茶、造茶、品茶为生，过着闲情逸致的生活。他还总结前人经验，亲自参与实践，历经十载，于万历三十三年（1605 年）著成《茶解》。

《茶解》全书约 3000 字，前有序，后有跋，分总论、原、品、艺、采、制、藏、烹、水、禁、器等十目，对茶叶栽培、采制、鉴评、烹藏及器皿等各方面均有记述，既科学，又富有哲理，不仅弘扬了中华茶文化，更起到了传播茶叶科技知识的作用。

《茶解》有许多创新之处，尤为突出的是，罗廪首次提出了"茶叶园艺"的概念。唐代之前的茶树以野生为主，陆羽《茶经》称"野者上，园者次"，随着茶树栽培、育种技术的提高，大多栽培茶质量已超越野生茶。

罗廪根据长期实践，对茶树的栽培、施肥、除草、采制、储藏等技术进行了改善和提高，提出了一些茶树的种植原理。

如，在夏秋等干旱高温季节，要防止茶树在烈日下曝晒，因为漫反射的光线更有利于积累茶叶营养成分；再如，茶树之中也适当套种些桂、梅、兰、菊、桃、李、杏、梅、柿、橘、白果、石榴等花木、果木，因为茶树的花、叶可以吸收这些花果的香气。

经过十余年的辛勤耕耘，罗廪对植茶技术的研究也取得了新的成果。罗廪既否定了唐宋以来的"植而罕茂"的种植传统，又提出了"覆以焦土，不宜太厚"的种植技术，这在当时而言可谓茶叶种植技术的重大革新。

罗廪对绿茶炒制也进行了全面的总结。他指出，采茶"须晴昼采，当时焙"，否则就会"色味香俱减"。采后的茶要放在箪中，不能置于漆器及瓷器内，也"不宜见风日"。炒制时，"炒茶，铛宜热；焙，铛宜温。凡炒，止可一握，候铛微炙手，置茶铛中，札札有声，急手炒匀，出之箕上，薄摊，用扇扇冷，略加揉挼，再略炒，入文火铛焙干""茶叶新鲜，膏液具足。初用武火急炒，以发其香；然火亦不宜太烈，最忌炒至半干，不于铛中焙燥，而厚罨笼内，慢火烘炙。"

[明]杜堇《梅下横琴图》

罗廪通过自己的亲身实践对当时的制茶工艺进行了全面的研究，这在当时的文人中是少见的。而罗廪的这些经验之作，也是中国古代茶书中有关制茶最为全面、系统的总结。

扫叶烹茶坐复行：张源与《茶录》

茶人张源结合明代饮茶生活的实际和个人的亲身体会著成《茶录》，此书不但对制茶工艺进行了经典的总结，而且也有很多创新之处，对后世的茶业发展产生了很大影响。

张源（生卒年不详），字伯渊，号樵海山人，洞庭西山（今江苏吴江一带）人。明代著名茶人。

张源为人淡泊致远，常年隐居于山野之中，有"隐君子"之称。据明代戏剧家顾大典为《茶录》所作的序文介绍，张源对茶很有体验，"隐于山谷间，无所事事，日习诵诸子百家言。每博览之暇，汲泉煮茗，以自愉快，无间寒暑，历三十年，疲精殚思，不究茶之指归不已"。经过他的不懈努力，终于在万历二十三年（1595年）著成《茶录》一书。

《茶录》在正文之中是以《张伯渊茶录》为题。全书内容简明，共计1500余字，其内容分为采茶、造茶、辨茶、藏茶、火候、汤辨、汤用老嫩、泡法、投茶、饮茶、香、色、味、点染失真、茶变不可用、吕泉、井水不宜茶、贮水、茶具、茶盏、拭盏布、分茶盒、茶道23则。

据张源《茶录》中所讲，洞庭西山一带盛产碧螺春，当时人们对于采茶的时间、天气、地点的要求比较严格。如文中提出"采茶之候，贵及其时，太早则味不全，迟则神散。以谷雨前五日为上，后五日次之，再五日又次之"，又提出"彻夜无云，浥露采者为上，日中采者次之，阴雨中不宜采"。而在张源之前的有关史志资料，只讲到碧螺春采摘前要沐浴更衣、贮不用筐、"悉置怀间"外，别无其他记载。此外，

《茶录》还对茶树的生长环境、土质也进行了论述，认为"产谷中者为上，竹下者次之，烂石中者又次之，黄砂中者又次之"。

关于制茶的方法，元代农学家王祯在《农书》和《农桑撮要》中已有记载，但记载得很简略，而张源《茶录》不但对当时苏州洞庭的炒青制茶工艺记述得很完整，而且对当地的制茶经验总结得也很精辟。他指出，茶的好坏，在乎始造之精，"优劣定乎始锅，清浊系于末火。火烈香清，锅寒神倦；火猛生焦，柴疏失翠；久延则过熟，早起却还生。熟则犯黄，生则着黑。顺那（挪）则甘，逆那则涩。带白点者无妨，绝焦点者最胜"。这些归纳，不但提炼了炒青制茶各道工序所需要注意的要点，而且有些提法也达到了较高的理论水平，真实地反映了明末清初苏州乃至整个太湖地区炒青技术的实际水平。这些经典的总结，对今天生产高标准绿茶，仍有很大的参考价值。

张源在《茶录》一书中还列出了"汤辨"一条，详细介绍了煮水的技巧。他

［明］唐寅《品茶图》

指出煎水（烧开水）分为三项大辨、十五项小辨：一是对（水面沸泡）形状的辨别，二是对（水沸时）声音的辨别，三是对水气的辨别。

茶式初开花信乱：周高起与《阳羡茗壶系》

由于明代制茶和饮茶方式的变革，引起人们对新茶具的追求，江苏宜兴紫砂壶茶具迎合了明代文人雅士的需求，因而很受欢迎，大有取代瓷器茶具的趋势。于是一大批研究紫砂茶具的文献在明代涌现出来。其中以周高起所著的《阳羡茗壶系》最为有名，它是系统论述紫砂茶具的第一部专著，涉及的内容十分广泛，是后人研究明代紫砂工艺不可缺少的重要文献。

1. 周高起其人

周高起（1596—1645），字伯高，江苏江阴人。明末著名学者、藏书家。他历经了明朝的万历、天启、崇祯和清朝顺治时期，见证了国家的衰亡和朝代的变迁。

周高起表面上是一位与世无争的读书人，但骨子里却具有耿直、坚定、不屈不挠的性格。国破家亡之时，他避耕由里山（今花山），做起了躬耕的隐士。而在江阴人民"抗清八十一天"的重大历史事件中，清兵扫荡波及城郊，周高起一介穷书生身无他物，有的只是书籍，清兵便肆意地践踏他的书籍。面对如此摧残，他怒斥清兵，不屈而死，表现出了刚正不阿的气节。

后来，他的这种义勇之举在历史上也逐渐被认可。《康熙江阴县志》将其列入"未仕人物"，《乾隆江阴县志》将其列入"文苑"中进行介绍，而《道光江阴县志》将其列入"人物忠义"，《光绪江阴县志》更是将其列入了"忠义篇"中。

周高起的家庭具有浓郁的文化气息，因此他从小便喜欢读书，其文章深得人们的赏识。后来与徐遵汤同修《崇祯江阴县志》八卷，还著有《读书志》十三卷、《阳羡茗壶系》、《洞山岕茶品》等著作。

2. 紫砂收藏与研究

周高起是中国早期茶学、佛学、紫砂三界专业评论家，日常爱好收藏、书法和品茶论道。此外，他还是一位紫砂工艺的研究专家和紫砂壶的收藏家，他在紫砂收藏和研究中取得的丰硕成果，为后世紫砂茶具的发展指明了方向。

周高起是一位紫砂收藏家和鉴赏家，从他的《阳羡茗壶系》中可以看到他收藏和研究紫砂的艰辛过程。

他喜欢紫砂，尤其是喜欢名家作品，但由于名家的作品价格很高，他便一面去有实力的收藏人士家中欣赏，一面寻求名家残壶进行收藏，还自嘲爱好残壶。最为可贵的是，在收藏过程中，他注重研究每位艺人的工艺特点，并极力探寻紫砂的来源及其制作工艺。

他曾实地考察了宜兴周围的名山大川，了解制作紫砂的各种胎泥，列出嫩泥、石黄泥、天青泥、老泥、白泥等泥品。

此外，他还对茶叶与茶壶的关系进行了深入的研究，积累了大量的素材，为《阳羡茗壶系》的编写奠定了良好的物质基础。

周高起的家境并不富裕，而收藏、研究紫砂茶壶是需要一定的经济实力的。据史料记载，周高起正是在吴家子孙吴迪美、吴洪裕等收藏鉴赏家的资助下完成这部书的。

吴仕，约 1526 年前后在世，江

《阳羡茗壶系》书影

苏宜兴人，字克学，号颐山，官居四川布政司参政，作有《颐山诗稿》。明代著名的紫砂工艺大师供春，年少时曾是吴仕的书童，陪读于金沙寺中，并学会了金沙寺僧制作紫砂的工艺，可能正是由于这段因缘，才使吴仕及其子孙成为著名的紫砂收藏世家。

出于对紫砂的共同热爱，周高起与吴家的交往甚多。周高起经常在吴家欣赏难得一见的名壶，吴家人也常听周高起的赏析和评论。

正是周高起对紫砂孜孜不倦的探求精神感动了吴家，才使他得到了吴家的资助，完成了他的紫砂理论名著——《阳羡茗壶系》。

3.《阳羡茗壶系》其书

《阳羡茗壶系》成书于明崇祯十三年（1640年），是我国历史上第一部关于宜兴紫砂茶具的专著。

全书约3500字，专门记载阳羡茗壶制作及名家，除序言外，分为创始、正始、大家、名家、雅流、神器、别派数则，记录了时大彬等十余位著名陶工的不同制作手艺，还记述了紫砂壶的泥料产地及制壶地点，兼及泥胎的研究和品茗用壶的原则，在陶瓷工艺史和茶文化史上具有重要的学术价值。书后附有周伯高诗二首，林茂之、俞仲茅诗各一首。

此书虽然主要论述的是紫砂工艺，但涉及面颇广，如考据学、地理学、矿物学、文学诗歌等多学科，反映了作者广博的知识。所以《阳羡茗壶系》不仅成为研究紫砂茶具史的珍贵资料，也成为茗壶收藏家、品茗爱好者重要的参考书。正如他在书后诗云：

阳羡名壶集，周郎不弃瑕。

尚陶延古意，排闷仰真茶。

燕市曾酬骏，齐师亦载车。

也知无用用，携对欲残花。

此外，周高起还著有《洞山岕茶品》一书。洞山，处于江苏宜兴和浙江长兴交界处；岕，是指介于两峰之间较平坦的地方。此书共1500多字，专论岕茶的历史、产地、品类、采焙、鉴伪、烹饮等。其中品类分为第一、二、三品及不入品，对一、二品岕茶的特色论述尤为体察入微、细腻切实。

清神雅助昼论文：陆廷灿与《续茶经》

《续茶经》是清代陆廷灿著谱录书，是清代最大的一部茶书，也是我国古茶书中规模最大的一部茶书。

陆廷灿（生卒年不详），字秋昭，自号幔亭，江苏嘉定（今上海市嘉定区南翔镇）人。少时就学于司寇王文简、太宰宋荦，后被任为宿松教谕。撰有《续茶经》三卷、《艺菊志》八卷、《南村随笔》六卷，并重新修订了《嘉定四先生集》《陶庵集》。

陆廷灿自谓"性嗜茶"，有"茶仙"之称。《续茶经序》里也提道："其先人所治陶圃，有林泉花木之胜，君徜徉其中，对寒花，啜苦茗，意甚乐之。"

《续茶经》一书草创于作者崇安任上，编定于归田后，从采集材料到撰录成册，前后不少于17年的时间。此书虽不纯是陆廷灿自己写的有系统的著作，但是征引繁富，便于聚观，颇为实用，是继陆羽《茶经》之后，茶书中资料最丰富且最具系统之作品。它排比有序，分类得当；搜集繁富，足资考定；保存遗佚，增广文献。

陆廷灿能写出《续茶经》，除了品茗有一定造诣外，与其任崇安县令有很大关系。陆廷灿说："余性嗜茶，承乏崇安，适系武夷产茶之地。值制府满公，郑重进献，究悉源流，每以茶事下询，查阅诸书，于武夷之外，每多见闻，因思采集为《续茶经》之举。"

崇安县（今武夷山市）自宋以来一向是著名的茶叶产地，所以产出的武夷茶闻名遐迩。清代以后，武夷山一带又不断改进茶叶采制工艺，创造出了以武夷岩

191

茶为代表的乌龙茶。陆廷灿任职时，从政之余问及茶事，多次深入茶园茶农中间，掌握了采摘、蒸焙、试汤、候火之法，逐渐得其精义；并从查阅的书籍中获得了大量有关各种茶叶的知识，同时整理出大量的有关茶叶文稿，开始着手编撰《续茶经》。

陆廷灿《咏武夷茶》诗云：

桑苎家传旧有经，弹琴喜傍武夷君。

轻涛松下烹溪月，含露梅边煮岭云。

醒睡功资宵判牒，清神雅助昼论文。

春雷催蒸仙岩笋，雀舌龙团取次分。

1720年任期满后，陆廷灿以病为由回家休养，"曩以薄书鞅掌，有志未遑，及蒙量移，奉文赴部，以多病家居，翻阅旧稿，不忍委弃，爰为序次"。十余年后的雍正十二年（1734年），这本洋洋七万余字的《续茶经》终于面世。

《续茶经》几乎收集了清代以前所有茶书的资料。之所以称《续茶经》，是按唐代陆羽《茶经》的写法，同样分上、中、下三卷，同样分一之源、二之具、三之造、四之器、五之煮、六之饮、七之事、八之出、九之略、十之图，最后还附一卷茶法。另外，书中还辑录了一些已经亡佚的古代茶事资料。该书众采博引，内容丰富，是研究中国茶业的珍贵文献，更是为武夷山保存了大量稀见的茶文化史料。

自唐至清，历时数百年，产茶之地、制茶之法以及烹茶器具等都发生了巨大的变化，而此书对唐之后的茶事资料收罗宏富，并进行了考辨，虽名为"续"，实乃一部完全独立的著述。《四库全书总目》称此书"一样订定补辑，颇切实用，而征引繁富"，当为公允之论。

《续茶经》书影

洗尽古今人不倦：古代茶艺与茶道

茶艺是中华民族发明创造的具有民族特色的饮茶艺术，主要包括备器、择水、取火、候汤、习茶等一系列技艺和程式，是茶文化的重要组成部分。同时，茶艺也是饮茶生活的艺术化。

考察中国的饮茶历史，饮茶法有煮、煎、点、泡四类，形成茶艺的有煎茶法、点茶法、泡茶法。

茶道是一种通过品茶活动来表现一定的礼节、人品、意境、美学观点和精神思想的饮茶艺术。它是茶艺与精神的结合，并通过茶艺表现精神，通过饮茶的方式，对人们进行礼法、道德修养等方面的教育。

茶艺与茶道没有明确的界限，可以说是你中有我，我中有你，互为表里，相辅相成。

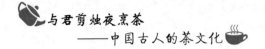
采茶饮之生羽翼：茶艺的内涵

中华传统茶艺，萌芽于唐代，发扬于宋代，改革于明代，极盛于清代，而且自成系统。但它在很长的历史时期里却是有实无名。

中国古代的一些茶书，如唐代陆羽《茶经》，宋代蔡襄《茶录》与赵佶《大观茶论》、明代张源《茶录》与许次纾《茶疏》等，对茶艺记载都较为详细。

纵观各类历史典籍，古代虽无"茶艺"一词，但零星可见一些与茶艺相近的词或表述，如"茶道"一词，并承认"茶之为艺"。其实古籍中所谓的"茶道""茶之艺"有时仅指煎茶之艺、点茶之艺、泡茶之艺，有时还包括制茶之艺、种茶之艺。所以，中国古代虽没有直接提出"茶艺"概念，但从"茶道""茶之艺"到"茶艺"仅有一步之遥。

一般来说，茶艺便是饮茶的艺术，可分成广义和狭义两种：广义的茶艺，是指研究茶叶的生产、制造、经营、饮用的方法和探讨茶业原理、原则，以达到物质和精神全面满足的学问；狭义的茶艺，是指研究如何泡好一壶茶的技艺和如何享受一杯茶的艺术。

此外，有人认为，茶艺是人类种茶、制茶、用茶的方法与程式，可以扩大到茶叶的各个领域，其茶艺文化相当于茶文化；也有人认为，茶艺讲究的是茶叶的品质、冲泡的技艺、茶具的玩赏、品茗的环境以及人际间的关系；还有人认为，茶艺是指备器、选水、取火、候汤、习茶的一套技艺。

由此可见，关于茶艺的界定可谓见仁见智，在中国茶界也没有形成统一的标准。

传说从前有一个茶艺师，有一天出去散步，恰好撞上一个剑客。

这剑客很嚣张地说："咱俩明天比武吧？"

茶艺师慌了，直奔城中最大的武馆，见到师父就拜："我只是个茶艺师，遭遇强敌，求你教我一种绝招。"

师父笑了："你为什么不先给我泡一次茶呢？"

茶艺师让人取来最好的山泉水，用小火一点一点地煮开；又取出茶叶，然后洗茶、滤茶、沁茶，一道一道，从容不迫，最后他把这一盏茶捧到了师父手里。

师父品了一口茶说："用你刚才泡茶的心去面对你的对手吧。"

河北宣化 6 号辽墓壁画《茶作坊图》

第二天比武时，他从容不迫，拿出绑带把自己的袖口、裤脚一一都绑好，最后解下腰带，紧一紧，整束停当，他从头到尾一丝不苟、有条不紊收拾妥当，然后一直就这么笑眯眯地看着他的对手。那个剑客被茶艺师看得心中发毛，惶惑之极。最后，那个剑客跪下了："我求你饶命，你是我一生中遇到的武力最高的对手。"

由此可见，茶艺确实是一种很高的境界，而且这种境界也可用在生活的其他方面。

总体来讲，中国历代饮茶法可分两大类、四小类：两大类是指煮茶法和泡茶法，自汉至唐末五代饮茶以煮茶法为主，宋代以来饮茶以泡茶法为主；四小类是指煮茶法，在煮茶法的基础上形成的煎茶法、泡茶法，以及作为特殊泡茶法的点茶法。煮茶法、煎茶法、点茶法、泡茶法在中国不同时期各擅风流，汉魏六朝尚煮，唐五代尚煎，宋元尚点，明清以来则泡茶法流行。

小阁疏帘烹香茗：沏茶的过程

饮茶是一项"雅事"，在茶叶、饮器都精心讲求之后，要想获得最充足的品饮愉悦，就不能不在沏茶的过程和方法上面下功夫。

从过程方面说，沏茶大致要包含如下九个方面：

一是烫壶。在泡茶之前需用开水烫壶，一则可去除壶内异味；再则热壶有助挥发茶香。

二是置茶。一般泡茶所用茶壶壶口皆较小，需先将茶叶装入茶荷内，此时可将茶荷递给客人，鉴赏茶叶外观，再用茶匙将茶荷内的茶叶拨入壶中，茶量以壶之三分之一为度。

[辽] 韩师训墓壁画《妇人饮茶听曲图》

三是温杯。烫壶之热水倒入茶盅内，再行温杯。

四是高冲。冲泡茶叶需高提水壶，水自高点下注，使茶叶在壶内翻滚，散开，以更充分泡出茶味，俗称"高冲"。

五是低泡。泡好之茶汤即可倒入茶盅，此时茶壶壶嘴与茶盅之距离，以低为佳，以免茶汤内之香气无效散发，俗称"低泡"。一般第一泡茶汤与第二泡茶汤在茶盅内混合，效果更佳；第三泡茶汤与第四泡茶汤混合，以此类推。

六是分茶。茶盅内之茶汤再行分入杯内，杯内之茶汤以七分满为度。

七是敬茶。将茶杯连同杯托一并放置客人面前，是为敬茶。

八是闻香。品茶之前，需先观其色，闻其香，方可品其味。

九是品茶。"品"字三个口，一杯茶需分三口品尝，且在品茶之前，目光需注视泡茶师一至两秒，稍带微笑，以示感谢。

仙草茗菜聊充饥：食茶法

茶最早是被人们当作食物的，尤其是在物资匮乏的原始社会，茶更是一种充饥之物。后来随着人类文明的发展，食茶也逐渐成为一种风俗，甚至在一些地区形成了食茶文化。

食茶在中国有着悠久的历史，无论是民间的各种传说还是历史文献中都有相关记载，这也是茶文化形成的准备和铺垫。

显然茶与人们的生活息息相关，甚至起着举足轻重的作用，但肯定是在种植业出现之前，茶树也不会是人工栽培的，而是自然生长的茶林，并且茶林的面积很大。所以，此时的茶不可能是药用或是饮用，唯一合理的解释是，这些茶叶是人们用以果腹的食物。

1. 历史悠久的食茶

在原始社会，人们主要靠狩猎和采集野果及一些可食用植物为生，茶就很有可能被当作植物性食物而被人类所发现和利用。可见，茶最初是作为食物行之于世的。其原因很简单，在生存艰难、食不果腹的原始社会，茶绝不会首先作为饮料，也不可能作为药物而使用。

在渔猎社会向农耕社会转变的神农氏时期，人们的生活十分艰难，采集食物活动占据重要地位。为了生存，扩大食物来源是原始人的首要任务。原始人把收集到的各种植物的根、茎、叶、花、果都用来充饥，只要不会中毒，就不会影响原始人的食用。

这种现象从古文献中也可以看到，《礼记·礼运》中说，古人"未有火化，食草木之实、鸟兽之肉，饮其血，茹其毛"。由此可见，虽然农耕已经萌芽，但由于当时的社会生产力低下，神农氏"求可食之物，尝百草之实"也是十分自然的事情，植物用

[五代] 丘文播《文会图》

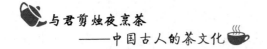
以果腹是当时人们的第一目的和最初出发点。

事实上，茶叶也的确可以食用，尤其是茶树的新鲜叶芽。在春秋时期就有食茶的风俗。《晏子春秋》中就曾记载："晏之相齐，衣十升之布，脱粟而食，五卵，茗菜而已。"晏子为春秋时人，茗菜就是用茶叶做成的菜羹，这也进一步说明了茶在那个时候是被当作菜食用的。

居住在中国西南边境的基诺族至今仍保留着食用茶树青叶的习惯，而傣族、哈尼族、景颇族则把鲜叶加工成竹筒茶当菜吃。加工竹筒茶时，先将鲜叶经日晒或放在锅里蒸煮，使叶子变软，经搓揉后装进竹筒里，使茶叶在竹筒里慢慢地发酵，经两三个月后桶内的茶叶变黄，劈开竹筒，取出茶叶晒干，再加香油浸泡，然后作为蔬菜食用。

云南南部的少数民族也保留着加工和食用"腌菜"的习惯。他们将采集到的茶树青叶晒干或风干后，压紧在瓦罐里，放置一段时间，做成"腌菜"。这些古老的民间习俗都折射出人类最初利用茶叶的方式。

布朗族是中国最早种茶的民族之一，古代的布朗族祖先把经人工栽培后的野生茶叫作"腊"，后来为傣族、基诺族、哈尼族的人们所借用。布朗族的风俗之中有菜茶的传统，并在制好的茶叶上加适量辣椒和盐嚼食。"菜茶"酸涩清香、喉舌清凉、回味甘甜，多食则咸，是招待年长者和贵宾的佳品。

此外，布朗族食茶的方式还有吃酸茶、吃烤茶、煮青竹茶。古代布朗族把野茶当"佐料"食用，称为吃"得责"。布朗族对"得责"的认识不断加深，并将其人工培植、转化成可以大面积种植的茶树。布朗族人常把茶叶采下来带在身上，劳累时就把它放到嘴里含着来消除劳累。

2. 茶药的发展

茶叶被食用之后，其药用功效逐渐被人们发现和认识，茶叶随之转化为养生、治病的良方。关于茶的药用价值，千百年来为众多的药书和茶书所记载，其中的一些药用功能至今仍为人们所看重。

古人把茶的疗效进行总结，再上升为理论，写进医书和药书，这个过程极为漫长。因此，先秦时期关于茶药的记载并不多，这并不是人们不重视茶的药用作用，而是当时的人对药物学并无明确的概念分野。

西汉的《神农食经》中讲道："荼茗久服，令人有力、悦志。"

《神农本草》这本药物学著作也明确提到茶的医疗功效。

司马相如在《凡将篇》中还列举了 20 多种药材，其中就有茶（当时写作"荼"字），也许正是因为茶能治病、提神，所以他把茶归入药材一类。

汉末华佗的《食论》再次对茶能治病、提神的说法进行了论证。这说明茶药的使用越来越广泛，也从另一个侧面证明了茶在作为正式饮料之前的作用。

魏晋南北朝时期，有不少典籍描述茶的药性。如南北朝任昉《述异记》："巴东有真香茗，煎服，令人不眠，能诵无忘。"说明人们对茶的益智、少眠、提神作用已经有了较明确的认识。

此外，食疗在中国民间也有悠久的传统，中国历来有"万食皆药"的观念，把茶既当作食物又当作药物是非常自然的。

3. 汉代的茶饮料

人们在食茶和把茶作为药物食用的过程中，逐渐发现茶的药性很弱，但是具有一定的兴奋作用，因此茶开始转化为饮料。直到汉代，饮茶才逐渐成为一种新的潮流，渗透于社会的各个阶层。

茶由食用到药用、再到饮用的转变过程，是人类对茶的认识逐渐深化的过程。在这一过程中，人类逐渐忽略了茶的那些不突出、不重要的功效，把握了茶最为显著的功效——令人兴奋，并根据这种特殊的功效找到了利用茶的最佳方式——饮用，于是茶在中国终于成为一种饮料。这一转变大约在汉代完成。

前文提到汉代的王褒《僮约》记载了茶在四川成为普遍性饮料的情形。据记载，汉宣帝时期，奴仆的日常工作有两项与茶有关，即"烹茶尽具"和"武阳买茶"。

"烹茶尽具"指的是烹煮茶叶和清洗茶具。这成为仆人的日常劳动，说明在西汉时期茶成为一种经常饮用的家庭饮料，至少在王褒家里是这样的。

"武阳买茶"中的武阳，即今天四川的彭山、仁寿、眉山等地，以及双流的南部地区。这些地方距离王褒的家成都不远，是我国传统的产茶区。武阳在当时很有可能是一个大型的茶叶市场。奴仆们几乎每天都去武阳买茶，说明当时茶叶的消耗量之大；假设作为药用，茶不可能有如此大的消耗。这也从侧面反映茶在四川已经十分流行。

4. 饮茶之风的兴起

在汉代，茶作为饮料的功能正在逐渐强化，但是它的药用价值并未完全消失，由此形成了饮料与药用并存且相结合使用的形式。所谓药用与饮料并存，是指茶有时被当作药物，有时则被当作一种饮料。

汉代，许多关于茶的文献都出自文人之手，比如司马相如的《凡将篇》、许慎的《说文解字》、王褒的《僮约》等。这说明了茶已经成为当时文人经常饮用的饮料，也体现了文人对茶的重视。

由于饮茶使人精神兴奋、思维活跃，而这恰恰满足了文人写作的实际需求。尤其是汉末，东汉王朝没落，逐渐兴起了玄谈之

清代绢本彩绘《茶景全图·担茶》

风。文人们终日高谈阔论，当然也需要助兴之物，茶可长饮而且令人神清气爽，于是饮茶在汉末迅速发展。

此外，从汉代的一些文学作品中也可以看出，当时的茶叶产量与销量的规模

日益扩大，这反映了民间对茶叶的需求，说明喝茶在民间也很广泛。就像今天很多人喝茶一样，仅仅是出于一种习惯，而不是刻意追求精神兴奋。民间对茶叶的这种观念，使茶成为一种更纯粹的饮料。

竹炉汤沸火初红：煮茶法

煮茶是我国一种古老的饮茶方式，到现在已经有几千年的历史。

茶叶是从生吃演变为煮饮的。到魏晋南北朝时，中国先民仍然采用比较原始的煮茶法。直到唐代中期，煮茶才开始从粗放走向精细，特别是出现了陆羽煮茶法。此后，随着制茶技术的提高，煮茶法不再流行，而是作为一种支流形式保留在一些少数民族地区。

提起煮茶还有一段佳话。

宋代人赵抃家境贫寒，经常夜宿在别人的屋檐下。一天早上，贤士余仁合见到他，便邀请他到家中。余仁合一向有乐善好施之名，他发现赵抃聪慧过人，便供养他读书求学，一直到赵抃得中进士踏上仕途。

赵抃为了报答余仁合，曾赠送他许多金银财宝，还在皇上面前举荐他做官，但都被余仁合拒绝了。赵抃于是来到余仁合的家里，将茶叶放进陶土烧制成的粗瓷瓦壶中，把水煮开，用洁白瓷杯沏满茶，恭恭敬敬地捧到余仁合面前。

赵抃在余仁合家逗留了三天，天天早起晚睡，煮茶送水，伺候余仁合。余仁合深为感动地说："茶引花香，相得益彰；人逢知己，当仁不让。"后人将这段佳话称为"煮茶谢恩"。

直到今天，我国一些地区的煮茶之风依旧浓郁。

煮茶脱胎于茶的食用和药用。古代先民用鲜叶或干叶烹煮成羹汤，再加上盐等调味品后食用。茶的药用则是在此基础上，再加上姜、桂、椒、橘皮、薄荷等药材熬煮成汤汁饮用。

关于煮茶的起源有比较明确文字记载的，是西汉末期的巴蜀地区，以此推测煮茶法的发明也当属于巴蜀人，时间则不会晚于西汉。

汉魏六朝时期，茶叶加工方式比较粗放，因此茶叶的烹饮也很简单，源于药用的煮熬和源于食用的烹煮是其主要形式，同时还有羹饮，

［清］任伯年《煮茶图》

或是煮成茗粥。晚唐皮日休的《茶中杂咏》就认为陆羽以前的饮茶，就如同喝蔬菜汤一样，煮成羹汤而饮。

那时也没有专门的煮茶、饮茶器具，往往是在鼎、釜中煮茶，用食器、酒器饮茶。

唐代的饮茶方式延续了汉魏六朝时期的煮茶法。尤其是在中唐以前，煮茶法仍是主要的形式。其间，"茶圣"陆羽在总结前人饮茶经验的基础上，并结合自己的亲身试验，提出了新的煮茶理论，确立了陆羽煮茶法即煎茶法的地位。

自此以后，随着制茶技术的提高和普及，直接取用鲜叶煮饮便不被采用了，但煮茶法作为支流形式却一直保留在局部地区。

自中唐之后，由于煎茶法的兴起，煮茶法开始日渐式微，主要流行于少数民族地区。正如苏辙《和子瞻煎茶》诗中所云："北方俚人茗饮无不有，盐酪椒姜夸满口。"而且，其所用的茶多是粗茶、紧压茶，通常与酥、奶、椒盐等作料一起煮饮。

晚坐寒庐对雪烹：煎茶法

煎茶法源于煮茶法。陆羽的《茶经》中对煎茶法的程序和器具也有较为详细的描述，可见，陆羽本人也是一位煎茶大师。煎茶法在中晚唐很流行，之后开始没落，直到南宋后期消亡。

1. 煎茶之法

这里所称的"煎茶法"，是指陆羽《茶经》中所记载的烹茶方式，为了区别于汉魏六朝的煮茶法故名"煎茶法"。煎茶法是从煮茶法演化而来的，具体而言是从末茶煮饮法直接改进而来的。

在末茶煮饮过程中，茶叶的内含物在沸水中容易析出，所以不需较长时间的煮熬；而且茶叶经过长时间的煮熬，它的汤色、滋味、香气都会受到影响。正因如此，人们开始对末茶煮饮方法进行改进：在水二沸时投入茶叶，三沸时茶便煎成，这样煎煮时间较短，煎出来的茶汤色香味俱佳。

煎茶法与煮茶法的主要区别有两点：一是煎茶法入汤之茶是末茶，而煮茶法用散、末茶皆可；二是煎茶法是在水二沸时投茶，时间很短；而煮茶法茶投入冷水、热水都可以，需经较长时间的煮熬。由此可见，煎茶在本质上属于煮茶法，是一种特殊的末茶煮饮法。

陆羽煎茶，讲究茶、水、火、器"四合其美"。根据陆羽《茶经》记载，煎饮法的程序有备器、择水、取火、候汤、炙茶、碾罗、煎茶、酌茶、品茶等流程。

煎茶之前都是一些准备程序。陆羽煎茶时，十分重视水的火候。

当水一沸时，加盐等作料调味。

二沸时，先舀出一瓢水备用，随后取适量的末茶从水中心投下。当水面初起波纹时，用先前舀出的水倒回来停止其沸腾，并使其生成"华"。"华"就是茶汤表面所形成的"沫""饽""花"：薄的称"沫"，厚的称"饽"，细而轻的称"花"。

［五代］顾闳中《韩熙载夜宴图》

当水三沸时，首先要把沫上形似黑云母的一层水膜去掉，以使茶的味道更加纯正。最先舀出的称"隽永"，可放在熟盂里以备育华；而后依次舀出第二、第三、第四碗，茶味要次于"隽永"。第五碗以后，一般就不能喝了。品茶时，要用匏瓢舀茶到碗中趁热喝。

煎茶法在实际的操作过程中，也可以视情况省略一些程序；如果是新制的茶饼，则只需碾罗，不用炙烤。此外，由于煎茶器具较多，普通人家也难以备齐，有时也可以进行简化。如中唐以后，人们开始用铫代替鍑和铛来煎茶，因为这样不需用交床，还能省去瓢，直接从铫中将茶汤斟入茶碗。

在茶圣陆羽之后，唐宋以来的品茶者都认为雪水煎茶才是人间雅事。古代茶人品泉以轻、清、甘、洁为美。清、甘则是水的自然之处，最为难得。而古人煎茶所用的雪多是取自青松之端、山泉之上、飞尘罕到的地方，自然是可以达到轻、清、甘、洁的标准了。

在一些古代诗词中也有咏赞以雪水煎茶的诗句。如白居易《晚起》云："融雪煎香茗，调酥煮乳糜。"陆龟蒙与皮日休的咏茶诗中云："闲来松间坐，看煮松上雪。"陆游《雪后煎茶》中云："雪夜清甘涨井泉，自携茶灶自烹煎。"从这几首咏茶诗句中可以领略到古人赏雪景、煎雪茶之情景是何等美妙。

煎茶法在中晚唐很流行，并流传下许多描写"煎茶"的唐诗。刘禹锡《西山兰若试茶歌》有"骤雨松声入鼎来，白云满碗花徘徊"之句，白居易《睡后茶兴忆杨同州》诗有"白瓷瓯甚洁，红炉炭方炽。沫下麹尘香，花浮鱼眼沸"之句，等等。

此后，煎茶法在北宋开始没落，直到南宋后期彻底消失。

2. 煎茶之道

《茶经》的问世，标志着中国茶道的诞生。其后，裴汶撰《茶述》，张又新撰《煎茶水记》，温庭筠撰《采茶录》，皎然、卢仝作《茶歌》，推波助澜，使中国煎茶道日益成熟。

煎茶道茶艺有备器、选水、取火、候汤、习茶五大环节。

备器，《茶经·四之器》列出了"茶器二十四事"，功能细致，十分详备，足见茶事之隆重雅致。

选水，《茶经·五之煮》云："其水，用山水上，江水中，井水下。""其山水，拣乳泉、石池漫流者上。""其江水，取去人远者。井，取汲多者。"可以说，讲究水品，是中国茶道的特点。

取火，《茶经·五之煮》提出需用炭火的观点。

候汤，就是等待水沸，陆羽认为"水老不可食"，对水温的控制做出了要求。

习茶，包括藏茶、炙茶、碾茶、罗茶、煎茶、酌茶、品茶等。

此时，"礼"的要求被运用到茶事中，成为修心养性的重要形式。《茶经》中对煎茶、行茶的数量以及饮茶的细节安排都有详细的说明，说明那时人们饮茶是普遍遵循一定的仪式要求的，这正是茶道的重要组成部分。

此外，唐代茶道对环境也有独特的观照和选择，其选择重在自然，多选在林间石上、泉边溪畔、竹树之下等清静、幽雅的自然环境中；或在道观僧寮、书院会馆、厅堂书斋，四壁常悬挂诗联条幅。

《茶经·一之源》指出饮茶利于"精行俭德"，使人强身健体。可见，《茶经》不仅阐发饮茶的养生功用，还将饮茶提升到精神文化层次，旨在培养俭德。

诗僧皎然，精于茶道，作茶诗二十多首。其《饮茶歌诮崔石使君》诗有云：

[明] 丁云鹏《卢仝煮茶图》

"一饮涤昏寐，情思朗爽满天地；再饮清我神，忽如飞雨洒轻尘；三饮便得道，何须苦心破烦恼。……熟知茶道全尔真，唯有丹丘得如此。"皎然首标"茶道"，在茶文化史上功并陆羽。他认为饮茶不仅能涤昏、清神，更是修道的门径。

诗人卢仝《走笔谢孟谏议寄新茶》诗中写道："一碗喉吻润，两碗破孤闷。三碗搜枯肠，唯有文字五千卷。四碗发轻汗，平生不平事，尽向毛孔散。五碗肌骨清，六碗通仙灵。七碗吃不得也，唯觉两腋习习清风生。""文字五千卷"，是指老子五千言《道德经》。三碗茶，唯存"道德"，此与皎然"三饮便得道"之意相通。

由此可见，中唐时人们已经认识到茶的清、淡的品性和涤烦、致和、全真的功用，饮茶能使人养生、怡情、修性、得道，甚至能羽化登仙。

煎茶茶艺完备，以茶修道思想业已确立，这标志着中国茶道的正式形成。陆羽不仅是煎茶道的创始人，也是中国茶道的奠基人。

来试点茶三昧手：点茶法

点茶之法源于煎茶法。宋徽宗赵佶的《大观茶论》和明宁王朱权的《茶谱》对点茶法都做了详细的描述，他们本人也精于点茶之法。

点茶法在宋代很流行，明代后期消失。

点茶法风行于文人士大夫阶层，在宋代的诗词中多有描写。如范仲淹《和章岷从事斗茶歌》有"黄金碾畔绿尘飞，碧玉瓯中翠涛起"之句；苏辙《宋城宰韩秉文惠日铸茶》诗有"磨转春雷飞白雪，瓯倾锡水散凝酥"之句。

苏轼《试院煎茶》诗云："蟹眼已过鱼眼生，飕飕欲作松风鸣。蒙茸出磨细珠落，眩转绕瓯飞雪轻。"

释德洪《无学点茶乞茶》诗云："银瓶瑟瑟过风雨，渐觉羊肠挽声度。盏深扣之看浮乳，点茶三昧须饶汝。"

1. 点茶之法

点茶法源于煎茶法，是对煎茶法的改进。煎茶是在鍑（或铛、铫）中进行，等到水二沸时下茶末，三沸时茶就已经煎成了，用瓢舀到茶碗中就可以饮用。由此人们想到，既然煎茶是在水沸后再下茶，那么先置茶叶然后再加入沸水也应该可行，于是就发明了点茶法。

因为用沸水点茶，水温是逐渐降低的，因此将茶碾成极细的茶粉（煎茶则用碎茶末），又预先将茶盏烤热。点茶时先加入水少许，将茶调成膏状。煎茶的竹夹也演化为茶筅，改为在盏中搅拌，称为"击拂"。为便于注水，还发明了高肩长流的煮水器，即汤瓶等器具。

宋代盛行点茶，许多文人志士嗜好此道，宋徽宗赵佶也精于点茶、分茶，连北方的少数民族也深受影响。

根据《大观茶论》和蔡襄《茶录》等相关文献，点茶法的程序有备器、择水、取火、候汤、焙盏、洗茶、炙茶、碾罗、点茶、品茶等。

点茶法的主要器具有茶炉、汤瓶、茶匙、茶筅、茶碾、茶磨、茶罗、茶盏等，以建窑黑釉盏为佳。择水、取火则与煎茶法相同。

候汤是最难的一环，汤的火候很难把握，火小了茶叶会浮在上面，大了茶又会沉下去。一般情况下用风炉，也有用火盆及其他炉灶代替的。煮水则用汤瓶，因为汤瓶口细，点茶注汤又准。

点茶前须先焙盏，即用火烤盏或用沸水烫盏，盏冷则茶沫不浮。洗茶是用热水浸泡团茶，去其尘垢、冷气，并刮去表面的油膏。炙茶是以微火将团茶炙干，如果是当年新茶则不需炙烤。炙烤好的茶用纸密裹捶碎，然后入碾碾碎，继之用磨（碾、砬）磨成粉，再用罗筛去末。若是散、末茶，则直接碾、磨、罗，不用洗、炙。

这时就可以点茶了。先用茶匙抄茶入盏，先注少许的水并调至均匀，叫作"调膏"。然后就是量茶受汤，边注汤边用茶筅"击拂"。

点茶的颜色以纯白为最佳，青白中等，灰白、黄白为下等。斗茶则是以水痕先现者为输，耐久者为胜。

点茶一般是在茶盏里直接点，不加任何作料，直接持盏饮用。如果人多，也可在大茶瓯中点好茶，然后再分到小茶盏里品饮。

点茶的过程中，水温的调节非常重要，因此，如何调整炭火也就成了关键的一环。在民间有"三炭"之说，即底火、初炭（第一次添炭）、后炭（第二次也就是最后一次添炭）。如果使用的是地炉，这"三炭"更是别有一番情趣，其具体做法如下：

首先清理好地炉的内部并且要撒好湿灰，然后将三根圆形短炭作为底火放进炉底。当准备工作结束后，就可以将客人请进茶室。在第一次添炭时，当底火炭身的周围刚好披上一层薄灰时，是添炭的最佳时机。若底火火势太弱，连地炉本身都不能烘暖，这会显得主人太冷淡，缺乏对客人的体贴之心。相反，若底火火势太强，第一次添炭时，底火炭都要燃尽了，这不但缺乏情趣，也不利于恰到好处地调节水温。所以，底火的控制工作并不比点茶简单。

明代宁王朱权也精于茶道，他在《茶谱》中所倡导的饮茶法就是点茶法。只是宋代点茶往往直接在茶盏内

［清］钱慧安《烹茶洗砚图》

点用，朱权却在大茶瓯中点茶，然后再分酾到小茶瓯中品啜，有时还在小茶瓯中加入花蕾以助茶香。朱权所用茶粉是用叶茶直接碾、磨、罗而成的，从而不再使用团茶。朱权还发明了一种适于野外烧水用的茶灶。这些大概就是他所说的"崇新改易，自成一家"。

2. 点茶之道

点茶法约始于唐末，从五代到北宋，越来越盛行。蔡襄著《茶录》二篇，上篇论茶，色、香、味、藏茶、炙茶、碾茶、罗茶、候汤、熁盏、点茶；下篇论茶器、茶焙、茶笼、砧椎、茶钤、茶碾、茶罗、茶盏、茶匙、汤瓶。

据朱权《茶谱》载，点茶道注重主、客间的端、接、饮、叙礼仪，且礼陈再三，颇为严肃。点茶道对饮茶环境的选择与煎茶道相同，大致要求自然、幽静、清静。朱权《茶谱》记曰："或会于泉石之间，或处于松竹之下，或对皓月清风，或坐明窗静牖。"

在帝王赵佶眼里，茶能够"祛襟涤滞、致清导和""冲淡闲洁、韵高致静""熏陶德化"；在王子朱权心里，茶能够"与天语以扩心志之大……又将有裨于修养之道矣""探虚玄而参造化，清心神而出尘表"。

宋明茶人进一步完善了唐代茶人的饮茶修道思想，赋予了茶清、和、淡、洁、韵、静的品性。

尽管在明朝初年有朱权等人的倡导，但由于散茶开始兴盛，而且简单方便的泡茶法也开始兴起，点茶法在明朝后期终归于销声匿迹。

乳花翻碗正眉开：泡茶法

泡茶法萌芽于唐代，形成于明朝中期，其传统的品饮方式主要有撮泡法、壶泡法、功夫茶法三种形式，之后又衍生出其他泡茶方式。自明代以来，泡茶法已

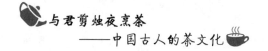
经成为人们饮茶的主流方法。

1. 撮泡法

泡茶法萌芽于唐代，由于煎茶法的兴起和煮茶法的存在，泡茶法在唐代流传不广。五代、宋时兴起点茶法，点茶法本质上也属于泡茶法，只不过是一种特殊的泡茶法，即粉茶的冲泡。

点茶法与泡茶法的最大区别在于点茶需调膏、击拂，而泡茶则不用，是直接用沸水冲点。在点茶法中略去调膏、击拂，便成了粉茶的冲泡；将粉茶改为散茶，就形成了"撮泡"。

撮泡法萌发于南宋。撮泡法有备器、择水、取火、候汤、洁盏（杯）、投茶、冲注、品啜等程序。撮泡法简单快捷，直接将茶倒入杯盏，然后注入沸水即可。

撮泡法在明朝时采用无盖的盏、瓯来泡茶；清代在宫廷和一些地方采用有盖有托的盖碗冲泡，便于保温、端接和品饮；近代又采用有柄有盖的茶杯冲泡；当代多用敞口的玻璃杯来泡茶，透过杯子可观赏汤色、芽叶舒展的情形。

2. 壶泡法

壶泡法萌芽于中唐，大致形成于明朝中期正德至万历年间。明朝张源《茶录》、许次纾《茶疏》等书对壶泡法的记述较为详细。又因壶泡法的兴起与宜兴紫砂壶的兴起同步，壶泡法也有可能是苏吴一带人的发明。

壶泡法的大致程序有备器、择水、取火、候汤、泡茶、酌茶、品茶等，主要器具有茶炉、茶铫、茶壶、茶盏等。

择水、取火与煎茶、点茶法相同。然后是候汤，之后就是泡茶。当水纯熟时，可以先在壶中注入少量的水来祛荡冷气，然后再倒出。根据壶的大小来投放茶叶，有上、中、下三种投法：先倒水后放茶叫上投；先放茶后倒水叫下投；先倒半壶水之后添茶，再将水倒满叫中投。

茶壶以小为贵，尤其是一个人独品，小则香气浓郁，否则香气容易散漫。酌茶时，一只壶通常配四只左右的茶杯，一壶茶，一般只能分酾二三次。而杯、盏

［清］汪承霈《群仙集祝图》

则是以雪白为贵。品茶时要注意，醀不宜过早，饮不宜过迟，还应随注随饮。

3. 功夫茶法

在清朝以后，源于福建武夷山的乌龙茶逐渐发展起来，于是在壶泡法的基础上又产生了一种用小壶小杯冲泡品饮青茶的功夫茶法，又叫小壶泡。

袁枚《随园食单·武夷茶》载："杯小如胡桃，壶小如香橼……上口不忍遽咽，先嗅其香，再试其味，徐徐咀嚼而体贴之。"民国以来，安溪、潮汕等地多以盖碗代茶壶，方便实用。

"工夫茶"与"功夫茶"两词各有所指，不能混为一谈。

工夫茶指茶叶制作之精良，其品质优异者，如工夫红茶、闽红工夫等。清代雍正十二年（1734年）的崇安县令陆廷灿，在其所著《续茶经》中说："武夷山茶在山上者为岩茶，北山者为上，南山者次之，两山之以所产之岩为名，其最佳者，名曰工夫茶。"可见"工夫"是指茶叶的品质。

而"功夫茶"中的"功夫"不是指茶的品质，而是指茶人的素养、茶艺的造诣以及冲泡的空闲时间。清代施鸿保在《闽杂记》中说："漳泉各属，俗尚功夫茶。"

张心泰的《粤游小记》也说："潮郡尤嗜茶，大抵色、香、味三者兼备，其曰功夫茶。"这是指功夫茶的冲泡方法及闽南闽东一带的饮茶习俗。

品饮"功夫茶"，有所谓必备"茶室四宝"之说，即玉书碨、潮汕炉、孟臣罐、若琛瓯。

玉书碨即烧开水的壶，为赭色薄瓷扁形壶，容水量约为250毫升。水沸时，盖子"卜卜"作声，如唤人泡茶。

潮汕炉是烧开水用的火炉，小巧玲珑，可以调节风量，掌握火力大小，以木炭做燃料。

孟臣罐即泡茶的茶壶，为宜兴紫砂壶，以小为贵。孟臣即明末清初时的制壶大师惠孟臣，其制作的小壶非常闻名。壶的大小，因人数多少而异，一般是300毫升以下容量的小壶。

若琛瓯即品茶杯，为白瓷翻口小杯，杯小而浅，容水量10~20毫升。

4. 泡茶之道

泡茶法大约始于中唐，多用于末茶。明初以后，泡茶用叶茶，流俗至今。

明代后期，张源著《茶录》，其书有藏茶、火候、汤辨、泡法、投茶、饮茶、品泉、贮水、茶具、茶道等篇；许次纾著《茶疏》，其书有择水、贮水、舀水、煮水器、火候、烹点、汤候、瓯注、荡涤、饮啜、论客、茶所、洗茶、饮时、宜辍、不宜用、不宜近、良友、出游、权宜、宜节等篇。

《茶录》和《茶疏》，共同奠定了泡茶道的基础。程用宾《茶录》、罗廪《茶解》、冯可宾《岕茶笺》、冒襄《岕茶汇钞》等则进一步补充、发展、完善了泡茶道。

功夫茶形成于清代，流行于

清·杨晋《豪家侠乐图》（局部）

广东、福建和台湾地区，是用小茶壶泡青茶（乌龙茶），主要程序有浴壶、投茶、出浴、淋壶、烫杯、酾茶、品茶等，又进一步分解为孟臣沐霖、马龙入宫、悬壶高中、春风拂面、重洗仙颜、若琛出浴、游山玩水、关公巡城、韩信点兵、鉴赏三色、喜闻幽香、品啜甘露、领悟神韵等程式。

明清茶人对品茗环境尤其讲究，设计了专门供茶道用的茶室——茶寮，使茶事活动有了固定的场所。茶寮的发明、设计，是明清茶人对茶道的一大贡献。

人间至味是清欢：清饮法

随着人们对茶叶的不断认识、开发，逐渐形成了以茶汤中不加任何调味品、不兑入配伍食物的清饮法，其中以汉族的品乌龙、啜龙井、吃早茶和喝大碗茶最为典型。

纵观汉族的饮茶方式，大概有品茶、喝茶和吃茶三种。其中古人多为品茶，他们注重茶的意境，以鉴别茶叶香气、滋味和欣赏茶汤、茶姿为目的；现代人多为喝茶，他们以清凉解渴为目的，不断冲泡，连饮数杯；吃茶则鲜见，即连茶带水一起咀嚼咽下。

汉族饮茶虽方法各异，却大都崇尚清饮之道，因为清茶最能保持茶的纯粹韵味，体会茶的"本色"。其基本方法就是直接用开水冲泡或熬煮茶叶，无须在茶汤中加入食糖、牛奶、薄荷、柠檬或其他饮料和食品，属纯茶原汁本味的饮法。其主要茶品有绿茶、花茶、乌龙茶、白茶等。

1.乌龙茶的清饮

品乌龙茶时，应先用水洗净茶具。待水开后，用沸水淋烫茶壶、茶杯之后，将乌龙茶倒入茶壶，用茶量大概为茶壶容积的三分之一至二分之一。然后用沸腾热水冲入茶壶泡茶，直至沸水溢出壶口。之后用壶盖刮去壶口的水面浮沫，接着用沸水淋湿整把茶壶，以保壶内茶水温度。与此同时，取出茶杯，分别以中指抵杯脚，拇指按杯沿，将杯放于茶盘中用沸水烫杯，将茶汤倾入茶杯，但倾茶时必须分次注入，使各只茶杯中的茶汤浓淡均匀。然后，啜饮者趁热以拇指和食指按杯沿，中指托杯脚，举杯将茶送入鼻端闻其香，接着茶汤入口，并含在口中回旋，细品其味。

乌龙茶茶盅较小，一般连饮3~4杯，也不到20毫升水量。所以，小盅品乌龙，不为喝茶解渴，更多的是艺术的熏陶与精神的享受。

2. 龙井茶的清饮

龙井茶以"色绿、香高、味甘、形美"而著称，因此与其说是品茶，还不如说是欣赏珍品。

当龙井茶泡好后，不必急于大口饮用。首先，慢慢提起那清澈透明的玻璃杯或白底瓷杯，细看那杯中翠芽碧水，交相辉映，一旗（叶）一枪（芽），簇拥其间。然后，将杯靠近鼻端，深深地吸一下龙井茶的嫩香，闻茶香，观汤色，然后再徐徐作饮，细细品味，清香、醇爽、鲜香之味则应运而生。

龙井茶的清饮，正如清代诗人陆次云所说："啜之淡然，似乎无味。饮过后，觉有一种太和之气，弥沦于齿颊之间，此无味之味，乃至味也。"

［明］唐寅《事茗图》

3. 吃早茶

吃早茶，是汉族茗茶加甜点的一种独特的饮俗，多见于我国大中城市，尤其是南方。

用早茶时，人们可以根据自己的喜好品味传统香茗；同时，也可以根据自己的需要，点上几款精美的小糕点。如此一口清茶、一口甜点，使得品茶别有趣味。

如今，人们不再把吃早茶单纯地看作是一种用早餐的方式，更多的是将它看成是一种充实生活和社会交往的手段。

4. 喝大碗茶

喝大碗茶的习俗在我国北方最为流行，无论是车站码头，还是城乡街道，都随处可见。自古以来，卖大碗茶均被列为中国的三百六十行之一。

这种清茶一碗、大碗畅饮的方式，虽然看起来比较粗犷，但却自然朴素，无须楼、堂、馆、所的映衬，而且摆设简便，只需几张简易的桌子、几条农家长凳和若干只粗制瓷碗即可。故而它多以茶摊、茶亭的方式出现，主要为过路行人提供解渴小憩之用。

相传在很久以前，有一个寺庙的高僧向寺院内的菩萨献茶后，为保佑"玉体安稳，万民丰乐"，将剩下的茶施舍给聚集在寺中的信徒们饮用。

当时，茶叶是高级奢侈品，只有贵族和僧侣才可以常饮。而在民间，茶则是被当成包治百病的药物使用的。施茶给众人饮用时，寺庙因没有足够的茶具，只好用一个大水盆沏满茶水，一人一口，一直传递着喝下去。

后来，这种用大盆沏茶的传统就流传下来，进而演变成风行于世的大碗茶。

大碗茶

时苦渴羌冲热来：调饮法

茶叶作为饮料，除了清饮茶，还有各式各样的调饮茶。所谓调饮茶，即以茶为基质，再调以酸、甜、咸等风味的辅料而制成。这种调饮茶在中国的一些少数民族很流行，甚至成为当地的一种民俗，别有特色。

调饮茶是在茶汤中加入调味品（如甜味、咸味、果味等）及营养品（主要是奶类，其次是果酱、蜂蜜以及芝麻、豆子等食物）的共饮方法。中国的调饮是以少数民族为主体的，其饮用方法具有强烈的民族性、地域性和时代性。

自茶叶进入人们的日用领域后，茶便与日常饮食联系在一起。茶与其他食物配合，也成为人们日常饮食生活的组成部分。

［辽］张恭诱墓壁画《煮汤图》

在古代的文献典籍中，关于这方面的记载随处可见。陆羽的《茶经》中多处讲到茶的食用，壶居士的《食忌》中说"苦茶与韭同食，令人体重"，晋郭璞《尔雅》中说"茶叶可煮羹饮"；另外，唐代的《食疗本草》中记载"茗叶利大肠，去热解痰，煮取汁，用煮粥良"，《膳夫经手录》说"茶，吴人采其叶煮，是为茗粥"，等等，这些都说明当时人们已把茶叶用于食用。当然，有些调饮茶也作为药物饮用。

实际上，陆羽除了"三沸煮饮法"外，在《茶经》中还说到，将茶"贮于瓶缶之中，以汤沃焉，谓之痷茶。或用葱、姜、枣、橘皮、茱萸、薄荷之属，煮之百沸（当成茶粥），或扬令滑（清），或煮去沫，斯沟渠间弃水耳，而习俗不已"。

唐以后，调饮法继续得以发展。宋时的苏辙就在诗中说："俚人茗饮无不有，盐酪椒姜夸满口。"还有黄峪的《奉谢刘景文送团茶》中有"鸡苏胡麻煮同吃"之句。这些诗文说明，我国古代北方与南方都有调饮茶的习俗。

民间喝调茶的习俗也是多种多样的。在我国的一些地方就有喝"有嚼头"茶的习俗，如芝麻、花生、黄豆、玉米合煮再加炒米的玉米茶；加芝麻、花生、红枣和红糖的枣饼茶；加一小块姜的芝麻豆子茶；加炒米与熟黄豆及糖、盐拌的甜咸米泡茶等。

在江西著名的茶乡武宁县，不但盛行喝这种"有嚼头"茶，并且在叫法上，只有喝这种"有嚼头"的茶才叫"喝茶"，而"喝茶水"则是指喝白开水。

此外，还有一种喝"擂茶"的习俗也比较特殊，至今仍在湖南洞庭湖南部以及江西南部客家和福建宁化、明溪等地流传。闽西的擂茶，有荤、素之分，荤的加炒肉丝、笋丝、粉丝、香菌丝等，素的加糯米、海带、地瓜粉等；洞庭湖滨的除咸、甜之味外，还要多加生姜等而使茶略带辣味。

在以畜牧业为主要生产方式的地区，则形成了以内蒙古奶茶、新疆奶茶和西藏酥油茶为代表的调味加料饮茶法，甚至会将其做成咸味加奶类食品。这时的茶既是饮料，又是食品；既有维生素，又有蛋白质。

而在以农业为主要生产方式的地区，则形成了以湘、闽、桂、黔、川、滇等偏僻山区习饮的烤茶、打油茶为代表的非奶类加料调味饮茶法，即在茶中加芝麻、花生、豆子、大米、生姜等。农闲、雨天、节日、喜事、待客时搞调饮，成为当地民间传统的美味饮食。

茶与食结合的吃法，多出于民间中下阶层。茶叶作为老百姓"柴米油盐酱醋茶"的开门七件事之一，被看作食品而成为居家饮食之谱。所以，人们自然讲求茶汤调制，添加调味品（咸或甜）或配伍其他食品（如奶类、杂果），调食佐餐，从而成为民间的饮茶法。

林下雄豪先斗美：古代斗茶

斗茶，又名斗茗、茗战，就是品茗比赛，是一种比赛茶品优劣的活动。在茶文化的发展过程中，斗茶以其丰富的文化内涵，为茶文化增添了灿烂的光彩。

斗茶始于唐，盛于宋，是古代有钱有闲人的一种雅玩，具有很强的胜负色彩，富有趣味性和挑战性。

斗茶是在茶宴基础上发展而来的一种风俗。唐代以来，茶宴的盛行、民间制茶和饮茶方式的日益创新，促进了品茗艺术的发展，于是斗茶应运而生。

五代词人和凝官至左仆射、太子太傅，封鲁国公。他嗜好饮茶，在朝时"率同列递日以茶相饮，味劣者有罚，号为'汤社'"（《清异录》）。"汤社"的创立，开了宋代斗茶之风的先河。

古代斗茶的内容包括斗茶品、斗茶令与茶百戏。

1. 斗茶品

斗茶的产生，主要出自贡茶。一些地方官吏和权贵为了博得帝王的欢心，千方百计献上优质贡茶，为此先要比试茶的质量。作为民俗的斗茶，常常是相约三五知己，各取所藏好茶，轮流品尝，决出名次，以分高下。

斗茶最早是茶农评选新茶品序的比赛，主要比拼一些技巧去斗输赢，非常的具有趣味性，每一场斗

［南宋］刘松年《茗园赌市图》

茶的胜败都跟如今球赛胜败是一样的，得到了很多人的关注，所以将此称为斗茶。

茶玩家按顺序取茶，烹调后凭借高得分和低得分评判输赢。古时候茶叶与现在不同，大都是做成茶饼再碾成粉末，喝茶时茶粉与茶水一起喝下。一般斗茶由多人同时斗或者两人之间捉对"厮杀"，进行三个回合，赢两次者为胜利的一方。

斗茶品以茶"新"为贵，斗茶用水以"活"为上。一斗汤色，二斗水痕。斗茶的具体步骤与操作程序，与点茶是一致的。蔡襄《茶录》在"点茶"一节中也说到了斗茶胜负的标准。其实，斗茶即是点茶技艺的较量。

玩这种游艺时，要碾茶为末，注之以汤，以筅击拂，这时盏面上的汤纹就会幻变出各种图样来，犹如一幅幅的水墨画，故有"水丹青"之称。

2. 斗茶令

斗茶令，即古人在斗茶时行茶令。行茶令所举故事及吟诗作赋，皆与茶有关。茶令如同酒令，用以助兴增趣。

茶令作为一种饮茶时助兴的游戏，最知名的推动者当属婉约派词人李清照。

传李清照与丈夫赵明诚贫居青州专心治学时，每得一本好书即共同校勘、重新整理。

在一次煮茶品茗时，她突发奇想了一种与酒令大相径庭的茶令，即互考书经典故，一问一答，说中者可饮茶以示庆贺。

纳兰容若曾在《浣溪沙》一词中用过李清照行茶令的典故，曰："被酒莫惊春睡重，赌书消得泼茶香。当时只道是寻常。"

南宋时期，还有一个茶令迷，他就是南宋龙图阁学士王十朋。他在《万季梁和诗留别再用前韵》中写道："搜我肺

［南宋］刘松年《斗茶图》

肠茶著令",并自注曰"余归与诸子讲茶令",每会茶,指一物为题,各举故事,不通者罚。

3.茶百戏

茶百戏,又称汤戏或分茶,是宋代流行的一种茶艺,即将煮好的茶注入茶碗中的技巧。

南宋淳熙十三年(1186年)春,陆游应召"骑马客京华",从家乡山阴(今绍兴)来到京都临安(今杭州)。

那时节,国家处在多事之秋,一心想杀敌立功的陆游,宋孝宗却把他当作一个吟风弄月的闲适诗人。

陆游心里感到失望,以练草书、玩分茶自遣,作《临安春雨初霁》一首,有句云:"矮纸斜行闲作草,晴窗细乳戏分茶。"

这分茶,不是寻常的品茗别茶,也不同于点茶茗战,而是一种独特的烹茶游艺。陆放翁是把"戏分茶"与"闲作草"相提并论,可见这绝非一般的玩耍,在当时文人眼里是一种很有品位的文娱活动。

在宋代,有人把茶百戏与琴、棋、书并列,是士大夫们喜爱与崇尚的一种文化活动。宋词家向子諲《酒边集·江北旧词》有《浣溪沙》一首,题云:"赵总怜以扇头来乞词,戏有此赠。赵能著棋、写字、分茶、弹琴。"词人把分茶与琴、棋、书、艺并列,说明分茶亦为士大夫与文人的必修之艺。

诗人杨万里《澹庵坐上观显上人分茶》云:

分茶何似煎茶好,煎茶不似分茶巧。
蒸水老禅弄泉手,隆兴元春新玉爪。
二者相遭兔瓯面,怪怪奇奇真善幻。
纷如擘絮行太空,影落寒江能万变。
银瓶首下仍尻高,注汤作字势嫖姚。
不须更师屋漏法,只问此瓶当响答。

紫微仙人乌角巾，唤我起看清风生。

京尘满袖思一洗，病眼生花得再明。

叹鼎难调要公理，策动茗碗非公事。

不如回施与寒儒，归续茶经傅衲子。

茶百戏，能使茶汤汤花瞬间显示瑰丽多变的景象，若山水云雾，状花鸟鱼虫，如一幅幅水墨图画，这需要较高的沏茶技艺。

宋徽宗赵佶也精于分茶。蔡京在《延福宫曲宴记》中记述了这样一件事："宣和二年（1120年）十二月癸巳，召宰执亲王等曲宴于延福宫……上命近侍取茶具，亲自注汤击拂，少顷白乳浮盏面，如疏星朗月。顾诸臣曰：此自烹茶。饮毕皆顿首谢。"

徽宗亲自分茶让群臣观赏后，才饮茶品尝，可见，宋时上自帝王，下至文人、僧徒，以至"赶趁人"，都会玩分茶。

元、明时仍有分茶余韵流泽，如关汉卿套曲《一枝花·不伏老》："花中消遣，酒内忘忧；分茶攧竹，打马藏阄。"可见分茶仍为文人乐事之一。董解元《西厢记》卷一："选甚嘲风咏月，擘阮分茶。"寄情抒怀，也可借弹弦乐、玩分茶。

清代后，未见玩分茶的文字记载，仅画家严泓曾有《斗茶图轴》，说明这朵茶艺奇葩几近失传了。

斗茶和分茶在点茶技艺方面因有若干相同之处，故此有人认为分茶也是一种斗茶。此说虽不无道理，但就其性质而言，斗茶是一种茶俗，分茶则主要是茶艺。

［清］严泓曾《斗茶图轴》（局部）

遥闻境会茶山夜：品饮环境

饮茶是一种精神和物质上的双重享受，古今的茶人对饮茶环境都有很高的要求。饮茶环境的外延很大，涵盖茶叶品饮的方方面面，这也是构成品茶艺术的重要内容。

古人品茶对环境的要求十分严格：或是江畔松石之下；或是清幽茶寮之中；或是宫廷文事茶宴；或是市中茶坊、路旁茶肆等。不同的环境会产生不同的意境和效果，渲染衬托不同的主题思想。庄严华贵的宫廷茶，修身养性的禅师茶，儒雅风采的文士茶，都因不同的品茗环境和品茗群体而呈现出不同的茶情茶趣。

古人饮茶时除了要有好茶好水之外，

［明］陈洪绶《闲话宫事图》

还十分讲究品茶的环境。所谓品茶环境，不仅包括景、物，而且还包括人、事。

宋代品茶有一条叫作"三不点"的法则，即泉水不甘不点，茶具不洁不点，客人不雅不点，就是对品茶环境的具体要求。

欧阳修《尝新茶》诗中提出，新茶、甘泉、清器，好天气，再有二三佳客，才构成了饮茶环境的最佳组合。如果茶不新、泉不甘、器不洁，天气不好，茶伴缺乏教养，举止粗俗，在这些情况下，是不宜品茶的。

古代文人饮茶还十分注重品饮人员，与高层次、高品位而又通茗事的人款谈，才是其乐无穷之事。到了明代，连饮茶人员的多少和人品、品饮的时间和地点也都非常讲究。

文人饮茶对环境、氛围、意境、情趣的追求体现在许多文人著作中。

苏东坡在扬州做官时，曾经到西塔寺品过茶，给他留下了深刻印象，他后来写诗记道："禅窗丽午景，蜀井出冰雪。坐客皆可人，鼎器手自洁。"

唐代诗僧皎然认为品茶伴以花香琴韵是再好不过的事了，他曾在诗中叙述几位文人逸士以茶相会的情景，赏花、吟诗、听琴、品茗十分和谐地结合成一体，在我们眼前呈现出了一个清幽高雅的品茗环境。

明代著名书画家、文学家徐文长描绘了一种品茗的理想环境："茶，宜精舍、云林、竹灶、幽人雅士，寒宵兀坐，松月下，花鸟间，清泉白石，绿鲜苍苔，素手汲泉，红妆扫雪，船头吹火，竹里飘烟。"

茶在文人雅士眼中，乃至洁至雅之物，因此，应该体现出"清""静""净"的意境：在窗明几净之处，与志趣相投的友人对饮，此情此景，真乃神仙之乐也，可谓深得品茗奥妙。

明清茶人往往爱将茶品与人品并列，认为品茶者的修养是决定品茶趣韵的关键。

明代张源在《茶录·饮茶》中写道："饮茶以客少为贵，客众则喧，喧则雅趣乏矣。独啜曰神，二客曰胜，三四曰趣，五六曰泛，七八曰施。"可见在品茶环境中，人是其中不可或缺的因素。

明代茶人陆树声曾作《茶寮记》，其中提及了人品与茶品的关系。在陆树声看来，茶是清高之物，唯有文人雅士与超凡脱俗的逸士高僧，在松风竹月，僧寮道院之中品茗赏饮，才算是与茶品相融相得，才能品尝到真茶的趣味。

总之，对品茶环境的讲究，是构成品茶艺术的重要环节。所谓物我两忘，栖神物外说的都是人与自然、人与人和谐统一的最高境界。

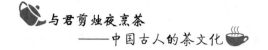

从来名士能评水：择水之道

品茶必须会选水，选水对茶的品质至关重要。中国古代很多茶人不但热衷于品茶，更精于择水之道，他们将"活""甘""清""轻""冽"作为择水的标准。

中国历史上很多茶人对水也很有研究，还撰写了许多专门论水的文章。如张源在《茶录》中说："茶者水之神，水者茶之体，非真水莫显其神，非精茶曷窥其体。"许次纾在《茶疏》中说："精茗蕴香，借水而发，无水不可与论茶也。"

1. 陆羽品水排名录

茶圣陆羽对饮茶之水颇有研究，他在《茶经》中说："山水上，江水中，井水下。其山水，拣乳泉、石池漫流者上。"

唐代张又新的《煎茶水记》中记载了一个小故事：

大历元年（766年），御史李季卿出任湖州刺史途经扬州，邀陆羽同舟前往。

当船行至镇江附近，李季卿笑着对陆羽说："陆君善于茶，盖天下闻名矣！况扬子江南零水又殊绝，今者二妙千载一遇，何旷之乎？"于是命一位士兵，前去南零取水。

军士取水归来后，陆羽"用勺扬其水"，便说："江则江矣，非南零者，似临岸之水。"军士分辩道："我操舟江中，见者数百，汲水南零，怎敢虚假？"

陆羽一声不响，将水倒掉一半，再"用勺扬之"，才点头说道："这才是南零水矣！"

军士听此言，大惊失色，口称有罪，不敢再瞒，只好实言相告。原来，江面风急浪大，军士取水上岸时，因小舟颠簸，壶水晃出近半。军士惧怕降罪，就在江边加满水，不想被陆羽识破，连呼："处士之鉴，神鉴也！"

李季卿见此情景，惊叹不已，于是向陆羽请教水的质次。陆羽按茶水所需排了二十等：庐山康王谷水帘水第一、无锡惠山寺石泉水第二、蕲州兰溪石下水第三、峡州扇子山虾蟆口水第四、苏州虎丘寺石泉水第五、庐山招贤寺下方桥潭水第六、扬子江南零水第七、洪州西山西东瀑布泉第八、唐州柏岩县淮水源第九、庐州龙池山岭水第十、丹阳县观音水第十一、扬州大明寺水第十二、汉江金州上游中零水第十三、归州玉虚洞下香溪水第十四、商州武关西洛水第十五、吴松江水第十六、天台山千丈瀑布水第十七、柳州圆泉水第十八、桐庐严陵滩水第十九、雪水第二十。

2. 张又新与《煎茶水记》

《煎茶水记》，全一卷，唐代后期张又新著。相传初称《水经》，后因与同名古书相区别而改此名。

《煎茶水记》全文仅900余字，论当时的泉水，共20种水源。卷首载有刑部侍郎刘伯刍推荐的"七水"，接着论述了团茶的衰退和抹茶的起源，最后列举了据说是由陆羽品评并向李季卿口授的"二十水"。

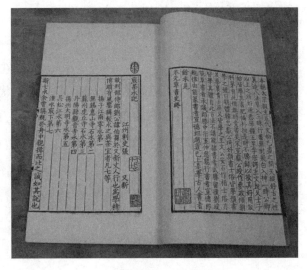

《煎茶水记》书影

后面附有宋叶清臣《述煮茶泉品》一篇，欧阳修《大明水记》一篇，《浮槎山水记》一篇。

该书的作者张又新（约813年前后在世），字孔昭，司门员外郎张鷟之曾孙，工部侍郎张荐之子。深州陆泽（今河北省深州市西旧州村）人。元和九年（814年）进士第一名，历官右补阙、江州刺史、左司郎中等。

张又新嗜茶，所著《煎茶水记》是继陆羽《茶经》之后我国又一部重要的茶道研究著作。

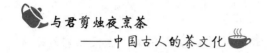

《煎茶水记》一书根据陆羽《茶经》的"五之煮"篇，略加发挥，而尤重水品，赞同陆羽的"煮茶之水，用山水者上等，用江水者中等，井水者下等"。

3.古人择水的标准

由于古人们用茶方式不同，所处地域环境也各有特点，便产生了对水的不同评判标准。根据历代茶人所述，可归纳为以下几个方面：

第一，水要"清"，即指水质无色透明，清澈可辨。这是古人对水质的基本要求。

第二，水要"活"，即指水源有流。陆羽的"山水上"之说，"其山水，拣乳泉、石池漫流者上"，说的是活水。

第三，水要"轻"。轻，是指轻水。古人对水质要求"轻"，其道理与今天科学分析的软水、硬水有关。软水轻，硬水重，硬水中含有较多的钙镁离子，因而所沏茶汤滋味涩苦，汤色暗昏。宋徽宗赵佶、明代张源都在其茶事著作中提到水宜"轻"之说，而清乾隆帝则更把"水轻"提升为评水好坏的基本标准。

第四，水要"甘"。甘，是指水的滋味。好的山泉，入口甘甜。宋代蔡襄在《茶录》中提出："……水泉不甘，能损茶味。"宋徽宗赵佶在《大观茶论》中说："水以清、轻、甘、洁为美。"王安石也有"水甘茶串香"的诗句。

第五，水要"洌"。洌，就是冷而寒的意思。古人十分推崇冰雪煮茶，以"敲冰煮茗"为美，认为用寒冷的雪水、冰水煮茶，其茶汤滋味尤佳。正如清代文人高鹗的《茶》诗曰："瓦铫煮春雪，淡香生古瓷。晴窗分乳后，寒夜客来时。"

壶中日月悟乾坤：古代茶道

中国古代没有茶道专著，也没有条目清晰、理论贯通的总结，有关茶道的内容散见于各种茶书及茶诗文绘画中。

综合来看，茶道包括茶艺、茶礼、茶境、修道四大要素。所谓茶艺，是指备器、选水、取火、候汤、习茶的一整套技艺；所谓茶礼，是指茶事活动中的各种礼仪、法则；所谓茶境，是指茶事活动的场所、环境；所谓修道，是指通过茶事活动来怡情修性、悟道体道。

由此可见，茶道是以修行悟道为宗旨的饮茶艺术，是饮茶之道和饮茶修道的统一。道，一般指宇宙法则、终极真理、事物运动的总体规律、万物的本质或本源，具体说来有儒家之道、道家之道、佛教之道，各家之道不尽一致。

中国文化主流是"儒道互补"，隋唐以降又趋于"三教合一"。一般的文人、士大夫往往兼修三道，即使道士、佛徒，也往往是旁通儒佛、儒道。茶道中所修何道，则是因人而异。

茶道最早起源于民间，后来经士大夫的推崇，加上僧尼道观的宗教生活需要，作为一种高雅文化活动方式传播到宫廷，其影响也不断扩大。

早在唐代时期，就有了"茶道"这个词，如《封氏闻见记》中说："又因鸿渐之论，广润色之，于是茶道大行。"唐代刘贞亮在"饮茶十德"中也明确提出："以茶可行道，以茶可雅志。"

关于茶道的内涵，说法纷纭，莫衷一是，但基本离不开和、静、怡、真四字。

1. "和"是茶道的灵魂

"和"是中国茶道哲学思想的核心，"和"是儒、佛、道三教共通的哲学理念。茶道追求的"和"源于《周易》中的"保合大和"，意指世间万物皆由阴阳两要素构成，阴阳协调，保全大和之元气，以普利万物才是人间真道。

陆羽在《茶经》中对风炉设计的描述指出：炉用铁铸从"金"，放置在地上从"土"，炉中烧的木炭从"木"，木炭燃烧从"火"，风炉上煮的茶汤从"水"，煮茶的过程就是金木水火土五行相生相克并达到和谐平衡的过程。

在儒家眼中，"和"是一切恰到好处，无过亦无不及。儒家对"和"的诠释，在茶事活动中被表现得淋漓尽致。在泡茶时，表现为"酸甜苦涩调太和，掌握迟速量适中"的中庸之美；在待客时，表现为"奉茶为礼尊长者，备茶浓意表情谊"

的明礼之伦；在饮茶过程中，表现为"饮罢佳茗方知深，赞叹此乃草中英"的谦和之礼；在品茗的环境与心境方面，表现为"普事故雅去虚华，宁静致远隐沉毅"的俭德之行。

2. "静"是中国茶道修习的不二法门

中国茶道是修身养性、追寻自我之道，静是中国茶道修习的必由途径。

宋徽宗赵佶在《大观茶论》中写道："茶之为物……冲淡闲洁，韵高致静。"

戴昺的《赏茶》诗云："自汲香泉带落花，漫烧石鼎试新茶。绿阴天气闲庭院，卧听黄蜂报晚衙。"连黄蜂飞动的声音都清晰可闻，可见虚静至极。

苏东坡在《汲江煎茶》诗中写道："活水还须活火烹，自临钓石汲深清。大瓢贮月归春瓮，小杓分江入夜瓶。雪乳已翻煎处脚，松风忽作泻时声。枯肠未易禁三碗，卧听荒城长短更。"生动描写了苏东坡在幽静的月夜临江汲水煎茶品茶的妙趣，堪称描写茶境虚静清幽的千古绝唱。

3. "怡"是中国茶道修习的心灵感受

中国茶道正是通过茶事创造一种宁静的氛围和一个空灵虚静的心境。

喝茶能静心、静神，有助于陶冶情操、去除杂念，这与提倡"清静、恬澹"的东方哲学思想很合拍，也符合佛道儒的"内省修行"思想。所以，千年饮茶的过程中，人们逐渐将作为饮品的茶与精神修养结合在一起，外求艺而内自省，形成了所谓"茶道"。

中国茶道是雅俗共赏之道，它体现于平常的日常生活之中，不讲形式，不拘一格，突出体现了道家"自恣以适己"的随意性。人们讲茶道，重在"茶之味"，意在去腥除腻，涤烦解渴，享受人生，无论什么人都可以在茶事活动中取得生理上的快感和精神上的畅适。

中国茶道的这种愉悦性，使得它有了极为广泛的群众基础。

4. "真"是中国茶道的终极追求

"真"是中国茶道的起点，也是中国茶道的终极追求。中国茶道在从事茶事时所讲究的"真"，不仅包括茶应是真茶、真香、真味；环境最好是真山真水；挂的字画最好是名家名人的真迹；用的器具最好是真竹、真木、真陶、真瓷；还包含了对人要真心，敬客要真情，说话要真诚，心境要真闲。茶事活动的每一个环节都要认真，每一个环节都要求真。

[清] 薛怀《山窗清供图》

中国茶道追求的"真"有三重含义：道之真，即通过茶事活动追求对"道"的真切体悟，达到修身养性、品味人生之目的；情之真，即通过品茗述怀，使茶友之间的真情得以发展，达到茶人之间互见真心的境界；性之真，即在品茗过程中，真正放松自己，在无我的境界中去放飞心灵，抒遣天性，达到"全性葆真"。

第七章

客来活火煮新茶：古代茶礼与茶俗

所谓茶礼，是指茶事活动中的礼仪、法则。"礼"的要求被运用到茶事中，成为修心养性的重要形式。

《茶经》中对煎茶、行茶的数量以及饮茶的细节安排都有详细的说明，这证明，那时人们饮茶是普遍遵循一定的仪式要求的，这其实也是茶道的重要组成部分。

客来敬茶，这是我国汉族同胞最早重情好客的传统美德与礼节。直到现在，宾客至家，总要沏上一杯香茗；喜庆活动，也用茶点招待。

茶俗是民间风俗的一种，内容丰富，各呈风采，是民族传统文化的积淀，也是人们心态的折射。它以茶事活动为中心贯穿于人们的生活中，并且在传统的基础上不断演变，成为人们文化生活的一部分。

红炉煮茗松花香：古代宫廷茶礼

饮茶是古代宫廷生活中的重要内容。在中国历史上很多皇帝都嗜好饮茶，由此也形成了很多宫廷茶礼，如宏大的茶宴和代表皇恩的赐茶。这些茶礼彰显的是皇家的威严气象。

宫廷饮茶源远流长。据相关史料记载，周武王伐纣时就接受过巴蜀之地的供茶，这也是皇室饮茶的最早记载；随后的周成王还留下了推行"三祭""三茶"礼仪的遗嘱；三国时的吴国皇帝孙皓曾率群臣饮酒，而韦曜不胜酒力，孙皓便赐茶以代酒；西晋惠帝司马衷逃难时都把烹茶进饮作为第一要事；隋文帝也由不喝茶到嗜茶成癖；等等，都说明饮茶之风早已广泛流传于宫廷之中。

古代宫廷饮茶主要有以下场合：娱乐、婚嫁、殿试、清明宴、供养三宝、赐茶、接待外国来使、祭天祭祖等。

饮茶成为宫廷日常生活内容之后，皇帝很自然地将其用于朝廷礼仪，从而使茶在国家礼仪中纳入规范。正式的宫廷茶礼形成于唐朝，在吸收文人茶道和寺院茶道的基础之上，逐渐形成了独特的体系和特色，以后历代王朝相沿成习。

宫廷茶礼之中最有代表性的是宫廷茶宴和赐茶。

1. 宫廷茶宴

宫廷茶宴源于唐代，其中最为豪华的是"清明宴"。

唐朝时在每年清明节这一天，皇宫都要举行规模盛大的"清明宴"，其间会以新制的顾渚贡茶宴请群臣。茶宴仪规是由朝廷的礼官主持，有仪卫以壮声威，有乐舞以娱宾客，还有用以辅茶的各式糕点，所用的茶具也十分名贵。其目的就是以浩大的茶事来展现大唐富甲天下的气象，显示君王精行俭德、泽被群臣的风范。

当时，后宫嫔妃宫女也有饮茶的习惯，她们不光注重茶叶的质量、茶具的精

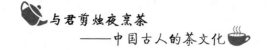

美，同时也注重饮茶的乐趣和心境。对她们而言，饮茶兼具消遣娱乐性，还有美容养生的功效。

宋代宫廷也常举行茶宴，但最为频繁的还是在清代。

据史料记载，清代皇室光在重华宫举行的茶宴就有60多次。茶宴一般在元旦后三日举行，由皇帝钦点的文武大臣参加，用的是茶膳房供应的奶茶，一边饮茶一边看戏，还要联句赋诗，是极为风雅的宴会。

清代不仅有专门的茶宴，而且几乎每宴必须用茶，并且是"茶在酒前""茶在酒上"。

康、乾两朝曾举行过四次规模巨大的"千叟宴"，饮茶也是其中的一项主要内容，开宴时首先就要"就位进茶"。

乾隆"千叟宴"场景

2. 宫廷赐茶

宫廷茶宴上，酒菜人人有份，唯独"赐茶"只有王公大臣才能享用。在这里，饮茶成了地位的象征。

赐茶是宫廷茶俗的一种，是宫廷茶仪的重要组成部分。贡茶入宫，除供皇帝享用外，其余多为赏赐所用。如唐代的贡茶在祭祀宗庙之后便要赏赐给亲近大臣，随后赐茶对象也在不断扩大，得赐者有军人、大臣、学士等。赐茶的目的或为犒赏将士，或

唐代宫廷茶具

为优遇文人，或为笼络近臣，目的性非常明确。

这种由皇帝遣宦官专赐、臣下得茶后上表谢赏的习惯，在唐中后期成为上层社会的一种隆重礼遇。

宋代诗人王之望《满庭芳·赐茶》词云：

犀隐雕龙，蟾将威凤，建溪初贡新芽。九天春色，先到列仙家。今日磨圭碎璧，天香动、风入窗纱。清泉嫩，江南锡乳，一脉贯天涯，芳华。

瑶圃宴，群真飞佩，同引流霞。醉琼筵红绿，眼乱繁花。一碗分云饮露，尘凡尽、牛斗何赊。归途稳，清飙两腋，不用泛灵槎。

清代诗人查慎行也有一首《谢赐普洱茶》诗云：

洗尽炎州草木烟，制成贡茗味芳鲜。
筠笼蜡纸封初启，凤饼龙团样并圆。
赐出俨分瓯面月，瀹时先试道旁泉。
侍臣岂有相如渴，长是身依瀣露边。

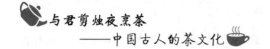

在当时人看来，皇帝赐茶，体现的是一种恩宠、一种荣幸，是一种君臣关系的调和剂。如赐茶给外国使节，则是一种礼节；游观寺庙而赐僧众以茶，是对宗教信仰的尊重；视学赐茶，则表明对教育的重视；等等。所以，宫廷赐茶有其积极的一面，它作为饮茶礼俗的一种，这种华贵精巧的宫廷茶礼对民间茶礼也产生了深远的影响。

香烟茶晕满袈裟：寺庙茶礼

中国传统文化是儒、释、道三教合流的结果，而茶与佛教又有着密切的关系，所以，谈到茶礼就不能不提到寺庙中的饮茶礼仪。

1. 寺庙茶礼溯源

佛教是东汉末年传入中国的，魏晋南北朝时期开始盛行，唐代起则大为兴盛。

僧人饮茶历史久远。僧人的饮茶礼仪在唐代末期出现，并且逐步得到规范，对中国饮茶文化的进步和禅学的发展产生了深远的影响。

僧人们清心净欲，从茶中悟道，并逐步形成一整套的茶礼茶仪。

关于僧人饮茶，目前最早的文字记载，是东晋怀信和尚的《释门自镜录》，其中说："跣足清谈，坦胸谐谑，居不愁寒暑，食可择甘旨，便唤童仆，要水要茶。"但此时僧人饮茶并不是普遍的现象。

僧人饮茶成风是在唐朝时出现的。据封演《封氏闻见记》载："开元中，泰山灵岩寺有降魔师大兴禅教。学禅务于不寐，又不夕食，皆许饮茶，人自怀挟，到处煮饮。从此转相仿效，遂成风俗。"同时，此时产生了"茶禅一味"之说，从而真正把茶与佛理结合起来。

此时，寺庙虽也开始大兴茶事，但并没有形成一套寺庙专有的饮茶礼俗。

234

因此，僧人饮茶也没有什么限制，更没有一定的程式可以遵循，也就是所谓的"人自怀挟，到处煮饮"。直到唐朝末年，怀海和尚创制《百丈清规》，才将僧人饮茶纳入寺庙戒律之中，从而有了最初的寺庙茶仪。

[清] 费丹旭《怀绮图》

2. 寺庙茶礼制度

随着饮茶在僧徒生活中的地位越来越重要，规范饮茶就开始成为必要了。其中最具代表性的就是《百丈清规》中对茶事的规定，其内容据《景德传灯录》载："晨起洗手面；盥漱了，吃茶；吃茶了，佛前礼拜，归下去。打睡了，起来洗手面；盥漱了，吃茶；吃茶了，东事西事，上堂。吃饭了，盥漱；盥漱了，吃茶；吃茶了，东事西事。"可见，僧人的一天几乎就是在吃茶中度过的。

此外，随着寺庙茶礼的日益完善，寺庙中开始设置专门的"茶堂"，供僧家辩佛说理、招待施主佛友品茶之用。有的还在法堂左上脚设茶鼓，按时敲击召集僧众饮茶。宋代诗人王安国的《西湖春日》诗中有"春烟寺院敲茶鼓，夕照楼台卓酒旗"之句，说的正是这一景象。

此外，在寺院一年一度的挂单时，要按照"戒腊"年限的先后饮茶，称"戒腊茶"；平时，住持请僧众吃茶，称"普茶"；在佛教节日或朝廷赐杖、衣时，也会举行盛大的茶仪。

宋代时，寺庙僧众还常常举办大型茶宴。仪式开始时，众僧围坐，由该寺住持法师按一定程序泡沏香茗，分献给众僧品尝，以表敬意。僧客接过茶，打开盖碗闻香，举碗观色，接着品味，用以赞赏住持的好茶和泡沏技艺；随后进行茶事评论，诵佛论经。

后来，元人德辉修改了《百丈清规》，把日常饮茶和待客方法加以规范，对出入茶寮的礼仪及"头首"在厅堂点茶的过程都有详细说明。最为重要的是，他还将茶礼等级化，即依照客人的身份，招待不同档次的茶。

如《百丈清规》中关于"巡堂茶礼"是这么规定的：

住持在佛堂说法完毕，说："下座巡堂吃茶！"于是众僧按念诵经文时的排列方法依次站好。然后众僧按规定的方式巡回入僧堂。刚来的修行者与侍者绕到佛龛的后面，众僧巡回一圈之后站到定位上。堂前钟响七下时，住持进入僧堂烧香，在僧堂里巡回一圈坐到规定的位子上。接下来知事入僧堂，先向佛龛行合掌礼，然后到住持前行合掌礼。一声禅板响后，由首座领头，众僧们在僧堂内按一定的路线再巡堂一圈。这时，知事、侍者和刚来的人走在队伍的末尾。负责烧香的侍者在僧堂中间的香炉边行礼，然后进香。之后为僧堂内外的香炉一一进香，将余下的香放回原处后，行归位礼。这时，钟响两下，侍堂的僧人手持茶瓶进入僧堂，行礼斟茶之后退出。这时，钟响一下暗示开始收茶碗，钟再响三下暗示住持退场，接下来便是首座、众僧依次退场。

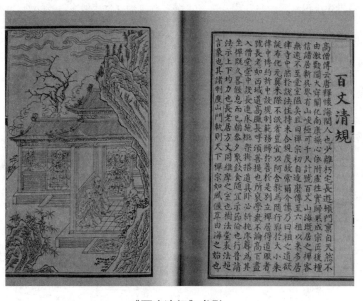

《百丈清规》书影

一杯春露暂留客： **日常待客茶礼**

民间的待客茶礼，不但历史悠久，而且极具民族特色。

1. 以茶待客

中国人自古以来讲究以茶待客、以茶示礼。凡有客人到来，主人定会捧出一杯热气腾腾的清茶，这是基本的礼仪，不仅可以表达主人的敬意，同时主客间也可以在饮茶时共叙情谊。

相传，客来敬茶的风俗是从三国末年开始的。此前，从王公贵族到民间百姓，普遍都是用酒待客，以表示主人对客人的敬意。

三国时，吴国最后一个皇帝孙皓时，有个叫韦曜的大臣，酒量很小，可是茶量却很大，一次能喝上几大壶。于是孙皓准许他在酒宴上以茶代酒，但不可外传。

一次，孙皓在宫中宴请群臣。皇上和大臣干一杯酒，韦曜就喝一杯茶。从早晨喝到中午，几个大臣醉倒在桌子底下，韦曜反而劲头十足，连连举杯。最后，皇上和满朝文武百官都已大醉，只有韦曜还像没事一般。这消息传开后，宫廷和民间便形成了用茶代酒接待客人的习俗。

据史书记载，东晋时太子太傅桓温就用茶果宴客，吴兴太守陆纳也曾以茶招待来访的谢安。到了宋代，随着饮茶之风盛行，这种待客茶礼也就相沿成习，流传至今。

2. 客来敬茶

客来敬茶，首先要注重茶的质量。有宾客上门，主人家往往将家中最好的茶叶拿出来款待客人。

敬茶往往以沸水为上，因为用未开的水冲泡的茶叶，一定会浮在杯面，这会被认为是无意待客，有不够礼貌之嫌。如果时间仓促，不得不用温水敬茶或先端凉茶待客，主人应先向客人表示歉意，并立即烧水，重沏热茶。

其次要讲究敬茶礼节。主人敬茶时，必须恭恭敬敬地用双手奉上。讲究一些的，还会在茶杯下配上一个茶托或茶盘。奉茶时，用双手捧住茶托或茶盘，切忌捏住碗口，举到胸前，轻轻说一声"请用茶"。这时客人就要身向前倾，道谢接茶；或者用右手食指和中指并列弯曲，轻轻叩击桌面，表示叩谢之意。

此外，客人为了对主人表示尊敬和感谢，不论是否口渴，都得喝点茶水。

客来敬茶，体现的是以茶为"媒"，首先是为了向来客示敬，其次也是为了让远道而来的客人清烦解渴，再者也表达了主人让客人安心入座和留客叙谈之意，使气氛更加融洽。

清·沈贞《竹炉山房图》

3. 地域茶礼

我国地域辽阔，不同地域的敬茶之礼也会略有不同。

在安徽，主人家给客人上茶时，双手奉上为敬；茶满八分为敬，饮茶以慢和轻为雅。有贵宾临门或是遇喜庆节日，讲究吃"三茶"，就是枣栗茶、鸡蛋茶和清茶，又叫"利市茶"，象征着大吉大利、发财如意。

在湖南怀化一带、芷江、新晃侗族自治县的侗族同胞喜欢用甜酒、油茶招待客人，对客人还有"茶三"（吃油茶要连吃三碗）、"酒四"（酒要连喝四杯）、"烟八杆"（烟要连抽八袋）的招待规矩。

西南人敬茶讲究"三道茶"，每道茶都有含义：一道茶不饮，只是表示迎客、敬客；二道茶是深谈、畅饮；三道茶上来即表示主人要送客了。

在产茶区，茶农们多以上好的茶叶待客。茶农热情好客，平时自己多饮粗茶，客人上门则敬以细茶。闽西客家人家家备茶，有嫩、粗两种。粗茶置于暖壶内冲泡，自饮解渴；嫩茶为待客之用。客来，先递上一杯茶，以小茗壶冲泡，用小杯品茗。

陕西农村如乡贤长者、至亲老人来家，主家多用煎小罐清茶的方式敬奉。因煎小罐清茶所用为好茶、细茶；煎大罐面茶，则用粗茶、大路茶。

嘉庆款粉彩黄地开光御制诗茶壶

江南饮茶，有在茶叶中另加搭配的习俗。若来客为老年人，加放几朵代代花（又名枳壳花、酸橙花、玳玳橘、回青橙、回春橙），一是香气浓郁，二是祝福老人子孙代代富贵；来客若为新婚夫妇，则杯中各放两枚红枣，寓有甜甜美美、早生贵子之意。

闲对茶经忆古人：古代茶祭

我国的祭礼习俗中，历来流传以茶、酒、水果、鲜花作为主要的祭品。茶之所以被作为主要祭品，是因为古人认为茶叶有"洁净、干燥"作用。茶叶历来是吉祥之物，在丧葬习俗中，还成为重要的"信物"。以茶作为祭品，相传能驱妖除魔，消灾祛病，保佑子孙，使人丁兴旺。

1. 茶祭习俗

在中国古代祭祀习俗中，茶的使用非常普遍，以茶为祭的历史也十分悠久。

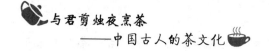

南朝梁武帝萧衍就曾立下遗嘱："我灵上慎勿以牲为祭，唯设饼、茶饮、干饭、酒脯而已。天下贵贱，咸同此制。"梁武帝开了以茶为祭的先河，此后以茶祭祀逐渐形成定制。

皇帝虽然贵为天子，也要定期祭拜神灵，尤其是到了清代，祭神之礼更为繁杂。

正月初九为天诞，需在养心殿院内摆设天坛大供一桌，以拜朝天忏，赐福解厄，其中有"茶九盅"之仪式。二月初一日在养心殿用御案供桌摆设的太阳供，所摆供品为"八路茶三盅"。立春日，皇帝要在宫中延庆殿九叩迎春，为民祈福，其中所摆供品有"五路茶三盅"。

据记载，乾隆朝时，七月初七日祭牛女之俗，用茶更为繁杂。寅正二刻在西峰秀色大亭内献供一桌，西边灯罩后设大如意茶盘一个，然后首领太监请供桌上大如意茶盘，盘上供茶一盅、酒一杯，跪进与占礼官奠祭。卯初，乾隆在细乐声中就位行三叩礼，又祝赞献茶，首领太监用小如意茶盘请寿字黄盅。午初再献宝供一桌，用大黄盅盛茶、果、茶七品（东边四品，西边三品）。供毕，献菜、果、茶，乾隆就位行三叩礼。

茶不仅可用来祭天、祭地、祭神、祭佛，也可用来祭鬼，并成为一种风俗流布天下。上至王公贵族，下至庶民百姓，在祭祀中都可以用茶。

2. 茶祭方式

以茶作祭，一般有三种方式：一是以茶汤作祭；二是放干茶作祭；三是用茶壶、茶盅象征茶叶作祭。

中国茶祭的历史十分久远，无论是以茶水祭祀，还是用干茶或茶壶祭祀，都已经成为一种民俗礼仪为世代所效仿。

在茶祭方式中最为常见的就是以茶水为祭，这在江南地区比较常见。

以茶作为祭品，一般是三杯或六杯。祭祀一般是在傍晚五时左右。家族中的长辈备好丰盛的祭品，其中就有茶水一杯，放在祭桌上。祭祀开始时，一家之主嘴里念念有词，祈祷祖先保佑全家平安、子孙后代成才。祈祷完毕，主人会烧一些纸钱，借此与自己的祖宗对话，最后将茶水泼在地上，希望祖先也能品饮清茶。

茶祭

我国还有用干茶及茶壶象征茶水来祭祀的习俗。清代宫廷祭祀祖陵时就用干茶,据载,同治十年（1871 年）冬至大祭时即有"松罗茶叶十三两"的记载；在光绪五年（1879 年）岁暮大祭的祭品中也有"松罗茶叶二斤"的记述。

而在民间，则有以"三茶六酒"（三杯茶、六杯酒）和"清茶四果"作为祭品的习俗。浙江绍兴、宁波等地供奉神灵和祭祀祖先时，祭桌上除鸡、鸭、肉等食品外，还置杯九个，其中三杯茶、六杯酒。因九为奇数之终，代表多数，以此表示祭祀隆重丰盛。在我国广东、江西一带，清明祭祖扫墓时，有将一包茶叶与其他祭品一起摆放于坟前，或在坟前斟上三杯茶水祭祀先人的习俗。

3. 少数民族茶祭风俗

在我国一些少数民族中，更是流传着诸多传奇式的茶祭方式，如祭茶神、祭茶书等。

湘西苗族聚居区旧时有流行祭茶神的习俗，祭祀分早、中、晚三次：早晨祭早茶神，中午祭日茶神，夜晚祭晚茶神。祭茶神仪式极为严肃，禁止发出笑声。因为在苗族传说之中，茶神穿戴褴褛，闻听笑声就不愿降临。因此，白天在室内祭祀时，不准闲人进入，甚至会用布围起来；如在夜晚祭祀，则不得点灯。祭品以茶为主，辅以米粑、簸箕等，也放些纸钱之类。

云南西双版纳傣族自治州基诺山区的一些兄弟民族还有祭茶树的习俗，通常在每年夏历正月间进行。祭祀之日，各家男性家长在清晨时携一只公鸡，在茶树底下宰杀，再拔下鸡毛连血粘在树干上，边贴还要在口中念叨"茶树茶树快快长，茶叶长得青又亮""神灵多保佑，产茶千万担"等吉利话，以期待当年茶叶有个好收成。

藏族人民更是把茶视为圣洁之物。据《汉藏史集》记载，藏族把茶奉为"天界享用的甘露，偶然滴落在人间"；在藏传佛教中，"诸佛菩萨都喜爱，高贵的大德尊者全都饮用"。因此，藏民向寺庙供奉的"神物"中必有茶叶。每到藏族的重大宗教活动时，如"萨嘎达""雪顿"节中，茶也是主要的供品。至今拉萨的大昭寺、哲蚌寺中还珍藏着上百年的陈年砖茶，被僧侣们作为护神之宝。到寺院礼佛的人，都必须熬茶布施，所以藏族人到喇嘛教寺院礼佛布施，也俗称为"熬茶"。

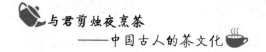

三茶六礼吃喜茶：古代婚俗茶礼

茶在民间婚俗中历来是"纯洁、坚定、多子多福"的象征，所以，茶礼也成为男女之间确立婚姻关系的重要形式。

茶礼是我国古代婚礼中一种隆重的礼节。古人结婚以茶为礼，认为茶树只能从种子萌芽成株，不宜移植，所以便有了以茶为礼的婚俗，寓意"爱情像茶一样忠贞不移"。女方接受男方聘礼，叫"下茶"或"茶定"，有的叫"受茶"，并有"一家女不吃两家茶"的谚语；同时，还把整个婚姻的礼仪总称为"三茶六礼"。这些习俗现在已摒弃不用，但婚礼的敬茶之礼，仍沿用至今。

1. 婚俗茶礼

茶树是长青之树，以茶行聘，不仅象征着爱情的忠贞不渝，还喻意着婚后的幸福生活。中国各民族婚俗中的许多礼仪都与茶结下了不解之缘，茶也成为婚俗中不可缺少的内容。

很早以前，茶就被看作是一种高尚的礼品。在众多与人们生活密切相关的场合，都将茶作为一种吉祥的象征物。反映在婚礼方面，茶叶不仅成为女子出嫁时的陪嫁品，而且还逐渐演变成一种茶与婚礼的特殊形式——茶礼。

历来男婚女嫁时，男方要用一定的彩礼把女子迎娶过来。由于婚姻事关男女的一生幸福，所以，对大多数父母来说，彩礼

清乾隆象牙雕彩绘瓜瓞绵绵纹盖碗

虽具有一定的经济价值，但更值得重视的还是那些消灾佑福的吉祥之物。

茶在我国各族的彩礼中，有着特殊的意义。这一点，明人郎瑛在《七修类稿》中，有这样一段说明："种茶下子，不可移植，移植则不复生也，故女子受聘，谓之吃茶。又聘以茶为礼者，见其从一之义。"从中可以看到，当时彩礼中的茶叶被赋予了封建婚姻中的"从一"意义，从而作为整个婚礼或彩礼的象征而存在了。

我国古代种茶不易，如陆羽《茶经》所说，"凡艺而不实，植而罕茂"。由于当时受科学技术水平的限制，一般认为茶树不宜移栽，故大多采用茶籽直播种茶。道学家们为了把"从一"思想也贯穿在婚礼之中，就把当时种茶采取直播的习惯说为"不可移植"，并在众多的婚礼用品中，把茶叶列为必不可少的首要礼物，以致使茶获得象征或代表整个婚礼的含义了。

中国婚姻茶礼就像一幅多姿多彩的书画长卷。南宋时，杭州富裕之家就已经"以珠翠、首饰、金器、销金裙褶，及缎匹茶饼，加以双羊牵送"，作为行聘之礼。此后，以茶定亲行聘之俗渐成定俗。

如今我国许多农村仍把订婚、结婚称为"受茶""吃茶"，把订婚的定金称为"茶金"，把彩礼称为"茶礼"等，即是我国旧时婚礼的遗迹。

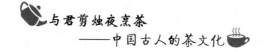

至于迎亲或结婚仪式中用茶的情况，有做礼物的，但主要用于新郎、新娘的"交杯茶""和合茶"，或向父母尊长敬献的"谢恩茶""认亲茶"等仪式，所以，有的地方也直接称结婚为"吃茶"。

2. 三茶礼

古代江南汉族地区流行"三茶礼"。"三茶"即订婚时的"下茶"，结婚时的"定茶"，合卺时的"合茶"。

当媒人上门提亲，女家以糖茶甜口，即"一茶"，含美言之意。男子上门相亲，女子就会递清茶一杯，即"二茶"。男方喝茶后将贵重之物置于茶杯中送还女方，如果女方收受，表明这门婚事业已达成。洞房前夕，要以红枣、花生、桂子、龙眼等泡茶招待客人，即"三茶"，有"早生贵子"之意。这三次喝茶，既受父母之命，又有媒妁之言。

3. 交杯茶

大多数地区结婚流行交杯酒，而在湖南北部的洞庭湖地区则流行交杯茶，在新婚夫妇拜堂入洞房前饮用，象征夫妻恩爱、家庭美满。

交杯茶具用两个小茶盅，茶水为煎熬的红色浓汁，要求不烫也不凉。由男方家的姑娘或姐嫂用四方茶盘端上，双手献给新郎新娘；新郎新娘都用右手端茶，手腕互相挽绕，一饮而尽，不能洒漏茶水。

4. 闹茶、抬茶与赞茶

婚礼茶中最热闹的要数"闹茶"了。"闹茶"是指闹新房时所行的茶礼，这在古代鄂南地区要连续闹上三天。

当主婚人宣布"闹茶"开始时，新人抬起一方茶盘，盘中有一枝红烛和四只斟上香茶的茶盅。茶盘抬到哪个客人面前，这个客人就得说上一段茶令才喝得上茶。新郎新娘通过抬茶闹茶，可以增进了解和心灵交流，对日后夫妻感情有很大作用。另外，通过三天的闹茶，也使新娘可以结识村里的人，便于日后的交往。

闹洞房的习俗全国都有，但形式却不尽相同。在湖南平江农村，历来有一种"抬茶""赞茶"闹洞房的习俗。

掌灯时分，人们陆陆续续来到新房，坐在围成一圈的松木椅子上，负责招待的人给客人送上一盏芝麻豆子茶。前来参加闹

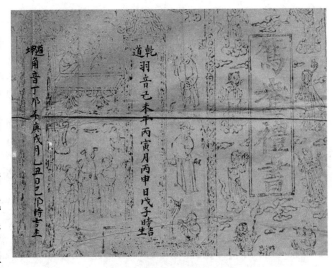

清代《鸳鸯礼书》（局部）

洞房的大都是主家的亲戚朋友、左邻右舍，有男有女，有老有少，以青年人居多。洞房中来客不分长幼辈分，也不排座次，有"洞房中不分大小"之说。

客人来得差不多时，便开始抬茶。新郎新娘相互一手搭肩搂腰，一手托起茶盘。茶盘中放着十来只碗口直径为三寸大小的茶盅，茶盅内盛满糖饼果子或花生、薯片一类食品，依次来到客人跟前。客人必须起立说赞词，说得好的方可端"茶"；说不上或说不好的，大家是不让他端"茶"的。

赞词有长有短，长短结合；有雅有俗，雅俗共赏；最少两句，最长的有十几句或是几十句，但必须押韵，内容要健康，语言要吉利。

赞词大都是即兴脱口而出，也有提前做好准备的。如：

呷嗒香茶口不干，我来赞赞新郎官。
长得体面又勤快，能说能写还会算。
扶犁掌耙是里手，撒籽插秧都能干。
善待邻里孝父母，真是村里好儿郎。

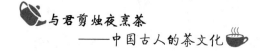
5. 以茶为媒

我国不少少数民族还有"以茶为媒"的婚俗茶礼。

德昂族就有"以茶为媒"传统习俗。德昂族的未婚男女都有自己的组织,男青年的头目叫"叟色离",女青年的头目叫"叟色别"。头目的职责是负责组织未婚男女的社交活动,以寻找意中人。若某小伙子钟情某姑娘时,便会在夜间到姑娘家的竹楼前,低声吟唱或轻吹芦笙。姑娘若无意,便不出门答理;若开门迎进,并在火塘上烧煮好茶水,请小伙子喝茶、嚼烟,那就意味着姑娘也有意了,这就是以茶为媒。

侗族则流行着一种"说茶"之礼。侗族媒人前去说媒只带两个"棕片包",分别是黄草纸包装的半斤盐巴和白皮纸包装的二两茶叶。女家父母见媒人送来"棕片包",就知道是来说亲的。媒人和女家当场交换意见后,如果女家收下"棕片包",并且用盐、茶、糯米面、黏米面、猪油等烧成油茶,端进堂屋敬奉祖先后,招待媒人,就表示说媒成功,婚事已定;如果女家不收这份"棕片礼",退还媒人,则表示女家不同意这门亲事,说媒告吹。

6. 退茶

中国大多数民族在缔婚的过程中,往往都离不开用茶来作礼仪。有趣的是,有些地区"退婚"也离不开茶。

"退茶"是贵州三穗、天柱和剑河毗邻地区侗族姑娘的一种退婚方式,侗语叫作"退谢"。订婚之后,假如姑娘不再愿意嫁给对方,就用"退茶"的方式退婚。

［唐］鎏金小簇花纹银盖碗

通常的做法是这样的：姑娘用纸包一包普通的干茶叶，选择一个适当的机会，亲自带着茶叶到未婚夫家里去，跟男家父母说："舅舅、舅娘啊！我没有福分来服侍你们老人家，你们另去找一个好媳妇吧！"说完，将茶叶包放在堂屋桌子上，转身就走。

程序虽然简单，但是要恰到好处地办妥这件事，也并不容易。这既要有胆量，又要机智、敏捷，因为这是对包办婚姻的一种反抗。因此，敢于"退茶"且又退得成功的姑娘，会得到众乡亲（特别是妇女们）的称赞。

曲院春风啜茗天：地方与民族茶俗

中国是世界茶叶的故乡，种茶、制茶、饮茶有着悠久的历史。中国又是一个幅员辽阔的国家，生活在这个大家庭中各地人民有着各种不同的饮茶习俗，正所谓是"十里不同风，百里不同俗"。

另外，我国还是一个多民族的大家庭，由于各兄弟民族所处地理环境不同、历史文化有别、生活风俗各异，因此，饮茶习俗也各有千秋，方式多种多样。不过，把饮茶看作是一种养生健身的方法和促进人际关系的纽带，在这一点上，各民族却是相同的。

1. 苏州香味茶

苏州市吴江区震泽至浙江南浔一带的人爱喝香味茶。当有客人来时，主人总会端上一杯香喷喷的香味茶来招待客人。

这种茶是用晒干的胡萝卜干、青豆、橘子皮、炒熟的芝麻和新鲜的黑豆腐干，加少许绿茶叶放在茶杯里，用开水冲泡而成。盖一掀开，一股沁人心脾的香味扑面而来；喝起来更是香醇浓郁，神清气爽，风味独特，可谓色香味俱佳。但是，喝的时候，一定要先将佐料吃掉，然后再慢慢地喝茶，绝对不能吐掉，否则就是

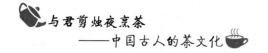

失礼。

每逢佳节泡沏"香味茶",佐料就比较讲究了。这时,晒干的胡萝卜干换成了烧熟的青竹笋,再加上一些糖桂花、糖浸橘皮与芝麻,喝起来香喷喷、甜丝丝、咸滋滋,甘美可口,沁人肺腑。冲泡至第二、第三回时,香味越来越浓,令人回味无穷。

2. 潮州功夫茶

功夫茶,并非一种茶叶或茶类的名字,而是一种泡茶的技法,因为这种泡茶的方式极为讲究,其"功夫"也是指沏泡的学问、斟品的技巧。这是汉族的一种饮茶风俗,在中国南方长盛不衰。

品功夫茶是潮汕地区很出名的风俗之一。在潮汕本地,家家户户都有功夫茶具,每天必定要喝上几轮。即使乔居外地或移民海外的潮汕人,也仍然保持着品功夫茶这个风俗。可以说,有潮汕人的地方,便有功夫茶的影子。

潮州人饮茶量为全国之最,可谓是"宁可三日无米,不可一日无茶"。自宋代以来,饮茶之风已遍及潮州。

潮州人家家都有三宝:茶壶、茶杯、木炭炉。茶壶一般为紫砂陶壶,形状小巧古朴,本身就是件具有欣赏价值的艺术品,而且壶中的茶渍越厚越珍贵。瓷制茶杯小如核桃,其壁极薄。炉子是红泥小炭炉,一般高一尺二寸。

潮州功夫茶实际上是一种讲究茶叶、水质、火候及冲泡技法的茶艺。

潮州人饮茶多选凤凰单枞、白叶单枞、凤凰八仙、黄枝香、芝兰香以及乌龙茶、铁观音等。

冲泡功夫茶除选择上乘的茶叶外,对用水有着严格的要求。被誉为"茶圣"的陆羽在《茶经》一书中有"(泡茶)以山水(水泉)上,江河中,井水下"的结论。潮州功夫茶既有科学道理,又包含着浓郁的文化意蕴。

标准的功夫茶艺,有后火、虾须水(刚开未开之水)、捅茶、装茶、烫杯、热罐(壶)、高冲、低斟、盖沫(以壶盖将浮在上面的泡沫抹去)、淋顶十法。

功夫茶主要体现在泡茶这个功夫上,它的具体做法是:

先将"缸心水"（即沉淀过的水）倒入小砂锅或铜壶里，烧开后先烫壶、盏，使壶盏都有一定的温热；再往壶中放满茶，用烧开的水在茶壶上方约2厘米的高处，对准茶壶口直冲下去，这个动作叫"高冲"。"高冲"可以使壶里的每片茶叶都能在滚水里翻动，充分受热，较快把茶叶里掺和的杂质冲击上水面并

功夫茶

溢出壶外，同时又能较快地把茶叶中的有效成分溶解开来。

然后用茶壶嘴贴着盏面斟茶，这样可以避免发出响声，也不使茶汤泛起泡沫，此为"低斟"。斟茶时，不能斟满了一盏再斟另一盏，而是按盏数多少轮番转着斟，这为"关公巡城"，每壶茶都要倒尽，直至滴完为止。饮完一轮后，要用滚水烫杯净盏，方可饮下一轮。

功夫茶浓度高，茶汤特酽，刚喝进嘴里有苦味，但马上就会感到芳香盈咽，茶味经久不散。

在外地人看来，要品一杯功夫茶其程式烦琐，但潮人因其"儒工、幼秀（即儒雅、斯文之意）"的民性使然，却乐此不疲。

功夫茶还有"大功夫、小功夫"之别。尽管普通人喝功夫茶，从制器、纳茶、候汤、冲点、刮沫、淋罐、烫杯、洒茶到品尝，都有一套考究的程式，但这仅是"小功夫"。"大功夫"是指那些"老茶客"，除讲究"高冲低洒、刮沫淋盖、关公巡城、韩信点兵"等一整套冲泡手艺之外，还需经过再三礼让，端起杯来，一闻其香，二观其色，三再慢斟细呷，让其色、味、香经喉入脑，不由让人提神醒脑，甚至还能品尝出人生先苦后甘之况味来。

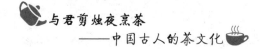

3.昆明九道茶

九道茶主要流行于中国西南地区，以云南昆明一带最为风行。因饮此茶有九道程序，故名"九道茶"。

泡九道茶一般以普洱茶最为常见，多用于家庭接待宾客，所以，又称迎客茶。

温文尔雅是饮九道茶的基本方式：

一是赏茶。将珍品普洱茶置于小盘，请宾客观形、察色、闻香，并简述普洱茶的文化特点，激发宾客的饮茶情趣。

二是洁具。迎客茶以选用紫砂茶具为上，通常茶壶、茶杯、茶盘一色配套。多用开水冲洗，这样既可提高茶具温度，以利茶汁浸出，又可清洁茶具。

三是置茶。一般视壶大小，按1克茶泡50～60毫升开水比例将普洱茶投入壶中待泡。

四是泡茶。用刚沸的开水迅速冲入壶内，至3～4分满。

五是浸茶。冲泡后，立即加盖，稍加摇动，再静置5分钟左右，使茶中可溶物溶解于水。

六是匀茶。启盖后，再向壶内冲入开水，待茶汤浓淡相宜为止。

七是斟茶。将壶中茶汤分别斟入半圆形排列的茶杯中，从左到右，来回斟茶，使各杯茶汤浓淡一致，至八分满为止。

八是敬茶。由主人手捧茶盘，按长幼辈分，依次敬茶示礼。

九是品茶。一般是先闻茶香清心，继而将茶汤徐徐送入口中，细细品味，以享饮茶之乐。

敬茶迎客

4. 湖州咸茶

咸茶是传统饮料之一，流行于浙江的杭州、嘉州、湖州一带。湖州的咸茶最有特色，家里来了亲戚或者尊贵的客人，热情的湖州人会奉上一杯馨香浓郁的湖州咸茶。

冲泡咸茶，先将细嫩的茶叶放在茶碗中，用竹爿瓦罐专煮的沸水冲泡；尔后，用竹筷夹着腌过的橙子皮拌芝麻放下茶汤，再放些熏青豆、糖桂花、笋干、胡萝卜等，少顷即可趁热品尝，边喝边冲，最后连茶叶带佐料都吃掉。

品饮咸茶，讲究头开闻香，二开闻味，三开过后往往连汤带茶叶、熏豆和作料都一块吃掉。品饮咸茶时，可以添加作料，也可只冲茶水再吃。

"橙子芝麻茶，吃了讲胡话。"意思是咸茶有明显的兴奋提神作用，尤其在冬春之交，夜特别长，晚上吃些咸茶，顿消白天疲劳，补充夜间温饱，还具有消食、开胃、通气的功效。

风行吃咸茶的地方，还流传不少的饮茶风俗，如"打茶会""阿婆茶""新家婆茶""新娘子茶""毛脚女婿茶"等，把饮茶与娶妻会友融合在一起，增添了茶的韵味，吃起来也要有功夫。

5. 商榻"阿婆茶"

阿婆茶是上海商榻地区流传的一种饮茶习俗，其主要形式为邻里之间轮流做东，大家以茶为媒介，互通信息，营造和谐的邻里关系。此外，阿婆茶的"炖茶"方式也很有古韵。

关于"阿婆茶"还有一段动人的传说。

很早以前，在淀山湖中的山

阿婆茶陈列馆内景

上住着一个名叫阿蒲的老婆婆。她在山上种了许多茶树，每年春季采茶的时候，阿蒲总会带上她的茶叶到各地销售。有一次路经商榻时，她看见一群穷苦的乡亲们，就顺手送了一些茶叶给他们，以后每年的这个时候她都这样做。此后商榻就开始有了茶叶，乡亲们也养成了用茶解渴的习惯。

过了很多年，淀山湖中的山忽然不见了，阿蒲也不知去向，但喝茶的习俗却在商榻"生根发芽"。人们为了纪念这好心肠的阿蒲婆婆，就把所喝的茶称作"阿蒲茶"。后来，人们觉得这样直呼其名，显得不太尊重，于是把"蒲"改成了"婆"。

有专家从科学的角度对"阿婆茶"的历史进行了考证，从许多商榻居民家中保存下来的祖传茶具，如印有宋代景德年号的青花小瓷碗、釉色艳丽、图案华美的盖碗，形象逼真、古朴典雅的莲花观音茶壶和胎薄质细、小巧玲珑的茶盅，可以看出"阿婆茶"至少产生于元明时期，但是确切的年代尚无定论。

商榻的男女老少都喜爱喝"阿婆茶"，而且这种茶对水、器的讲究也很奇特。水一定要用河里的活水，水壶往往是陶瓦之器。炉子则是用烂泥、稻草和稀泥后套成的，叫风炉。据说可以省柴，而且火很旺。

"阿婆茶"还有一种古老而又别具风韵的喝茶方式——"炖茶"。即用陶瓦罐盛水，并用木柴燃煮，其间禁止与金属物品接触，据说这样可以使茶的色、香、味保持原味。

此外，沏茶也要用密封性能较好的盖碗，并注意掌握沏茶的时间和水量。首次沏茶，一般只能用少量的开水沏泡，这叫"点茶"。然后，迅速将盖子捂上，隔5分钟，再冲入开水至八分满即可。

商榻人喝"阿婆茶"时，还讲究茶点。除了为大众所熟悉的咸菜，还备有橄榄、话梅、蜜枣、花生、糖果、瓜子以及各色糕点等。

喝"阿婆茶"，一般是在三个时间段，即上午七八点钟，下午二三点钟和晚上七八点钟。喝茶人数一般三五人为一组，喝茶时主人要在桌上盛几碟腌菜、酱瓜、酥豆、萝卜干之类，以供喝茶者品尝。

但是最为传统的"阿婆茶"习俗是在商榻镇西隅的周庄，喝茶者多为五六十岁的老妇人。每到下午，她们便在"做东"的老人家中聚集，拿出祖传的茶具、上好的茶叶，用风炉炖开冲泡，并备有各式茶点，既有蜜枣、桂圆等高级蜜饯或干果，也有一般人家的花生、糖果、熏豆、咸菜、萝卜干等。

老太太们寒暄一番后，便入座，边喝茶吃糖果，边谈论天南地北的奇闻轶事及家庭生活琐事，饮完后再约定下次的"东家"。

商榻的青年一般在晚上喝"阿婆茶"，与老人相比，他们的饮茶方式比较欢快，不仅人数多，而且气氛热烈，有唱小调的、说评书的，还有拨弄琴弦的，别有一番风味。

以阿婆茶为源头，商榻地区逐渐衍生出很多种喝茶名目，如：

春茶：指每年春节到来之际的饮茶仪式。

满月茶：指主人家为新生婴儿满月时举办的一种饮茶方式。

撬臀茶：指女儿在举行结婚仪式的前几天，左邻右舍请新娘吃茶的风俗。

监生茶：指小孩降生后要请邻居吃茶。

寿头茶：指小女孩长到13周岁后，父母就邀左邻右舍吃茶。

此外，还有状元茶、回门茶、十二早茶、新月茶、元宝茶、元宵茶、农闲茶、定亲茶、望朝茶、进屋茶、生日茶，等等，名目繁多。

6. 藏族酥油茶

藏族主要分布在我国西藏，在云南、四川、青海、甘肃等省的部分地区也有。这里地势高，有"世界屋脊"之称，空气稀薄，气候高寒干旱。

藏族人民以放牧或种旱地作物为生，当地蔬菜瓜果很少，常年以奶肉、糌粑为主食。在长期的实践过程中，藏族民众渐渐懂得，蔬菜所含有的营养成分，可以通过茶叶来补充，"其腥肉之食，非茶不消；青稞之热，非茶不解"。因此，茶便成了当地人们补充营养的主要来

藏族酥油茶

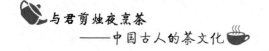

源，并创造了独特的打制酥油茶的方法。

酥油茶的制作，是先将砖茶（大叶粗茶压制的砖茶）用水熬制成茶汁，再在茶汁里加入酥油和食盐，还可根据需要加入事先已炒熟、捣碎的核桃仁、花生米、芝麻粉、松子仁之类，倒入竹制或木制的茶筒；然后用一种顶端装有圆形木饼的木棍，上下抽拉，使茶、油和食盐达到水乳交融。根据经验，当抽打时打茶筒内发出的声音由"咣当、咣当"转为"嚓、嚓"时，表明茶汤和佐料已混为一体，酥油茶才算打好了。最后倒进锅里加热，便成了香味浓郁的酥油茶，随即将酥油茶倒入茶瓶待喝。

藏族喝酥油茶有一定的规矩，一般是边喝边添加，不能一口喝干。家中来了客人，客人的茶碗总是斟满的。假如自己不想喝，就不要动茶碗；如果喝了一半，不想再喝，主人会将茶水斟满，等到告别时一饮而尽，主人也会感到十分高兴，这才符合藏族的习惯和礼仪。

由于酥油茶是一种以茶为主料，并加有多种食料经混合而成的液体饮料，所以，滋味多样，喝起来咸里透香，甘中有甜，既可暖身御寒，又能补充营养。

在西藏草原或高原地带，人烟稀少，家中少有客人进门。偶尔有客来访，可招待的东西很少，加上酥油茶的独特作用，因此，敬酥油茶便成了西藏人款待宾客的珍贵礼仪。

又由于藏族同胞大多信奉喇嘛教，当喇嘛祭祀时，虔诚的教徒要敬茶，有钱的富人要施茶。他们认为，这是"积德""行善"，故在西藏的一些大喇嘛寺里，多备有一口特大的茶锅，通常可容茶数担。遇上节日，向信徒施茶，算是佛门的一种施舍。

藏族的酥油茶浓涩带咸，油香醇美，风味独特。它不仅是藏民日常饮食中的必备之物，还有很多美丽的传说，同时敬酥油茶是藏族最为庄重的礼节。

传说在很久以前，一对男女青年在放牧中遥相歌唱彼此相爱，男的叫文顿巴，女的叫美梅措。他俩的相爱遭到了姑娘的主人、一个凶恶的女土司的反对，她指使打手们用毒箭射死了年轻英俊的文顿巴。善良的美梅措悲痛万分，在焚烧文顿巴尸体的时候，她冲进大火一起化为灰烬。

狠毒的女土司知道后，又下令设法把他俩的骨灰分开埋葬。可是第二年在埋骨灰的地方长出了两棵树，枝桠相抱，象征着他俩永恒的爱情。女土司得知之后，又生毒计，命人将树砍断。于是，他们又变成一对比翼双飞的鸟儿，一个乘祥云来到藏北羌塘变为白花花的盐，一个腾云驾雾到林芝变为嫩绿的茶林。

每当藏人捧起酥油茶的时候，便会想起这对生死不离的情侣。

实际上，藏族饮酥油茶的风俗习惯，还应归功于文成公主。文成公主入藏时，带去了内地的茶叶，并提倡饮茶，而且亲制奶酪和酥油，创制了酥油茶，还赏赐给一些大臣，自此酥油茶便成了赐臣敬客的隆重礼节。后来，酥油茶流传到民间，成为藏族人民的一种饮食风俗。

7. 蒙古族奶茶

蒙古族主要聚居在内蒙古自治区，其余分布在中国的东北、西北地区。蒙古族人以游牧为生，因此他们以牛、羊肉和奶制品为主食，喜欢吃烤肉、烧肉、手抓肉和酸奶疙瘩等。

蒙古族嗜茶，且视茶为"仙草灵丹"，过去一块砖茶可以换一头羊或一头牛，草原上还有"以茶代羊"馈赠朋友的风俗习惯。

蒙古族牧民日常饮用的茶有三种：酥油茶、奶茶、面茶。

奶茶，蒙古语叫"乌古台措"，是在煮好的红茶中加入鲜奶制成。

蒙古民族特别喜欢喝咸奶茶，并将其视为上等饮品，一日三餐均不能缺少。用砖茶、鲜奶、盐熬制而成的奶茶，既有奶的芳香却不像奶那么腻，又有茶的清淡却不像茶那么涩，堪称饮品中的奇珍。

蒙古族人还提倡"三茶一饭"，即每天早、中、晚要

蒙古族奶茶

喝三次茶，只在收工回家的晚上，一家人才欢聚一起吃一顿饭。其中的"三茶"也不是单纯的饮茶，而是有许多辅食，如炒米、奶饼、油炸果、手扒肉、馍馍和酥油等。而且喝的也不是清茶，就是加了盐的奶茶，富含营养。因此，即便是"三茶一饭"也不会有饥饿感。

一般而言，蒙古族妇女煮奶茶的手艺都很高明。因为在蒙古族风俗中，姑娘在未出嫁之前，母亲就要向她传授煮茶技艺。儿女结婚时，新娘到男方家，拜过天地、见过公婆后，第一件事，就是在前来贺喜的亲朋好友面前，展示煮茶的本领，并亲自敬茶，让宾客们品饮，显示不凡的煮茶手艺。否则，就会被认为缺少家教，不善打理家事。

蒙古族的奶茶用的是青砖或黑砖等紧压茶。煮茶的方法，因地区不同而各有差异。煮茶时，先将砖茶砸碎、掰成小块，放入茶壶或锅内，再加水煮沸，而后加入适当的鲜奶。接着放上盐，就算把咸奶茶烧好了。

煮咸奶茶表面看起来十分简便，其实，用什么锅煮茶、茶放多少、水加几成、何时投奶放盐、用量多少，都大有讲究。其中，最为正宗的做法是，将掰开砸碎的砖茶用铜茶壶煮沸，过一夜，第二天把澄清的茶水倒入水桶，用有 8 个圆孔的木塞上下捣动，直到把浓茶捣成白色为止。将捣好的茶水倒入锅内，加入牛奶、羊奶或骆驼奶以及黄油、葡萄、蜂蜜、食盐和萝卜干的细面儿，再点火烧沸即成。奶茶要做到器、茶、奶、盐、温五者相互协调，达到热乎乎、咸滋滋、油糯糯的效果。

蒙古族人十分好客，当客人进入蒙古包坐定之后，主人便热情地用双手把一碗热气腾腾的奶茶端到你的面前，为你接风洗尘。蒙古包的长条木桌上还摆放手抓肉、炒米、奶制品、点心等辅茶之物，任客人享用。只要置身其境，就会感到一股暖流涌上心头。

尤其是家中有重要客人来访，女主人会把茶壶交给男主人，由男主人把第一碗茶用双手递给坐在席位正中的长者或客人，其后向两旁依次递过。待大家都有了茶后，主人便招呼大家喝茶。假如是远道来的客人，主人还会热情相劝，希望客人多喝几碗。

如果客人光临家中而不斟茶，就会被视为草原上最不礼貌的行为，并且此事还会迅速传遍每家每户，从此各路客人均绕道而行，不屑一顾。如若去亲戚朋友家中做客或赴重大的喜庆活动，带去一块或几块熬制奶茶的砖茶，则被认为是上等的礼物，显得大方、体面、庄重、丰厚，会赢得主人的赞誉。

下面说一下哈萨克族人的奶茶。

哈萨克族最为普遍的食物就是手抓羊肉和奶茶，这与当地的风俗和自然条件有关，喝奶茶已成为当地生活的重要组成部分。

与蒙古族奶茶不同，它是用小汤勺舀上稠厚的牛奶放在茶碗里，再先后兑入茶汁和白开水，再放上两块方块糖，便可以用馕蘸着酥油、蜂蜜饮用。哈萨克族牧民习惯于一日早、中、晚喝三次奶茶，中老年人还得在上午和下午各增加一次。

如果有客人从远方来，那么，主人就会立即迎客入帐，席地围坐。好客的女主人当即在地上铺一块洁净的白布，献上烤羊肉、馕、奶油、蜂蜜、苹果等招待，再奉上一碗奶茶。然后一边谈事叙谊，一边喝茶进食。

8. 纳西族“龙虎斗”茶

纳西族聚居于滇西北高原的玉龙雪山和金沙江、澜沧江、雅砻江三江纵横的高寒山区。

用茶和酒冲泡调和而成的“龙虎斗”茶，被认为是解表散寒的一味良药，因此，“龙虎斗”茶一直受到纳西族的喜爱。

“龙虎斗”茶制作方法十分奇特。首先用水壶将水烧开，与此同时，另选一只小陶罐，放上适量茶，连罐带茶烘烤。为免使茶叶烤焦，还要不断转动陶罐，使茶叶受热均匀。待茶叶发出焦香时，往罐内冲入开水，烧煮 3 ~ 5 分钟。同时，另准备茶盅，一只放上半盅白酒，然后将煮好的茶水冲进盛有白酒的茶盅内。这时，茶盅内就会发出“啪啪”的响声。纳西族人将此看作是吉祥的征兆，声音愈响，在场者就愈高兴。

需要注意的是，冲泡“龙虎斗”茶时，只许将茶水倒入白酒中，切不可将白

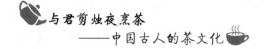

酒倒入茶水内。

9. 瑶族打油茶

"打油茶"，又称"油茶"或"煮油茶"，主要流行于广西东北部、贵州东南部和湖南西南部等地区，是瑶族、侗族、苗族、壮族等民族的传统食品，其中瑶族的油茶最具代表性。

瑶族有家家打油茶、人人喝油茶的习惯。一日三餐，必不可少。早餐前吃的称早餐茶，午饭前吃的称响午茶，晚餐前吃的称为后响茶。

瑶族"打油茶"做法讲究，佐料多样，香气逼人，营养丰富，具有特殊的风味。因此，凡在喜庆佳节，或亲朋贵客进门，瑶族人总喜欢用油茶来款待客人。

据说，明朝时千家洞瑶人不交皇粮，官府派兵清剿，于是千家洞瑶族人逃到了广西恭城一带。其中有一支瑶族八房人，人数比较多，选择了地势较平坦的嘉会定居下来。

他们来到此地，不仅延续了瑶族的文化，而且带来了瑶族的美食——油茶。嘉会瑶族的油茶之所以得到传播，是因为嘉会瑶族定居在茶江河边，掌控着茶江水道。清朝时，在茶江上打鱼的人，都要向他们交税。他们建有唐黄庙，每三年举行一次盛大的庙会，对前来参加庙会的外族人，八房人都用打油茶盛情接待。所以，附近各族群众都来踊跃参加，喝油茶及油茶待客的习俗得以传播。

瑶族打油茶虽然叫"茶"，但并不是单纯的饮料，它更像是一种日常的食物。瑶族人进餐时，全家人都围坐在火塘边，主妇把碗摆在桌面上，在每只碗内放上少量葱花、茼蒿、菠菜等，然后用

瑶族打油茶

滚开的油茶一烫，随后再加入两匙米花、花生、黄豆等佐料，最后由主妇一碗一碗递给全家人吃。

瑶族的打油茶集咸、苦、辛、甘、香五味于一体，早上喝它食欲大增，中午喝它提精养神，晚上喝它消除疲劳；盛夏喝它消暑解热，严冬喝它祛湿驱寒。

瑶族人日常食用油茶时，副食品也可视具体情况增减，当然也有只饮油茶的吃法。但如果是招待客人，那么就需准备丰盛的副食品了。

在瑶族的习俗中，打油茶不仅是一种生活必需品，更是当地待客的一种礼俗。按瑶族的风俗，凡是到家里来的客人，不喝饱油茶是不准走的。主妇给客人敬上油茶后，还会在碗旁摆上一根筷子，筷子是用来拨碗里佐料的。主人敬茶的次数最多可达十六次，最少不少于三次。如果客人喝了三碗不想要了，那就用筷子把碗里的佐料拨干净吃掉，然后把那根筷子横放在碗口上，主人就不会再给客人添油茶了；如果筷子总往桌子上放，主人就会给客人继续添油茶。

此外，贵州的布依族，广西的侗族、苗族同胞都爱喝打油茶。不过，他们的做法略有不同。布依族的打油茶做法是，先把黄豆、玉米、糯米等用油炒熟混合放在茶碗里，然后用油把茶叶炒香后放入少量的姜、葱、盐和水煮，直到沸腾为止，去渣后倒入茶碗里拌匀即成打油茶。布依族同胞有"早茶一盅，一天威风；午茶一盅，劳动轻松；晚茶一盅，全身疏通；一天三盅，雷打不动"之说。

广西的侗族人不仅喜好喝油茶，而且还经常举办规模不等的油茶会。

小型油茶会，一般是亲戚之间在春节期间的小聚会。人数一二十人，可轮流招待吃油茶，互祝新年愉快、五谷丰登、六畜兴旺等。大家谈谈笑笑，气氛祥和欢乐。

中型油茶会，大都是娶媳妇、嫁女儿、生小孩、新居落成的主人家请客吃油茶。这种油茶会一般有三四十人参加，人们纷纷前来向主人道喜祝贺。

大型油茶会是在全寨男女青年聚会、议事、娱乐时举行，或者是为寨与寨之间的男女青年间的社交活动而举行的。譬如，某一寨的男女青年要到另一寨去集体做客，为了商议准备事项而举行的油茶会，就是大型油茶会。另外，集体做客回来，对方送了糯米粑粑，就要举行全寨油茶聚会，庆贺这次社交活动的成功。这种油茶会的规模可达到一百多人。

10. 白族三道茶

三道茶，也称三般茶，是云南白族招待贵宾时抒发感情、祝愿美好，并富于戏剧色彩的一种饮茶方式。

三道茶不但历史悠久，也是白族人用来招待客人的一种茶礼，以其独特的"头苦、二甜、三回味"的茶道早在明代时就已成了白家待客交友的一种礼仪。

喝三道茶，当初只是白族用来作为求学、学艺、经商、婚嫁时，长辈对晚辈的一种祝愿。后来应用范围日益扩大，成了白族人民喜庆迎宾时的饮茶习俗。

关于三道茶的来历，还有一个传说。

很久以前，在大理苍山脚下，住着一位老木匠。一天，他对徒弟说："你要是能把大树锯倒，并且锯成板子，一口气扛回家，就可以出师了。"

于是徒弟找到一棵大树便锯了起来，但还未将树锯成板子，就已经口渴难忍了。徒弟只好随手抓了一把树叶，放进口中解渴，直到日落，才将板子锯好，但是人却累得筋疲力尽。这时，师傅递给徒弟一小包红糖笑着说："这叫先苦后甜。"

徒弟吃后，顿时有了精神，一口气把板子扛回家。此后，师父就让徒弟出师了。

分别时，师父舀了一碗茶，放上些蜂蜜和花椒叶，让徒弟喝下去后，问道："此茶是苦是甜？"徒弟答："甜、苦、麻、辣，什么味都有。"

师父听了说道："这茶中情由，跟学手艺、做人的道理差不多，要先苦后甜，还得好好回味。"

自此，白族的三道茶就成了晚辈学艺、求学时的一套礼俗。

据史料记载，白族三道茶起源于唐朝，当时南诏国的白族人民就有了饮茶的习惯，尤其是每逢有重大祭祀、作战凯旋、迎接国宾、南诏王出巡等各种盛典，都要举行"三道茶歌舞宴"。唐代天宝年间，西南节度使郑回奉命出使南诏国，南诏王就以盛大的"三道茶歌舞宴"为郑回接风。而且南诏王为了强健身体、延年益寿，每天清早都喝三道茶。

三道茶在南诏中期，才开始从宫廷流传到民间的大户人家。最初专供长辈 60 岁生日时在寿宴上饮用，以祝老人吉祥。后来，也用于婚礼。到了宋元时期，白族民间普遍风行三道茶，用来招待远道而来的客人。三道茶的冲泡方式，也渐渐形成了一套程序。

三道茶分三次用不同的配

清代青玉菊瓣纹带盖碗

料泡茶，风味各异，概括为"头苦二甜三回味"。

第一道为"苦茶"。制作时，先将水烧开，由司茶者将一只小砂罐置于文火上烘烤。待罐烤热后，即取适量茶叶放入罐内，并不停地转动砂罐，使茶叶受热均匀。待罐内茶叶转黄，茶香喷鼻，即注入已经烧沸的开水。少顷，主人将沸腾的茶水倾入茶盅，再用双手举盅献给客人。因此茶经烘烤、煮沸而成，看上去色如琥珀，闻起来焦香扑鼻，喝下去滋味苦涩，通常只有半杯。

第二道茶称为"甜茶"。当客人喝完第一道茶后，主人重新用小砂罐置茶、烤茶、煮茶，并在茶盅里放入少许红糖、乳扇、桂皮等。这样沏成的茶，香甜可口。

第三道茶是"回味茶"。其煮茶方法相同，只是茶盅中放的原料已换成适量蜂蜜、少许炒米花、若干粒花椒、一撮核桃仁，茶容量通常为六七分满。这杯茶，喝起来甜、酸、苦、辣，各味俱全，回味无穷。

除了白族之外，江苏吴江也有三道茶，主要流行于吴江西南部的农村，它的特点是"先甜后咸再淡"。

头道茶也叫饭糍干茶。这是一道不用茶叶的茶礼，只是饭糍干加糖冲上开水泡成的，饮用十分方便。但饭糍干的制作却非常复杂，所以也彰显出此茶在礼仪上的重要性，一般是用来招待贵客，或是招待第一次上门的新客。

第二道是熏豆茶。其主要用料是熏豆和茶叶，再辅以炒熟的芝麻、晒干的胡萝卜条和橘子皮，还有新鲜的震泽黑豆腐干之类。此茶的特点是多色多味，乡土气息浓郁。

最后一道是清茶，当地人又称之为淡水茶，就是用开水冲泡的茶叶。

所以吴江三道茶的程序大致可以概括成先吃泡饭，再喝汤，最后饮茶。

浙江湖州也有"三道茶"。湖州"三道茶"扬名于唐朝，是江南农村独有的特产，用于逢年过节、喜庆节日招待宾客或是第一次上门的新客人及来访的亲戚。

湖州"三道茶"，包括头道甜（甜茶）、次道咸（咸茶）和三道清（清茶）三种不同风味的茶。

头道茶是风枵茶，又名糯米锅糍（糯米锅巴）。选用太湖糯米经纯手工摊制而成，口感清香、润滑。风枵茶历史悠久，史记唐天宝年间就开始作为朝廷贡品。

二道茶是防风茶，又称熏豆茶，以熏豆、胡萝卜丝、茶叶为主要原料加白芝麻、香苏子、枸杞子等配制。

三道茶是清茶，采用天目山脉的湖州名茶（莫干黄芽、长兴紫笋、安吉白片）沏泡后清香持久、醇和生津、提神健脑。

在湖州，还有"喝三道茶，当毛脚女婿"的说法，说的就是当准女婿到女方家能够喝到"三道茶"，才能算是得到准岳母的认可。

有个民谣"一碗满口甜，二碗精神爽，三碗促膝拉家常"，说的就是准岳母以茶招待初次上门拜访的准女婿，从泡茶的次数及准岳母的表情，可以看出准岳母对准女婿的满意程度。只泡一道茶，代表不太满意；泡两道，意谓有待考证；泡三道，就是非常满意。之后，准岳母就会用清茶相待，继续与男方拉家常，这时的准女婿才算是过了"第一关"。

11. 撒拉族"三炮台"茶

撒拉族主要聚居在青海循化撒拉族自治县，其余分布在青海、甘肃、新疆等州县。

"三炮台"兼具色、香、味、形四美，撒拉族人认为喝三炮台碗子茶，次次有味，且次次不同，又能去腻生津、滋补强身，是一种甜美的养生茶。

"三炮台"茶因配料的不同而起不同的名字，有的叫"红糖砖茶"，有的叫"白糖清茶"。最有名的是"八宝茶"，配料为芝麻、花生仁、红枣、核桃仁、柿饼、葡萄干、枸杞、桂圆肉、杏干、银耳、冰糖等。

"三炮台"的茶具由茶盖、茶碗、茶碟组成，瓷质细腻、精巧美观、古色古香，整套茶具很像炮台。

给客人上"三炮台"茶，要在吃饭以前。倒茶时，把碗盖揭开，在茶碗里放进香茗、桂圆、冰糖等，注入开水，加盖后捧递。

喝三炮台碗子茶时，一手提碗，一手握盖，并用碗盖随手顺碗口由里向外刮几下，这样一则可以刮去茶汤面上的漂浮物；二则可以使茶叶和添加物的汁水相融。如此，一边啜饮，一边不断添加开水，直到糖尽茶淡为止。

由于三炮台碗子茶有一个刮浮漂物的过程，因此，又有称三炮台碗子茶为刮碗子茶的。

"三炮台"在汉族和回族中盛行。

12. 土家族擂茶

擂茶，顾名思义，就是把茶叶和一些配料放进擂钵里擂碎后用沸水冲泡而成的茶。福建西北部，广东的揭阳、普宁等地，湖南的桃花源一带，很多民族有喝擂茶的风俗。

居住在武陵山区的土家族，千百年来流传着一种古老的擂茶。擂茶不仅喝起来清凉可口，滋味甘醇，又有防病抗衰之功效。它不仅是土家族的常备饮品，也是其招待宾客的传统礼仪。

关于擂茶的起源，传说三国时张飞率兵进攻武陵壶头山（今湖南省常德市境内），路过乌头村时，正值盛夏，军士个个筋疲力尽；再加上这一带流行瘟疫，数百将士病倒，生命垂危。张飞只好下令在山边石洞屯兵，健康的将士有的外出寻药求医，有的帮助附近百姓耕作。当地有位土家族老人，见张飞军纪严明，所

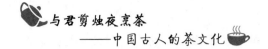

到之处秋毫无犯，非常感动，便主动献出了祖传秘方——擂茶。士兵服后，病情好转，避免了瘟疫的流行。为此，张飞感激不已，称老人为"神医下凡"。

从此以后，土家族百姓也养成了喝擂茶的习惯，还把擂茶称为"三生汤"。

制作擂茶，一般选取新鲜茶叶、生姜、生米为原料，视不同口味，按一定的比例混合后放入擂钵中。擂钵是用山楂木制成，中间为一弧形凹槽。槽中放一个两头有柄的碾轮，双手推动碾轮，可将三种原料研成糊状。然后将糊状原料倒入锅中，加水煮沸 5~10 分钟，便制成擂茶。

擂茶之所以能治病健身，是因为其中的茶可清心明目、提神祛邪；姜能理脾解表、去湿发汗；生米则可健胃润肺、和胃止火。茶、姜、米三者相互搭配协调，更有利于药性的发挥，经常饮用，的确能起到清热解毒、通肺的功效。因此，传说中的擂茶是治病良药，也具有一定的科学道理。

一般来说，土家族人冬天喝擂茶是用开水冲饮，到了夏天则加白糖用凉水调匀饮用。

实际上，擂茶中的配料除了茶、姜、米，还可增配炒芝麻、花生仁、炒黄豆、绿豆、玉米、炒米花等，这样吃茶可以达到香、甜、咸、苦、涩、辣一应俱全的效果。也可根据每个人的不同口味，或加盐巴，或加白糖，咸味甜味各取所需。

此外，喝擂茶还有许多辅助食品，如瓜子、豆类、墩子、米泡、锅巴、坛菜、桂花糖、牛皮糖等等，大碟小盘，少的七八种，多的则三四十种。

擂茶不仅是土家族的日常饮品，也是其招待宾客的一种礼仪。有些地区还有贺喜吃擂茶的习俗，但最有代表性的是新房落成之后的"送擂茶"。

擂钵

送擂茶时，要用一个精致的大茶盒装好。茶盒用香樟或杉木制成，并漆成鲜红色，上面镌刻着花鸟等图案，有的茶盒上还绘着《王母庆寿图》，两边刻有对联："茶糖果豆香喷喷，福禄寿禧乐盈盈。"

打开茶盒，里面有四格雕龙镂凤的活动匣子，每格可放两个碟子。八个碟子里都盛满了各种"换茶"（一种茶点）。最底下一层是一个单独的大匣子，似抽屉形状，装饰得更加漂亮，里面放着已经擂好了的擂茶粉。

除土家族擂茶外，客家人也有煮擂茶的习俗。制作客家擂茶的主料很简单，主要是大米或爆米花，但配料很复杂，先把花生、芝麻、茶叶、金不换或者苦辣芯，放在擂钵里，用擂茶棍擂成糊糊，冲上开水，然后在砂锅里炒些萝卜干、甘蓝菜、大葱、青葱、黄豆、树菜等，或者再配些瘦肉丝、虾仁米、鱿鱼等，最后将主料和配料混合即可。客家的擂茶吃起来甜、酸、辣、苦、咸五味俱全，很有风味。

特别是到了每年正月初七，家家户户都吃擂茶。因是初七，用七种菜，故称"七样菜茶"；也有用十五种菜的，则称"十五种菜茶"。

擂茶也是客家的待客礼仪，如姑娘出嫁之前，凡是接受喜糖的邻居，都要请新娘吃擂茶，以表祝贺之意。

13. 基诺族凉拌茶和煮茶

基诺族主要聚居在云南省西双版纳傣族自治州景洪县的基诺民族乡，少部分散居在景洪县的勐旺、勐养、橄榄坝、大渡岗和勐腊县的象明、勐仑等地。

基诺族喜爱吃凉拌茶，其实是中国古代食茶法的延续，是一种较为原始的食茶法，基诺族称它为"拉拔批皮"。

凉拌茶以现采的茶树鲜嫩新梢为主料，再配以黄果叶、辣椒、大蒜、食盐等制成，具体可依各人的爱好而定。制作时，可先将刚采来的鲜嫩茶树新梢，用手稍加搓揉，把嫩梢揉碎，然后放在清洁的碗内。再将新鲜的黄果叶揉碎，辣椒、大蒜切细，连同适量食盐投入盛有茶树嫩梢的碗中。最后，加上少许泉水，用筷子搅匀，静止一刻钟左右，即可食用。

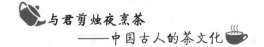

与其说凉拌茶是一种饮料，还不如说它是一道菜更确切，主要是在吃米饭时当菜吃的。

基诺族的另一种饮茶方式，就是喝煮茶，这种方法在基诺族中较为常见。其方法是先用茶壶将水煮沸，随即在陶罐内取出适量已经过加工的茶叶，投入正在沸腾的茶壶内。两三分钟后，当茶汁已经浸出时，即可将壶中的茶注入竹筒，供人饮用。

14. 傈僳族油盐茶与雷响茶

傈僳族主要聚居在云南北部怒江傈僳族自治州的碧江、福贡、贡山、泸水四县，其余散居在附近的腾冲和四川接壤的地区，多与汉、白、彝、纳西等民族交错杂居，是一个质朴而又十分好客的民族。

喝油盐茶是傈僳族广为流行而又十分古老的饮茶方法。

傈僳族喝的油盐茶，制作方法奇特。首先将小陶罐在火塘（坑）上烘热，然后在罐内放入适量茶叶，在火塘上不断翻，使茶叶烘烤均匀。待茶叶变黄，并发

雷响茶制作场景

出焦糖香时，再加上少量食油和盐。稍适，再加水适量，煮沸 3 分钟左右，就可将罐中茶汤倾入碗中待喝。

油盐茶因在茶汤烧煮过程中加入了食油和盐，所以，喝起来香喷喷、油滋滋、咸兮兮，既有茶的浓醇，又有糖的回味。傈僳族同胞常用它来招待客人，也是家人团聚喝茶的一种生活方式。

此外，聚居在云南省怒江的傈僳族有喝雷响茶的风习。其制法是：

先用一个大瓦罐将水煨开，再把饼茶放在小瓦罐里烤香，然后将大瓦罐里的开水加入小瓦罐熬茶。五分钟后滤出茶叶渣，将茶汁倒入酥油筒内，倒入两三罐茶汁后加入酥油，再加入事先炒熟、碾碎的核桃仁、花生米、盐巴或糖、鸡蛋等。

最后将一块有一个洞的放在火中烧红的鹅卵石放入酥油筒内，使筒内茶汁作响，犹如雷鸣一般。响声过后马上使劲用木杵上下抽打，使酥油成雾状，均匀溶于茶汁中，打好倒出趁热饮用。

15. 哈尼族土锅茶

哈尼族人绝大部分集中聚居于滇南红河和澜沧江的中间地带，其余分布在普洱、勐海、景洪、勐腊、禄劝、新平等地。

喝土锅茶是哈尼族的嗜好，哈尼语称"绘兰老泼"，是一种古老而简便的饮茶方式。这种茶水，汤色绿黄，温度适中，清香润喉，回味无穷，是哈尼人待客的一种古老习俗。

煮土锅茶的方法比较简单，一般凡有客人进门，主妇先用土锅（或瓦壶）将水烧开，随即在沸水中加入适量茶叶；待锅中茶水再次煮沸 3 ~ 5 分钟后，将茶水倾入用竹制的茶盅内，一一敬奉给客人。

平日，哈尼族人也喜欢在劳动之余，一家人喝茶叙家常，以享天伦之乐。

16. 佤族苦茶

佤族主要聚居在云南省西南部的西盟、沧源、孟连、耿马等县。

佤族地区处于澜沧江和萨尔温江之间，怒山山脉南段地带。山峦重叠，平坝

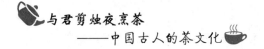

极少，被称为阿佤山。

佤族人民至今仍保留着一些古老的生活习惯，喝苦茶就是其中之一。

佤族人民世代嗜好饮茶，而且喜欢饮酽茶。由于每次投入的茶叶多，水量相对少，熬煮出来的酽茶水，味道极苦，故称之为苦茶。

苦茶是阿佤人的日常饮料。煮茶选用的茶叶，一般都是阿佤山上初制的绿茶或自制的大茶叶。每次取一两左右的干茶放进砂罐中熬煮，一直要熬到茶水颜色如中药汤一样黑红为止。喝了这种茶，有清凉透脾的感觉，对于酷热中的佤族人民来说有消暑解渴的作用。

佤族的苦茶，冲泡方法别致。通常先用茶壶将水煮开，与此同时，另选一块整洁的薄铁板，上放适量茶叶，移到烧水的火塘边烘烤。为使茶叶受热均匀，还得轻轻抖动铁板，待茶叶发出清香，叶片转黄时随即将茶叶倾入开水壶中进行煮茶，沸腾 3~5 分钟后，即将茶置入茶盅，以便饮喝。

由于这种茶是经过烤煮而成，喝起来焦中带香，苦中带涩，故而谓之苦茶。

17. 傣族竹筒茶

傣族主要聚居在云南省西部靠边境的弧形地带，西双版纳傣族自治州德宏傣族景颇族自治州以及耿马、孟连、元江、新平等自治县，少部分散布于其他县区。

傣族地区处于云贵高原的西端，高黎贡山、怒山、哀牢山等形成天然屏障，澜沧江、怒江、元江蜿蜒宽阔，湍流不息。在这山水之间，散布着许多峡谷平坝（小平原），便是傣族人民聚居的地方。

竹筒茶，傣语称为"腊跺"。按傣族的习惯，烹饮竹筒茶大致可分为制作和泡饮两个步骤。

竹筒茶的制作方法甚为奇特，一般可分为三步进行：

（1）装茶。将晒干的春茶，或经初加工而成的毛茶，装入刚刚砍回的生长期为一年左右的嫩香竹筒中。

（2）烤茶。将装有茶叶的竹筒，放在火塘三脚架上烘烤，6~7 分钟后，竹筒内的茶便软化。这时，用木棒将竹筒内的茶压紧，而后再填满茶烘烤。如此边填、边烤、边压，直至竹筒内的茶叶填满压紧为止。

（3）取茶。待茶叶烘烤完毕，用刀剖开竹筒，取出圆柱形的竹筒茶，以待冲泡。

泡茶时，先掰下少许竹筒茶，放在茶碗中，冲入沸水至七八分满，3~5分钟后，就可开始饮茶。

竹筒茶喝起来既有茶的醇厚滋味，又有竹的浓郁清香，非常可口。

竹筒茶

睡来谁共午瓯茶：古代茶文化大观

茶叶在我国西周时期是被作为祭品使用的，到了春秋时代茶鲜叶被人们作为菜食，而战国时期茶叶则作为治病药品。

南北朝时期，佛教大行，佛家利用饮茶来解除坐禅瞌睡，于是在寺院庙旁的山谷间普遍种茶。到了唐代，茶叶才正式作为普及民间的大众饮料。

普通人将饮茶融成生活的一部分，没有什么仪式，没有任何宗教色彩，茶作为生活的点缀，想怎么喝就怎么喝。

文人茶道则在陆羽茶道的基础上融入了琴、棋、书、画，更注重一种文化氛围和情趣，注重一种人文精神，提倡淡泊、宁静的人生。

茶为常饮，其性凡俗；茶可入道，自是雅事。茶中的雅俗共赏也就形成了独特的文化风味。

晴窗细乳戏分茶：辨字说茶

在中国古代，表示茶的字有多个，"其字，或从草，或从木，或草木并。其名，一曰茶，二曰槚，三曰蔎，四曰茗，五曰荈"（《茶经·一之源》）。在"茶"字形成之前，荼、槚、蔎、茗、荈都曾用来表示茶。

1. 荼

据考察，"茶"字最早出现在《百声大师碑》和《怀晖碑》中，时间大约在唐朝中期——公元806年到公元820年前后；稍后，陆羽的《茶经》也采用了"茶"字。在此之前，"茶"是用"荼"表示的。

"荼"字一字多义，苦菜是荼的本义，表示茶叶只是其中一项。由于茶叶生产的发展，饮茶的普及程度越来越高，荼的文字的使用频率也越来越高，因此，民间的书写者为了将荼的意义表达得更加清楚、直观，就把"荼"字减去一画，成了现在我们看到的"茶"字。

"茶"字从"荼"中简化出来的萌芽，始发于汉代，古汉印中，有些"荼"字已减去一笔，成为"茶"字之形了。

西汉王褒《僮约》中有"烹荼尽具""武阳买荼"，一般认为这里的"荼"即指茶。因为，如果是田野里常见的普通苦菜，就没有必要到很远的外地武阳去买。王褒《僮约》定于西汉宣帝神爵三年（前59年），所以"荼"借指茶当在公元前59年之前。

陆羽在《茶经》"七之事"章，辑录了中唐以前几乎全部的茶资料，经统计，荼（含苦荼）25则，荼茗3则，荼荈4则，茗11则，槚2则，荈3则，蔎1则。荼、苦荼、荼茗、荼荈共32则，约占总茶事的70%。槚、蔎都是偶见，茗、荈也较荼为少见。茗指茶芽，荈指茶老叶，荼、茗、荈，其实是茶叶的不同阶段的形态。由此看来，荼才是中唐以前对茶的最主要称谓。

2. 槚

槚，又作榎。《说文解字》云："槚，楸也。""楸，梓也。"按照《说文解字》的说法，槚，即楸，又即梓。

那么槚既然为楸、梓之类，又如何借指茶的呢？

《说文解字》又云："槚，楸也，从木、贾声。"而贾有"假""古"两

清光绪粉彩荷花盖碗

种读音，"古"与"荼""苦荼"音近，因茶为木本而非草本，遂用槚（音古）来借指茶。槚，作楸、梓时，则音为"假"。因《尔雅》最后成书于西汉，则槚借指茶不晚于西汉。但槚作茶不常见，仅在《尔雅》和南朝宋人王微《杂诗》中有两处出现。

3. 茗

茗，古通萌。《说文解字》云："萌，草木芽也，从草明声。"

茗、萌本义是指草木的嫩芽，茶树的嫩芽当然也可称茶茗。后来茗、萌、芽分工，以茗专指茶的嫩芽，所以，徐铉校定《说文解字》时补充说："茗，茶芽也。从草，名声。"晋张华注《神异记》载："余姚人虞洪入山采茗。"可见，以茗专指茶芽，当在汉晋之时。其后茗由专指茶芽进一步又泛指茶，一直沿用至今。

4. 荈

"荈"是指采摘时间较晚的茶，晋郭璞云："早采者为荼（即茶），晚取者为茗，

一名荈。""荈"可能是在"茶"字出现之前的茶的专有名字，但南北朝后就很少使用了。

《茶经》"五之煮"载："其味甘，槚也；不甘而苦，荈也；啜苦咽甘，茶也。"陆德明《经典释文·尔雅音义》载："荈、茶、茗，其实一也。"《魏王花木志》云："茶，叶似栀子，可煮为饮。其老叶谓之荈，嫩叶谓之茗。"荈，指采摘时间较晚的茶。

综上所述，可知荈是指粗老茶叶，因而苦涩味较重，所以《茶经》称"不甘而苦，荈也"。

荈为茶的可靠记载见于《三国志·吴书·韦曜传》："曜饮酒不过二升，皓初礼异，密赐茶荈以代酒。"茶荈代酒，荈应是茶饮料。

西晋文学家杜育作《荈赋》，这是现在能见到的最早专门歌吟茶事的诗词曲赋类作品：

灵山惟岳，奇产所钟。瞻彼卷阿，实曰夕阳。厥生荈草，弥谷被岗。承丰壤之滋润，受甘露之霄降。月惟初秋，农功少休；结偶同旅，是采是求。水则岷方之注，挹彼清流；器择陶简，出自东瓯；酌之以匏，取式公刘。惟兹初成，沫沈华浮。焕如积雪，晔若春敷。若乃淳染真辰，色绩青霜；氤氲馨香，白黄若虚。调神和内，倦解慵除。

5. 蔎

《说文解字》云："蔎，香草也，从草，设声。"段玉裁注云："香草当作草香。"

蔎的本义是指香草或草香，因茶有香味，故用"蔎"字借指茶。西汉扬雄《方言论》："蜀西南人谓茶曰蔎。"但以蔎指茶仅蜀西南这样用，应属方言用法，古籍仅此一见。

唐代石制茶具

 我脱富池榷茶责：**古代茶政**

茶政，就是中国历代朝廷对茶叶的行政管理措施或课税政策，主要包括贡茶、茶税、榷茶等内容。

1. 贡茶制度

所谓贡茶，即产茶地向皇室进贡专用茶。向朝廷贡奉各种乡奇特产，是封建社会早有的定俗。晋人常璩在《华阳国志·巴志》中即有关于中国最早贡茶的记载：公元前 11 世纪，周武王伐纣，西南巴、蜀等国向武王进贡盐、铁、茶、蜜。

到了隋代，炀帝杨广在江都（江苏扬州）得了头痛病，浙江天台山智藏和尚闻之，携天台茶专程去扬州为隋炀帝治病。得茶而治之后，炀帝大喜，遂令全国大行茶事，推动了隋代王公贵族饮茶之风大兴。

初唐时，各地继续以名茶做贡品，其中不乏贪图名位、阿谀奉承之人为了个人升迁而向皇上纳贡。但随着皇室饮茶范围扩大，贡茶数量远不能满足要求，于是官营督造专门从事贡茶生产的"贡茶院"，首先在浙江长兴和江苏宜兴出现。

据《长兴县志》记载，顾渚贡茶院建于唐代宗大历五年（770年）直至明洪武八年（1375年），兴盛期长达600年。其间役工3万人，工匠千余人，制茶工场30间，烘焙工场百余所，产茶万斤，专供皇室王公权贵享用。

唐代诗人、曾做过湖州刺史的袁高（727—786）的长诗《焙贡顾渚茶》生动地描绘了当时生产贡茶庞大的规模和茶农的艰辛。诗中曰："……动生千金费，日使万民贫。我来顾渚源，得与茶事亲。岷辍耕农耒，采采实苦辛。……阴岭芽未吐，使者牒已频。心争造化功，走挺麋鹿均。选纳无昼夜，捣声昏继晨。"

到了宋代，饮茶风俗更加普及，"茶宴""斗茶"大行其道。尤其是宋徽宗赵佶，爱茶至深，亲撰《大观茶论》。皇帝嗜茶，必有下臣投其所好。因此，宋代贡茶较之唐代有过之而无不及，除保留顾渚紫笋贡茶院以外，又在福建建安（今福建建瓯市）设立规模更大的贡茶院。

据宋子安的《东溪试茶录》（1064年前后）记载："旧记建安郡官焙三十有八，自南唐岁率六县民采造，大为民间所苦……至道（995—997）年中，始分游坑、临江、汾常、西蒙洲、西小丰、大熟六焙。隶属南剑，又免五县茶民，专以建安一县民力裁足之。……庆历中，取苏口、曾坑、石坑、重院属北苑焉。"

除此以外，宋代相继还在江西、四川、江苏、浙江设御茶园和贡院，生产极其费工费时之"龙团凤饼"供朝廷享用，每年花去大量民脂民膏。

元明时代，定额纳贡制仍在实施，但风行于唐宋的贡焙制有所削弱，这是因为明太祖朱元璋善于总结前朝的经验教训，他深知"居安虑危，处治思乱"的治国策略。由于他亲自参加元末农民大起义，转战江南广大茶区，对茶事也有很多接触，因此，他深知茶农疾苦。当他看到精工细琢的龙凤团饼茶，认为这既劳民又耗国力，从而下令罢造团茶，只进贡散茶。这一举措，不仅对中国古代的贡茶制度产生了深远的影响，更是开了茗饮之宗。

朱元璋诏令罢龙团、停官焙之举，使贡茶的数量有所减少，曾一度减轻了劳动人民的负担，可惜好景不长，此后又逐渐增加。据《明史·食货志》记载，太祖时期，建宁贡茶1600余斤；到隆庆时期，已增至2300斤。有些地方的贡茶，比宋时还多。如宜兴明初时进贡100斤，但到了宣德年间增至29万斤。

　　明代贡茶增加之多之快，有相当一部分是由于督造官吏的层层盘剥。明孝宗弘治年间，光信府官员曹琥曾上书《请革贡茶奏疏》称："本府额贡芽茶，岁不过二十斤。迩年以来，额贡之外有宁王府之贡，有镇守太监之贡……如镇守太监之贡，岁办千有余斤，不知实贡朝廷者几何？"

　　此外，据明代史籍记载，万历年间（1573—1620），富阳县以鱼和茶交贡，苦不堪言。韩邦奇《茶歌》中写道："鱼肥卖我子，茶香破我家。"此外他还道出了劳动人民的感叹："富阳山，何日摧？富阳江，何日枯？山摧茶亦死，江枯鱼始无。"

　　可见，明朝的贪官污吏借贡茶牟取私利，广大茶农受尽盘剥，度日维艰。

　　清前期，贡茶制继续实行，贡茶产地进一步扩大，四川蒙顶甘露、杭州西湖龙井、江苏洞庭碧螺春、安徽老竹铺大方茶都被当朝皇上钦定为"御茶"。然而，皇帝的欢心，换来的都是百姓的苦难。

　　杭州诗人陈章写了一首《采茶歌》，充分揭露了贡茶给人民带来的苦难。

　　凤凰岭头春露香，青裙女儿指爪长。
　　渡涧穿云采茶去，日午归来不满筐。
　　催贡文移下官府，那管山寒芽未吐。
　　焙成粒粒比莲心，谁知侬比莲心苦。

西湖龙井村御茶园

　　由于清朝的历代皇帝大都爱好饮茶，因此，在清代的宫廷之中饮茶颇为流行。

　　清廷内务府就设有御茶房，由一名管理事务大臣主管，下设尚茶正、尚茶副各1名，尚茶11名。御茶房原址在乾清宫东庑，内臣直庐三楹，由清圣祖康熙皇帝御笔题匾额。

　　除御茶房之外，还设有皇后茶房、寿

康宫皇太后茶房。皇子、皇孙也都有茶房。各茶房都设有专人管理日常的茗饮事宜。

从御茶房至皇后、皇妃茶房，每日供茶份例与所用金银、瓷器具皆有定例。如御茶房日供柴1700斤，备御用茶份例每日为14斤，分74包（按：古代1斤为16两，每包3两多），仅此常例一年御用茶就达5000多斤。

清代茶叶的贡额，由中央政府明确规定。据《清会典》载，康熙二十三年（1684年），贡芽茶额为：江南省广德、常州、庐州三处，725斤；浙江省505斤；江西省450斤；福建省2350斤；湖广省200斤。另据查慎行所编《海记》记载，康熙年间各地贡茶列有条目：江苏、安徽、浙江、江西、湖北、湖南、福建等省的70多个府县，每年向宫廷所进的贡茶即达13900多斤。可见，清代皇室所消耗的贡茶数量之惊人。

此外，贡茶运京期限，也按路程远近有明确规定，不得延期。如庐州府期限为谷雨后25日内，赣州府期限为谷雨后83日内。

到了清朝中叶，随着商品经济的发展、经济结构中资本主义因素的增长，贡

[清]《制茶图·商行》

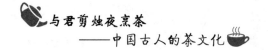
茶制度开始逐渐松弛。这是因为全国形成了产茶的区域化市场，商业资本也开始逐步转化为产业资本。如福建建瓯茶厂不下千家，小的有工匠数十人，大者有工匠百余人。另据江西的《铅山县志》载："河口镇乾隆时期业茶工人二三万之众，有茶行四十八家。"

但此时的贡茶并没有消失，各地在制作茶叶的过程中，依旧极尽精工巧制贡茶，供朝廷享用。直到清朝末期，由于西方列强的入侵和自然经济的瓦解，流传千余年的贡茶制度最终消亡。

2. 茶税与茶法

茶叶作为全国的一种社会经济，除其具有的商品性内容外，主要反映在茶税的课征上。

茶叶，在唐以前并无税制。中唐时期，随着茶叶生产技术发展，茶农获利较多，统治者开始设立各种法律、税赋、机构，巧取豪夺、压迫和剥削茶农，限制茶叶生产发展，掠夺和独揽茶利以满足他们穷兵黩武、奢靡浮华的各种欲求。

我国茶之征税，始于唐德宗建中元年（780 年）。安史之乱以后，唐朝中央国库拮据，政府以筹措常平仓本钱为借口，"诏征天下茶税，十取其一"。征税以后，发现税额十分显著，以后就将这一临时措施改为"定制"，与盐、铁并列为主要税种之一，并相继设立"盐茶道""盐铁使"等官职。

据新、旧《唐书》记载，茶于中唐立税以后，税额并不因国库收支的好转而有所减免，反倒根据茶叶生产和贸易的发展而不断增加。到公元 804 年，茶税每年增加到 40 万缗。武宗会昌年间（841—846），除正税以外，又增加一种"过境税"，叫"塌地钱"；至宣宗大中六年（852 年）更通过当时盐铁转运使裴休制订了"茶法"12 条，严禁私贩，使茶税斤两不漏。

据《新唐书·食货志》记载，裴休的税茶法主要内容是：

（1）茶商贩送茶叶沿途驿站只收住房费和堆栈费，而不收税金。

（2）茶叶不准走私，凡走私三次均在 100 斤以上和聚众长途贩私，皆处死。

（3）茶农（园户）私卖茶叶100斤以上处杖刑，三次即充军。

（4）各州县如有私砍茶树，破坏茶业者当地官员要以"纵私盐法"论罪。

（5）泸州、寿州、淮南一带税额追加50%。

我国茶叶专卖制度和税法，发展到宋代，更为严厉，并成为发展茶叶生产一大障碍，曾诱发多次茶农起义。

据文献记载，宋朝的茶税法，先后改革多次，即所谓"三税法""四税法""贴射法""见钱法"等。这些改革，换汤不换药，都是坚持国家专卖。后又经元、明、清，改"榷茶制"为"茶引制"。直到清咸丰以后，由于当时国际国内茶叶贸易都有了很大发展，才将"茶引制"改为征收厘金税，民间逐步恢复自由经营。

所以，茶叶专卖的税制和法律在中国历史上历经千年之久，得利的是政府，而吃亏者总是百姓。

[清]《制茶图·运输》

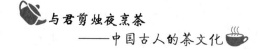
3.榷茶制及其演变

所谓榷茶,即茶的专营专卖。这一政策始于中唐时期,文宗太和九年(835年),当时任宰相的王涯奏请榷茶,自兼榷茶使,令民间茶树全部移植于官办茶场,并且统制统销,同时将民间存茶,一律烧毁。

此一法令刚一颁布,立即遭到全国人民的反对,王涯十月颁令行榷,十一月就为宦官仇士良在"甘露之变"中所杀。令狐楚继任"榷茶使",吸取王涯的教训,即停止榷茶,恢复税制。所以,唐代实行榷茶历史不到两个月。

真正厉行"榷茶制"的,是从北宋初期开始。首先在东南茶区沿长江设立8个"榷货务"(官府的卖茶站),产茶区设立13个山场,专职茶叶收购,园户(茶农)除向官府交纳"折税茶"以抵赋税以外,余茶均全部卖给山场,严禁私买私卖。

为了完善榷茶制,北宋政府在政和二年(1112年)又推出了新茶法,即政和茶法。该茶法吸收了榷茶制和通商法中有利于政府的长处,使管理制度更加严密和完备,属委托专卖制性质。它不干预园户的生产过程,也不切断商人与园户的直接交易,但加强了对两者的控制。园户必须登记在籍,将茶叶产量、质量详细记录在册,园户之间互相作保,不得私卖;商人贩茶,须向官府领取茶引,茶引上明确规定茶叶的购处、购量和销处、销期,不得违反,商人的行为受到官府严格监控。

政和茶法把茶叶产销完全纳入榷茶制的轨道,同时也给予园户和商人一定的生产经营自主权,调动了他们的积极性,对茶业的发展起到了很大的促进作用。

到了北宋末期,"榷茶制"改为"茶引制"。这时官府不直接买卖茶叶,而是由茶商先到"榷货务"交纳"茶引税"(茶叶专卖税),购买"茶引"(引,就是凭证),凭引到园户处购买定量茶叶,再送到当地官办"合同场"查验,并加封印后,茶商才能按规定数量、时间、地点出售。

"茶引"分"长引"和"短引"两种,"长引"准许销往外地限期一年;"短引"

则只能在本地销售，有效期为三个月。这种"茶引制"，使茶叶专卖制度更加完善、严密，一直沿用到清乾隆年间，才改"茶引制"为官商合营的"引岸制"。

"引岸制"的"引"，为茶引；"岸"是口岸，就是指定的销售或易货地点。"引岸制"即为凡商人经营各类茶叶均须纳税请领茶引，并按茶引定额在划定范围内采购茶叶。卖茶也要在指定的地点（口岸）销售和易货，不准任意销往其他地区。

"引岸制"的特点是根据各茶区的产量、品种和销区的销量品种，实行产销对口贸易。这样有利于对不同茶类生产、加工实行宏观调控，做到以销定产。

其实，上文所述的各种茶税制度都没

茶引（清同治）

有脱离榷茶制，直到清代咸丰年间，由于国外列强深入茶区开厂置业，榷茶制名存实亡，才逐渐被政府废黜。

4. 茶马互市

以茶易马，即边区少数民族用马匹换取他们日常生活必需品的茶叶。

茶马贸易，是我国历代统治阶级长期推行的一种政策，即在西南（四川、云南）茶叶产地和靠近边境少数民族聚居区的交通要道上设立关卡，制订"茶马法"，专司以茶易马的职能。

马作为重要的战备物资，其优良品种主要产于塞外。所以，统治阶级为了获得足够的战马，就以茶换马，和边地少数民族进行交易。据《封氏闻见记》和《新唐书》记载，茶马交易始于唐肃宗时期（756—761）。早期的茶马交易，仅是对少数民族进贡的一种回赠。直到唐德宗贞元年间，商业性的茶马交易才

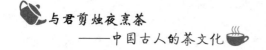

正式开始。

据史籍所载，北宋熙宁年间（1068—1077），经略安抚使王韶在甘肃临洮一带作战，需要大量战马，朝廷即令在四川征集，并在四川西路设立"提兴茶马司"，负责从事茶叶收购和以茶易马工作；并在陕、甘、川多处设置"卖茶场"和"买马场"，沿边少数民族只准与官府（茶马司）从事以茶易马交易，不准私贩。严禁商贩运茶到沿边地区去卖，甚至不准将茶籽、茶苗带到边境，凡贩私茶则予处死，或充军三千里以外。"茶马司"官员失察者也要治罪。

立法如此严酷，目的在于通过内地茶叶来控制边区少数民族，强化他们的统治。这就是"以茶治边"的由来。但在客观上，茶马互市也促进了我国民族经济的交流与发展。

由于元代的统治者来自蒙古族，作为"马背上的民族"，他们以游牧业为主，不缺马匹，因此茶马交易中止，直到明朝初年才得以恢复。

明朝在秦（今西安）、洮（今甘肃临洮）、河（今甘肃临夏）设置3个茶马司，专司与西北少数民族的茶马交易。开始还曾推行金牌制，即以金牌为凭，每3年交易一次。后因受元朝残余势力侵扰，部分金牌散失，而逐渐废止。

茶马司

明朝初期的茶马交易是由官方垄断，严禁商人介入的。而且对官茶实行榷禁，并严厉打击走私。当时的附马欧阳伦就是因为挟私茶出境，而被赐自尽。随后政策有所放宽，开始允许部分官茶商运、商茶商运。

此外，朝廷对茶马的交易数量有明确规定，其目的是为了控制少数民族，使其年年买茶，岁岁进贡。同时，也有利于茶马比价的稳定。如在洪武初年，七十斤茶换一匹马；正德时，五六十斤茶换一匹马；万历时，四五十斤茶换一匹马。

清初继续推行茶马交易，而且发展较快。尤其是顺治年间，不但陕西设立 5 个茶马司，还允许直隶河宝营（今张家口之西）与鄂尔多斯部族交易马匹。后来，又批准达赖喇嘛的建议，在云南胜州开始茶马互市。

清代茶马交易，主要以笼络边民为主，管理上不及明代严格，部分配额任由商人倒卖。所得马匹数也不及明朝。尤其是康熙以

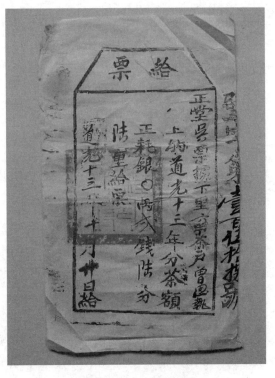

清道光十三年茶税票据

后，清朝疆域扩大，政局稳定，茶马交易的政治作用和实际需要日趋下降，导致无马可易，甚至出现了积茶沤烂的情况。

康熙四十四年（1705 年），西宁等地茶马交易停止；雍正十三年（1735 年），甘肃茶马交易停止。从此，有着千年历史的茶马交易，在中国历史上画上了句号。

5. 茶马古道

在横断山脉的高山峡谷，在滇、川、藏"大三角"地带的丛林草莽之中，绵延盘旋着一条神秘的古道，这就是世界上地势最高的文明文化传播古道之一的"茶马古道"。其中丽江古城的拉市海附近、大理州剑川县的沙溪古镇、祥云县的云南驿、普洱市的那柯里是保存较完好的茶马古道遗址。

茶马古道起源于唐宋时期的"茶马互市"。因康藏属高寒地区，海拔都在

三千米以上，糌粑、奶类、酥油、牛羊肉是藏民的主食。在高寒地区，需要摄入含热量高的脂肪，但没有蔬菜，糌粑又燥热，过多的脂肪在人体内不易分解；而茶叶既能够分解脂肪，又防止燥热，故藏民在长期的生活中，创造了喝酥油茶的高原生活习惯，但藏区不产茶。而在内地，民间役使和军队征战都需要大量的骡马，但供不应求，而藏区和川、滇边地则产良马。于是，具有互补性的茶和马的交易即"茶马互市"便应运而生。

这样，藏区和川、滇边地出产的骡马、毛皮、药材等和川滇及内地出产的茶叶、布匹、盐和日用器皿等等，在横断山区的高山深谷间南来北往，流动不息，并随着社会经济的发展而日趋繁荣，形成一条延续至今的"茶马古道"。

"茶马古道"是一个有着特定含义的历史概念，它是指唐宋以来至民国时期汉、藏之间以进行茶马交换而形成的一条交通要道。具体说来，茶马古道主要分南、北两条道，即滇藏道和川藏道。滇藏道起自云南西部洱海一带产茶区，经丽江、中甸（今香格里拉市）、德钦、芒康、察雅至昌都，再由昌都通往卫藏地区。川藏道则以今四川雅安一带产茶区为起点，首先进入康定，自康定起，川藏道又分成南、北两条支线：北线是从康定向北，经道孚、炉霍、甘孜、德格、江达、抵达昌都（即今川藏公路的北线），再由昌都通往卫藏地区；南线则是从康定向南，经雅江、理塘、巴塘、芒康、左贡至昌都（即今川藏公路的南线），再由昌都通向卫藏地区。

茶马古道作为中华民族形成过程的一个历史见证，拥有独特的历史文化内涵。

茶马古道遗址

啜罢灵芽第一春：古代士人与茶

茶与酒一样，也是中国古代士人生活中的重要饮品。

唐代，士人常常以茶点会友，称"茶会""茶宴""汤社"。唐代"大历十才子"之一的钱起，与好友赵莒相聚饮茶，写下了著名的《与赵莒茶宴》，诗曰：

竹下忘言对紫茶，全胜羽客醉流霞。
尘心洗尽兴难尽，一树蝉声片影斜。

诗人以清新的笔调描述了饮茶的环境、气氛，表达了以茶会友的雅兴。诗中"竹下忘言"，比喻朋友之间的亲密友好。此典出自《晋书·山涛传》："山涛与嵇康、吕安善，后遇阮籍，便结为竹林之交，著忘言之契。"

五代宋以后，文人聚会饮茶更为普遍。五代时，和凝与朝官共同组织"汤社"，"递日以茶相饮"，即轮流做东，请同僚饮茶。并规定"味劣者有罚"。从此"汤社"成为文人聚会饮茶的一种形式，开了宋代斗茶的先河。

宋代，文人相聚饮茶，流行斗茶。斗茶也称"茗战"，是文人集体品评茶优劣的游戏。宋人唐庚在《斗茶记》中说："政和二年三月壬戌，二三君子相与斗茶于寄傲斋，予为取龙塘水烹之第其品，以某为上，某次之。"斗茶强调的是"斗"即品评，茶之色、味俱佳，方能成为胜利者。

［明］仇英《竹院品古图》

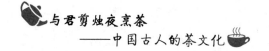

宋代士人斗茶之风提高了品茶技艺，也促进了制茶工艺的改进，为士人生活增添了许多乐趣。

宋代士人也喜欢到茶肆饮茶。茶肆也叫茶坊、茶铺、茶屋。北宋汴梁有许多茶肆，特别是在商店集中的潘家楼和马行街，茶肆最兴盛。南宋临安商业发达，饮茶处甚多，据吴自牧《梦粱录》载：士人常去的茶肆有车二儿茶肆、蒋检阅茶肆等。《萍洲可谈》记载"太学生每略有茶会，轮日于讲堂集茶，无不毕至者。"

明清时期，茶肆称茶馆，士人饮茶注重雅兴，常常到那些干净整洁的茶馆饮茶。著名的"吴中四杰"，即文徵明、祝枝山、唐伯虎、徐祯卿，多才多艺，琴棋书画无所不能，他们都喜爱饮茶。文徵明、唐伯虎有多幅茶画流行于世。文徵明是明代山水画的宗师，他的茶画有《惠山茶会记》《陆羽烹茶图》《品茶图》等。唐寅的茶画有《烹茶画卷》《品茶图》《琴士图卷》《事茗图》等。这些画多以自然山水为背景，体现了饮茶人对自然脱俗生活的向往。

明代士人还写了大量的茶书。明太祖朱元璋的儿子朱权，自幼聪慧，精于史学，对佛道教也有研究。但一生经历并不顺利，他与明成祖朱棣关系不好，后隐居南方，时常饮茶释怀，以茶明志。他曾著《茶谱》，说饮茶可以使"鸾俦鹤侣，骚人羽客，皆能自绝尘境，栖神物外，不伍于世流，不污于时俗。或会于泉石之间，或处于松竹之下，或对皓月清风，或坐明窗静牖。乃与客清谈款话，探虚玄而参造化，清心神而出尘表"。可见，朱权饮茶是要让自己"栖神物外""清心神而出尘表"，获得精神上的解脱。

除朱权外，明代有名的茶书还有顾元庆的《茶谱》、田艺蘅的《煮茶小品》，徐献忠的《水品全秩》等。这些著作是对自陆羽《茶记》以来历代茶学的总结，极大地丰富了古代的茶文化。

明朝时，品茶已成时尚，而茶品也成为人们生活中的必需品，各地茶馆林立，成为文人雅士聚集的地方。

张岱（1597—1679），明末清初散文家，出身官宦世家，而无意仕途；关心社会，对人间世态，洞悉入微。

张岱明茶理，识茶趣，为品茶鉴水的能手。对爱茶的张岱而言，上茶馆似乎也是他生活中的一种休闲。崇祯年间，有家名为"露兄"的茶馆，店名乃取自米芾"茶甘露有兄"句，因其"泉实玉带，茶实兰雪，汤以旋煮，无老汤，器以时涤，无秽器。其火候、汤候，亦时有天合之者"，故深得张岱喜爱，时常光顾。

张岱不仅是一位散文家，更是一位精于茶艺鉴赏的行家，他自谓"茶淫橘虐"，可见其对茶之痴。在《陶庵梦忆》一书中，对茶事、茶理、茶人有颇多记载。

除了品茶鉴水之外，张岱还改良家乡的"日铸茶"，研制出一种新茶，张岱名之为"兰雪茶"。

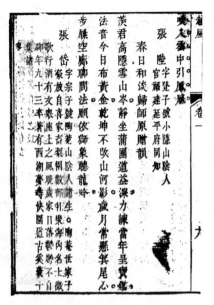

张岱《越风》书影

《兰雪茶》中提到兰雪茶的研制过程："……募歙人入日铸。扚法、挪法、撒法、扇法、炒法、焙法、藏法，一如松萝。他泉瀹之，香气不出，煮禊泉，投以小罐，则香太浓郁，杂入茉莉，再三较量，用敞口瓷瓯淡放之，候其冷，以旋滚汤冲泻之，色如竹箨方解，绿粉初匀；又如山窗初曙，透纸黎光，取清妃白，倾向素瓷，真如百茎素兰同雪涛并泻也，雪芽得其色矣。未得其气，余戏呼之兰雪。"四五年之后，兰雪茶在茶市中风行一时。

清王朝建立之初，封建统治者加强了对士人的控制，许多士人失去了对社会的信心和理想，只能以茶寄托情思，显示雅趣。他们特别讲究茶汤之美，并喜欢在室内静静地品茶。文震亨在《长物志》中说，他于居室之旁构一斗室，相傍书斋，内设茶具，教一童专主茶役，以供长日清谈，寒夜独坐。

清代士人饮茶，希望人越少越好，陆树声在《茶寮记》中说："独饮得神，二客为胜，三四为趣，五六曰泛，七八人一起饮茶便是讨施舍了。"

清代士人饮茶不像明代士人那样喜欢到山间清泉之侧鸣琴烹茶，追求与大自然的契合，而喜欢独自静饮，这一转变反映了他们在严酷的政治时局面前心灵世界的封闭和对理想追求的放弃。

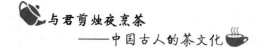
在古代士人的家庭日常生活中，饮茶也为常事。

晋代诗人左思的《娇女诗》就记述其女儿急于喝茶，"心为茶荈剧"，便对着煮茶的锅鼎吹火。

这时在市场上也可以买到茶，晋惠帝时太子司马通指使属下贩卖茶、菜等物，大臣江流曾上疏予以劝谏。

《南齐书·武帝纪》载：南齐武帝萧赜临终前遗诏，说："我灵上慎勿以牲为祭，唯设饼、茶饮、干饭、酒脯而已。"可见江南饮茶风气之盛。这时北方还不习惯饮茶，他们喜欢酪浆，即经过加工的牛羊奶。

《洛阳伽蓝记》卷三记载，南齐时，秘书丞王肃投奔北魏后，不习惯北方饮食，"不食羊肉及酪浆等物"，吃饭时常以鲫鱼羹为菜，渴了便喝"茗汁"，而且"一饮一斗"。洛阳士人很惊讶，称他为"漏卮"。

在北魏贾思勰所著《齐民要术》中，将茶列入"非中国物篇"，即不是北方所产，说茶以浮陵（今四川彭水县）所产为最佳。

东晋初，一些南渡的士大夫尚不习惯饮茶，《世说新语·纰漏》还记载了晋室南渡之初，北方文士任瞻过江，在一次宴会上，主人请他喝茶，他问："这是茶还是茗？"在座者一听这外行的提问，都感到诧异。任瞻看到大家的神情不对，连忙改口说："我刚才问的是，喝的是冷的还是热的。"由此可见，不懂喝茶在士人圈子里是会被人看不起的。

素瓷雪色缥沫香：古代茶与诗词

在我国古代和现代文学中，涉及茶的诗词、歌赋和散文比比皆是，可谓数量巨大、质量上乘。这些作品已成为我国文学宝库中的珍贵财富。

在我国早期的诗、赋中，赞美茶的诗首推的应是晋代诗人杜育的《茶赋》，诗人以饱满的热情歌颂了祖国山区孕育的奇产——茶叶。

唐代为我国诗的极盛时期，科举以诗取士，作诗成为谋取利禄的道路，因此唐代的文人几乎无一不是诗人。此时适逢陆羽《茶经》问世，饮茶之风更炽，茶与诗词，两相推波助澜，咏茶诗大批涌现，出现大批好诗名句。

唐代杰出诗人杜甫，写有"落日平台上，春风啜茗时"的诗句。当时杜甫年过四十，而蹉跎不遇，微禄难沾，有归山买田之念。此诗虽写得潇洒闲适，仍表达了他心中隐伏的不平。

诗仙李白豪放不羁，一生不得志，只能在诗中借浪漫而丰富的想象表达自己的理想。而现实中的他又异常苦闷，成天沉湎在醉乡。正如他在诗中所云："三百六十日，日日醉如泥。"

《答族侄僧中孚赠玉泉仙人掌茶》诗云：

> 常闻玉泉山，山洞多乳窟。
>
> 仙鼠如白鸦，倒悬清溪月。
>
> 茗生此中石，玉泉流不歇。
>
> 根柯洒芳津，采服润肌骨。
>
> 丛老卷绿叶，枝枝相接连。
>
> 曝成仙人掌，似拍洪崖肩。
>
> 举世未见之，其名定谁传。
>
> 宗英乃禅伯，投赠有佳篇。
>
> 清镜烛无盐，顾惭西子妍。
>
> 朝坐有余兴，长吟播诸天。

此诗是李白众多诗歌中极为出色的咏茶名作，记述公元752年李白游金陵时，与族侄中孚禅师不期而遇于栖霞寺，欣喜万分，共叙亲谊。临别之时，禅师赠李白仙人掌茶，并求诗人作诗以答，故而茶史、诗史均添佳篇。诗中"茗生此中石，玉泉流不歇。根柯洒芳津，采服润肌骨"之句，生动地描写了此茶生长的优异环境和极为上乘的茶叶品质，直至"朝坐有余兴，长吟播诸天"，抒发了诗人由衷

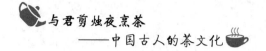

地赞美茶饮助诗兴的情景，与诗仙"斗酒诗百篇"有异曲同工之妙。

中唐时期最有影响的诗人白居易，对茶怀有浓厚的兴味，一生写下了不少咏茶的诗篇。他的《食后》诗云：

食罢一觉睡，起来两碗茶。
举头看日影，已复西南斜。
乐人惜日促，忧人厌年赊。
无忧无乐者，长短任生涯。

诗中写出了他食后睡起，手持茶碗，无忧无虑，自得其乐的情趣。

以饮茶而闻名的卢仝，自号玉川子，隐居洛阳城中。他作诗豪放怪奇，独树一帜。他在名作《饮茶歌》中，描写了他饮七碗茶的不同感觉，步步深入，诗中还从个人的穷苦想到亿万苍生的辛苦。其中名句流传千古：

一碗喉吻润，两碗破孤闷。
三碗搜枯肠，唯有文字五千卷。
四碗发轻汗，平生不平事，尽向毛孔散。
五碗肌骨清，六碗通仙灵。
七碗吃不得也，唯觉两腋习习清风生。

诗人元稹有一首《一字至七字诗·茶》，极为有趣：

茶
香叶，嫩芽，
慕诗客，爱僧家。
碾雕白玉，罗织红纱。
铫煎黄蕊色，碗转曲尘花。

夜后邀陪明月，晨前命对朝霞。

洗尽古今人不倦，将至醉后岂堪夸。

到了宋代，文人学士烹泉煮茗，竞相吟咏，出现了更多的茶诗茶歌，有的还采用了词这种当时新兴的文学形式。

词人苏轼有一首《西江月》词云：

尤焙今年绝品，谷帘自古珍泉，雪芽双井散神仙，苗裔来从北苑。汤发云腴酽白，盏浮花乳轻圆，人间谁敢更争妍，斗取红窗粉面。

词中对双井茶叶和谷帘泉水作了尽情的赞美。

苏东坡还有两首回文七绝，其一是：

空花落尽酒倾缸，日上山融雪涨江。

红焙浅瓯新火活，龙团小碾斗晴窗。

其二是：

酡颜玉碗捧纤纤，乱点余光唾碧衫。

歌咽水云凝静院，梦惊松雪落空岩。

若是倒过来读，也能读出两首颇具韵味的茶诗来。

元代诗人的咏茶诗也有不少。高启的一首著名的《采茶词》描写了山家以茶为业，佳品先呈太守，其余产品与商人换衣食，终年劳动难得自己品尝的情景：

雷过溪山碧云暖，幽丛半吐枪旗短。

银钗女儿相应歌，筐中摘得谁最多。

归来清香犹在手，高品先将呈太守。

竹炉新焙未得尝，笼盛贩与湖南商。

山家不解种禾黍，衣食年年在春雨。

[清乾隆]瘿木手提式茶籯

清高宗乾隆曾数度下江南游山玩水，也曾到杭州的云栖、天竺等茶区，留下不少诗句。他在《观采茶作歌》中写道："火前嫩，火后老，唯有骑火品最好。西湖龙井旧擅名，适来试一观其道……"

古代茶诗茶词数目众多，有狭义、广义之分。狭义的茶叶诗词是指"咏茶"诗词，即诗的主题是茶，这种茶叶诗词数量略少；广义的茶叶诗词不仅包括咏茶诗词，也包括"有茶"诗词，即诗词的主题不是茶，但是诗词中提到了茶，这种诗词数量就很多了。我国的广义茶叶诗词，据统计：唐代约有500首，宋代多达1000首，再加上金、元、明、清，以及近代，总数当在2000首以上，真可谓美不胜收、琳琅满目了。

境陟名山烹锦水：古代茶与绘画

在中国美术史上，曾出现过不少以茶为题材的绘画作品。这些作品从一个侧面反映了当时的社会生活和风土人情，几乎每个历史时期，都有一些代表作流传于世。茶与画有着先天的缘分，有记载的茶画有120多幅，但是由于茶画是作于纸或是绢上，很多都已经朽毁，所以保存下来的也就是40余幅。通过这些茶画作品，可以直观地了解古代茶事活动的具体情况，对研究中国茶文化的发展史有较大的历史价值。

我国以茶为题材的古代绘画，现存或有文献记载的多为唐代以后的作品。如唐代的《调琴啜茗图卷》；南宋刘松年的《斗茶图卷》；元代赵孟頫的《斗茶图》；明代唐寅的《事茗图》，文徵明的《惠山茶会图》《烹茶图》，丁云鹏的《玉川煮茶图》；等等。

我们现在能够看到的最早的茶画是唐代阎立本的《萧翼赚兰亭图》。画面描述的是唐太宗为了得到晋代书法家王羲之写的《兰亭序》，派谋士萧翼从辩才和尚手中骗取真迹的故事。

据载，唐太宗酷爱王羲之书法，得知被誉为"天下第一行书"的《兰亭集序》藏于会稽辩才和尚处，遂降旨令其入宫。辩才心存戒心，一口否认，太宗只得放其归去，并令萧翼智赚此帖。

萧翼乔装打扮成一介书生的模样，带着一些王羲之父子的杂帖，来到辩才和尚的寺庙，谎称自己是从山东来的，偶从此处路过，和尚便留他在寺中留宿。

萧翼知识渊博、谈吐风趣，辩才和尚十分欣赏他的才气，大有相见恨晚之意，并引为"知己"。萧翼谈及书圣王羲之的书法，夸称自己随身所带的帖子是世间绝好的藏品。辩才说这不足为奇，自己藏一绝品《兰亭序》，并取给萧翼欣赏。萧翼牢记藏所，次日会同地方官到寺中取得"兰亭"真迹回长安复命。

《萧翼赚兰亭图》上的辩才和尚的位置处于画面的正中，与对面的萧翼正侃侃而谈。萧翼恭恭敬敬袖手躬身坐于长方木凳之上，似正凝神倾听辩才和尚的话语。一侍僧立于两者之间。画面的左下角为烹茶的老者与侍者，形象明显小于其他三人，老者蹲坐于蒲团之上，手持"茶夹子"，正欲搅动茶釜中刚刚投入的茶末；

［唐］阎立本《萧翼赚兰亭图》

侍童正弯着腰手持茶托盏，准备"分茶"。此画将机智而狡猾的萧翼和淳朴的辩才和尚描绘得惟妙惟肖。

宋代主要有赵佶的《文会图》、钱选的《卢仝煮茶图》、刘松年的《斗茶图卷》《碾茶图》等。

《卢仝煮茶图》是以卢仝茶诗《走笔谢孟谏议寄新茶》为内容入题的。诗云：

日高丈五睡正浓，军将打门惊周公。

口云谏议送书信，白绢斜封三道印。

开缄宛见谏议面，手阅月团三百片。

闻道新年入山里，蛰虫惊动春风起。

天子须尝阳羡茶，百草不敢先开花。

仁风暗结珠琲瓃，先春抽出黄金芽。

摘鲜焙芳旋封裹，至精至好且不奢。

至尊之余合王公，何事便到山人家。

柴门反关无俗客，纱帽笼头自煎吃。

碧云引风吹不断，白花浮光凝碗面。

一碗喉吻润，两碗破孤闷。

三碗搜枯肠，唯有文字五千卷。

四碗发轻汗，平生不平事，尽向毛孔散。

五碗肌骨清，六碗通仙灵。

七碗吃不得也，唯觉两腋习习清风生。

蓬莱山，在何处？

玉川子，乘此清风欲归去。

山上群仙司下土，地位清高隔风雨。

安得知百万亿苍生命，堕在巅崖受辛苦。

便为谏议问苍生，到头还得苏息否？

卢仝的茶诗除了描述饮茶时的各种感受之外，亦极其明显地表露出"出世"之意。但是，诗歌中所发出的对现实世界的感喟，又将这种"意欲"拉回到了现实生活，也反映了卢仝"出世"与"入世"的矛盾心理。

《卢仝煮茶图》中卢仝身着白色衣衫，坐于山冈上，有仆人烹茶，卢仝身边伫立者当为孟谏议所遣的送茶之人。主人、差人、仆人三者同现于画面，三人的目光都投向茶炉，表现了卢仝得到阳羡茶迫不及待地烹饮的惊喜心情，同时又将孟谏议赠茶、卢仝饮茶过程完整地描摹出来。画面主题突出，人物生动形象惟妙惟肖，给观者留下了很大的想象空间。

元代书画家赵孟頫的《斗茶图》，是一幅充满生活气息的风俗画。画面有四个人物，身边放着几副盛有茶具的茶担。左前一人，足穿草鞋，一手持茶杯，一手提茶桶，袒胸露臂，似在夸耀自己的茶质香美。身后一人双袖卷起，一手持杯，一手提壶，正将茶水注入杯中。右旁站立两人，双目凝视，似在倾听对方介绍茶的特色，准备回击。图中，人物生动，布局严谨。人物模样，不似文人墨客，而像走街串巷的货郎，这说明当时斗茶已深入民间。

明代唐寅的《事茗图》画的是：一青山环抱、溪流围绕的小村，参天古松下茅屋数椽，屋中一人置茗若有所待，小桥上有一老翁依杖缓行，后随抱琴，似若应约而来。细看侧屋，则有一人正精心烹茗。画面清幽静谧，而人物传神，流水有声，静中有动。

明代丁云鹏的《玉川烹茶图》，画面是花园的一角，两棵高大芭蕉下的假山前坐着主人卢仝——玉川子，一个老仆人提壶取水而来，另一老仆人双手端来捧盒。卢仝身边石桌上放着待用的茶具，他左手持羽扇，双目凝视熊熊炉火上的茶壶，壶中松风之声隐约可闻。那种悠闲自得的情趣，跃然画面。

清代画家薛怀的《山窗清供图》，清远透逸，别具一格。画中有大小茶壶及茶盏各一，自题五代胡峤诗句："沾牙旧姓余甘氏，破睡当封不夜侯"，并有当时诗人朱星诸所题六言诗一首："洛下备罗案上，松陵兼列径中，总待新泉治火，相从栩栩清风。"

此画用枯笔勾勒，明暗向背，十分朗豁，立体感强，极似现代素描画。可见，

北宋妇女涤器雕砖

乾隆年间已开始出现采用此种画法的画家。

关于茶的雕刻作品，现存的北宋妇女烹茶画像砖是其中之一。这块画像砖刻的是一高髻妇女，身穿宽领长衣裙，正在长方炉灶前烹茶。她两手精心擦拭茶具，凝神专注，目不旁顾。炉台上放着茶碗和带盖执壶。整个画面造型优美古雅，风格独特。

河北省张家口曾出土一批辽代的墓葬，墓葬内绘有一批茶事壁画。虽然艺术性不高，有些器具比例失调，但也线条流畅，人物生动，富有生活情趣。这些壁画全面真实地描绘了当时流行的点茶技艺的各个方面，对于研究契丹统治下的北方地区的饮茶历史和点茶技艺有无法替代的价值。如张文藻墓壁画《童嬉图》，壁画右前有船形茶碾一只，茶碾后有一黑皮朱里圆形漆盘，盘内置曲柄锯子、毛刷和茶盒。盘的后方有一莲花座风炉，炉上置一汤瓶，炉前地上有一扇。画左侧有一茶具柜，四小童躲在柜和桌后嬉乐探望。壁画真切地反映了辽代晚期的点茶用具和方式，细致真实。此外，墓中还有张世古墓壁画《将进茶图》、张恭诱墓壁画《煮汤图》、6号墓壁画《茶作坊图》和1号墓壁画《点茶图》等。

茶画的兴起，既是经济繁荣的物质表征，亦体现了文人雅士闲情逸致的格物情怀。它将水墨与茶情茶意完美结合，再现了历朝的茶饮风尚，更以此记录了我国茶文化的历史变迁。

案头墨迹儿临帖：古代茶与书法

初期的古代文字只是作为一种记事手段，但古代许多信札、碑文、书稿等，现在看来大都是很好的书法作品。

富有中国特色的古代书法艺术中不乏茶的身影，无论是秀美遒劲的《急就章》、气韵生动的《苦笋帖》，等等，都体现了中国的茶文化独特风格。

1. 皇象《急就章》

《急就章》相传是三国时吴国皇象（生卒年未详）为幼儿启蒙识字所撰之书，共 34 章，2144 字（末 128 字为后人所加），按姓名、衣服、饮食、器用等分类，成三言、四言、七言韵语，其中有"板柞所产谷口茶"一句，述说茶事，这也是最早的一幅含有茶字的书法作品。

[三国吴] 皇象《急就章》

2. 怀素《苦笋帖》

唐代是书法艺术盛行时期，也是茶叶生产的发展时期。书法中有关茶的记载也逐渐增多，其中比较有代表性的是唐代著名的狂草书家怀素和尚的《苦笋帖》。

这是一幅信札，上曰："苦笋及茗异常佳，乃可径来，怀素上。"全帖虽只有十四个字，但通篇章法气韵生动，神采飞扬。从中可以看出怀素对茶的渴望心情。

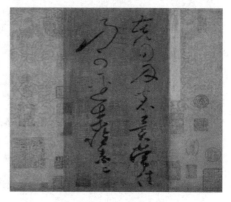

[唐] 怀素《苦笋帖》

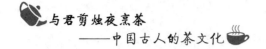
怀素，字藏真，湖南长沙人，以书法而闻名于世，特别是狂草在中国书法史上有着突出的地位。怀素平日善于饮酒，酒后常举毫挥洒，有神出鬼没之势，世人将他与张旭并称"颠张醉素"。《苦笋帖》是中国现存最早的与茶有关的佛门书法，也是禅茶一味的产物，堪称书林、茶界之珍宝。

3. 蔡襄茶书

宋代，在中国茶业和书法史上，都是一个极为重要的时代，可谓茶人迭出，书家群起。茶叶饮用由实用走向艺术化，书法从重法走向尚意。不少茶叶专家同时也是书法名家。比较有代表性的是"宋四家"之一的蔡襄（君谟）。

蔡襄一生好茶，作书必以茶为伴。蔡襄是北宋著名书法家，擅长正楷、行书和草书，为"宋四家"之一，以督造小龙团茶和撰写《茶录》一书而闻名于世，而《茶录》本身就是一件书法杰作。此书为真楷小字书写，约 800 字。正如欧阳修所评价的："《茶录》劲实端严，为体虽殊，而各极其妙，盖学之至者。"

此外，蔡襄的《北苑十咏诗帖》书写了《出东门向北苑路》《北苑》《茶垄》《采茶》《造茶》《试茶》《御井》《龙塘》《凤池》《修贡亭》十首诗。作品以行书书就，风格清新隽秀，气韵生动，均是难得的书法佳作。

宋皇祐二年（1050 年）十一月，蔡襄自福建仙游出发，应朝廷之召，赴任右正言、同修起居注之职。途经杭州，约逗留两个月后，于 1051 年初夏继续北上汴京。临行之际，他给邂逅钱塘的好友冯京留了一封手札，这就是《思咏帖》。信札全文如下：

"襄得足下书，极思咏之怀。在杭留两月，今方得出关，历赏剧醉，不可胜计，亦一春之盛事也……"

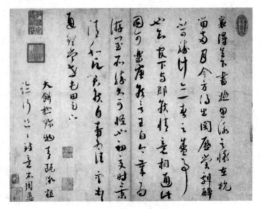

［宋］蔡襄《思咏帖》

4. 苏轼茶书

苏轼（1037—1101），字子瞻，号东坡居士，眉山（今四川眉山）人，中国宋代杰出的文学家。

长期遭贬谪的仕宦生活，使苏轼的足迹遍及我国各地，从钱塘之水到峨眉之峰，从宋辽边陲到岭南、海南，为他品饮各地的名茶提供了机会。

同时，他还创作出很多咏茶诗词，在中国诗坛有"茶道全才"之称，为中国茶文学史上的一面旗帜。

《新岁未获展庆帖》，是苏东坡写给好友陈季常的一通手札。手札共 19 行，247 字，《快雪堂法帖》《三希堂法帖》摹刻，《墨缘汇观》著录。该帖用笔精良，章法上也多过人之处，正如岳珂所评："如繁星丽天，照映千古。"据其内容来说，该帖不仅是苏轼书迹中的一件杰作，也是茶文化的一件珍贵资料。

《啜茶帖》，也称《致道源帖》，是苏轼于元丰三年（1080 年）写给道源的一则便札。全札 22 字，纵分 4 行，《墨缘汇观》《三希堂法帖》著录。其书用墨丰赡，骨力洞达。

宋·苏轼《啜茶帖》

5. 郑板桥茶书

郑燮（1693—1765），字克柔，号板桥。清代"扬州八怪"之一。

在"扬州八怪"中，郑板桥的影响很大，与茶有关的诗书画及传闻轶事也多为人们所喜闻乐见。《潩江江口是奴家》便是其中的代表作品：

溢江江口是奴家，郎若闲时来吃茶。
黄土筑墙茅盖屋，门前一树紫荆花。

郑板桥喜将"茶饮"与书画并论，他在《题
靳秋田素画》中如是说："三间茅屋，十里春风，
窗里幽兰，窗外修竹，此是何等雅趣，而安享
之人不知也；懵懵懂懂，没没墨墨，绝不知乐
在何处。惟劳苦贫病之人，忽得十日五日之暇，
闭柴扉，扫竹径，对芳兰，啜苦茗。时有微风
细雨，润泽于疏篱仄径之间，俗客不来，良朋
辄至，亦适适然自惊为此日之难得也。凡吾画兰、
画竹、画石，用以慰天下之劳人，非以供天下
之安享人也。"

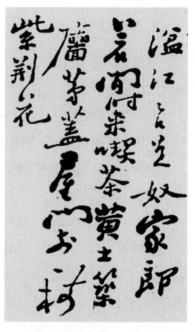

［清］郑燮《溢江江口是奴家》

6. 吴昌硕《角茶轩》

吴昌硕（1844—1927），初名俊，又名俊卿，字昌硕，又署仓石、苍石，
多别号，常见者有仓硕、老苍、老缶、苦铁、大聋、缶道人、石尊者等。浙
江省孝丰县鄣吴村（今湖州市安吉县）人。晚清民国时期著名国画家、书法家、
篆刻家。

《角茶轩》，篆书横披，1905 年书，大概是应友人之请所书的。这三字，是
典型的吴氏风格，其笔法、气势源自石鼓文。其落款很长，以行草书之，其中
对"角茶"的典故、"茶"字的字形作了记述："礼堂孝谦藏金石甚富，用宋赵
德父夫妇角茶趣事以名山居。……茶字不见许书，唐人于茶山诗刻石，茶字五
见皆作荼……"

所谓"角茶趣事"，是指宋代金石学家赵明诚和他的妻子李清照以茶作酬，
二人切磋学问，在艰苦的生活环境下依然相濡以沫、精研学术。后来，"角茶"
典故便成了夫妇有相同志趣、相互激励、促进学术进步的佳话。

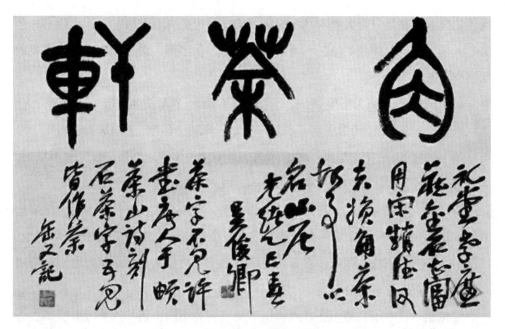

［清］吴昌硕《角茶轩》

煮泉雅惬吟风客：历代《茶具十咏》诗画

历史上咏茶、画茶的文人墨客众多，但多是一时一地的单独作品。但也有这么几位，一出手就是批量之作：世称"皮陆"的皮日休《茶中杂咏》十首、陆龟蒙《奉和袭美茶具十咏》十首，文徵明的《茶具十咏》更是集诗书画于一体。

1."皮陆"茶缘

晚唐文人中，有两个有名的茶人，一是皮日休，一是陆龟蒙。两人诗歌唱和，评茶鉴水，是一对很要好的诗友与茶友，时人称为"皮陆"。

皮日休（约838—约883），字袭美，一字逸少，复州竟陵（今湖北天门）人。晚唐著名诗人、文学家。曾居住在鹿门山，道号鹿门子，又号间气布衣、醉吟先生、醉士等。与陆龟蒙齐名，世称"皮陆"。其诗文兼有奇朴二态，且多为同情民间疾苦之作，被鲁迅赞誉为唐末"一塌糊涂的泥塘里的光彩和锋芒"。《新唐书·艺文志》录有《皮日休集》《皮子》《皮氏鹿门家钞》多部，对于社会民生有深刻的洞察和思考。

陆龟蒙（？—881），字鲁望，号天随子、江湖散人、甫里先生，长洲（今苏州）人。唐代农学家、文学家、道家学者。曾任湖州、苏州刺史幕僚，后隐居松江甫里（今角直镇）。他的小品文主要收在《笠泽丛书》中，现实针对性强，议论也颇精切。著有《耒耜经》《吴兴实录》《小名录》等，收入《唐甫里先生文集》。

皮日休是湖北天门人，与茶圣陆羽为同乡，家乡人大多以种茶为生。出身寒微的皮日休，更能理解底层民众种茶的艰难。早年他经常游走于襄州、谷城等地，广泛结交茶友、茶农。因此，皮日休不仅爱喝茶、会品茶，并对茶叶鉴别有着极高的认知，对于茶事十分精通。

陆龟蒙本就嗜茶，甚至还在顾渚山下买了一处茶园，每年都要收取粗茶，专为自己饮茶使用，并分别评定等级。同时，他还把附近适宜烹茶的好水，比如惠山泉、虎丘井、松江等地的水进行对比，评定优劣。陆龟蒙写过《茶书》一篇，是一部茶叶专著，可惜今已失传。

咸通十年（869年），皮日休到苏州做苏州刺史崔璞的从事。同年，与陆龟蒙结识。

《茶中杂咏》是皮日休后来途经苏州时写下的一组咏茶诗歌，写完后寄给陆龟蒙，陆便回和了《奉和袭美茶具十咏》。

这两组茶诗，内容包括茶坞、茶人、茶笋、茶籯、茶舍、茶灶、茶焙、茶鼎、茶瓯、煮茶各十首，几乎涵盖了茶叶制造和品饮的全部。他们以诗人的灵感、丰富的词藻，

陆龟蒙像

艺术、系统、形象地描绘了唐代茶事，宛如描绘了一幅古代茶文化的巨型画卷；对茶叶文化和茶叶历史的研究，均具有重要的意义。

皮日休在《茶中杂咏》诗的序中，对茶叶的饮用历史作了简要的回顾，并认为历代包括《茶经》在内的文献中，对茶叶各方面的记述都已是无所遗漏，但在自己的诗歌中却没有得到反映，实在引以为憾。这也就是他创作《茶中杂咏》的缘由。

600多年后，明代的文徵明也依此韵作了《茶具十咏》，足见这两组茶诗影响的深远。

皮日休像

2. 皮日休《茶中杂咏》

茶中杂咏·序

按周礼，酒正之职，辨四饮之物，其三曰浆。又浆人之职，供王之六饮，水、浆、醴、凉、医、酏，入于酒府。郑司农云：以水和酒也。盖当时人率以酒醴为饮，谓乎六浆，酒之醨者也，何得姬公制。

《尔雅》云：槚，苦荼。即不撷而饮之，岂圣人之纯于用乎？亦草木之济人，取舍有时也。自周以降，及于国朝茶事，竟陵子陆季疵言之详矣。

然季疵以前称茗，饮者必浑以烹之，与夫瀹蔬而啜者无异也。季疵始为经三卷，由是分其源，制其具，教其造，设其器，命其煮。俾饮之者，除痟而去疠，虽疾医之不若也。其为利也，于人岂小哉！

余始得季疵书，以为备矣！后又获其《顾渚山记》二篇，其中多茶事；后又太原温从云、武威段碣之，各补茶事十数节，并存于方册。茶之事，由周至今，

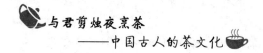
竟无纤遗矣。

昔晋杜育有《荈赋》，季疵有《茶歌》，余缺然于怀者，谓有其具而不形于诗，亦季疵之余恨也。

遂为十咏，寄天随子。

茶坞

闲寻尧氏山，遂入深深坞。

种荈已成园，栽葭宁记亩。

石洼泉似掬，岩罅云如缕。

好是夏初时，白花满烟雨。

茶人

生于顾渚山，老在漫石坞。

语气为茶荈，衣香是烟雾。

庭从颖子遮，果任獳师虏。

日晚相笑归，腰间佩轻篓。

茶笋

褭然三五寸，生必依岩洞。

寒恐结红铅，暖疑销紫汞。

圆如玉轴光，脆似琼英冻。

每为遇之疏，南山挂幽梦。

茶籝

筐筹晓携去，蓦个山桑坞。

开时送紫茗，负处沾清露。

歇把傍云泉，归将挂烟树。

满此是生涯，黄金何足数。

多宝格茶籝

茶舍

阳崖枕白屋，几口嬉嬉活。

棚上汲红泉，焙前蒸紫蕨。

乃翁研茗后，中妇拍茶歇。

相向掩柴扉，清香满山月。

茶灶

南山茶事动，灶起岩根傍。

水煮石发气，薪然杉脂香。

青琼蒸后凝，绿髓炊来光。

如何重辛苦，一一输膏粱。

茶焙

凿彼碧岩下，恰应深二尺。

泥易带云根，烧难碍石脉。

初能燥金饼，渐见干琼液。

九里共杉林，相望在山侧。

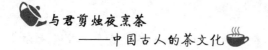

茶鼎

龙舒有良匠，铸此佳样成。
立作菌蠢势，煎为潺湲声。
草堂暮云阴，松窗残雪明。
此时勺复茗，野语知逾清。

茶瓯

邢客与越人，皆能造兹器。
圆似月魂堕，轻如云魄起。
枣花势旋眼，蘋沫香沾齿。
松下时一看，支公亦如此。

煮茶

香泉一合乳，煎作连珠沸。
时看蟹目溅，乍见鱼鳞起。
声疑松带雨，饽恐生烟翠。
尚把沥中山，必无千日醉。

3. 陆龟蒙《奉和袭美茶具十咏》

茶坞

茗地曲隈回，野行多缭绕。
向阳就中密，背涧差还少。
遥盘云髻慢，乱簇香篝小。
何处好幽期，满岩春露晓。

茶人

天赋识灵草，自然钟野姿。

闲来北山下，似与东风期。

雨后探芳去，云间幽路危。

唯应报春鸟，得共斯人知。

茶笋

所孕和气深，时抽玉茗短。

轻烟渐结华，嫩蕊初成管。

寻来青霭曙，欲去红云暖。

秀色自难逢，倾筐不曾满。

茶籝

金刀劈翠筠，织似波文斜。

制作自野老，携持伴山娃。

昨日斗烟粒，今朝贮绿华。

争歌调笑曲，日暮方还家。

茶舍

旋取山上材，驾为山下屋。

门因水势斜，壁任岩隈曲。

朝随鸟俱散，暮与云同宿。

不惮采掇劳，只忧官未足。

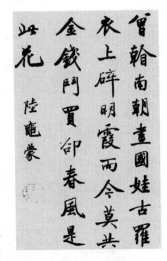

陆龟蒙诗书法

307

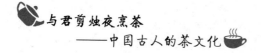

茶灶

无突抱轻岚，有烟映初旭。
盈锅玉泉沸，满甑云芽熟。
奇香袭春桂，嫩色凌秋菊。
炀者若吾徒，年年看不足。

茶焙

左右捣凝膏，朝昏布烟缕。
方圆随样拍，次第依层取。
山谣纵高下，火候还文武。
见说焙前人，时时炙花脯。

茶鼎

新泉气味良，古铁形状丑。
那堪风雪夜，更值烟霞友。
曾过颊石下，又住清溪口。
且共荐皋卢，何劳倾斗酒。

茶瓯

昔人谢墟埏，徒为妍词饰。
岂如珪璧姿，又有烟岚色。
光参筠席上，韵雅金罍侧。
直使于阗君，从来未尝识。

煮茶

闲来松间坐，看煮松上雪。

时于浪花里，并下蓝英末。

倾余精爽健，忽似氛埃灭。

不合别观书，但宜窥玉札。

4. 文徵明《茶具十咏图》

文徵明（1470—1559），原名壁（或作璧），字徵明，42岁起以字行，更字徵仲。因先世为衡山人，故号衡山居士，世称"文衡山"。南直隶苏州府长洲县（今江苏苏州）人。明代画家、书法家、文学家、鉴藏家。

文徵明曾学文于吴宽，学书法于李应祯，学画于沈周，诗、文、书、画无一不精，人称"四绝"。其在画史上，与沈周共创"吴派"，与沈周、唐寅、仇英合称"明四家"；在文学上，与祝允明、唐寅、徐祯卿并称"吴中四才子"。

文徵明是一代江南才子，更是明代的代表性茶人，茶诗、茶画、茶文、茶学研究，无一不擅；品茶品水、今古茶技、采茶制茶，无一不精。其现存茶诗超过150首，更以茶画著称于史；并著有《龙茶录考》一文，是古代研究宋代蔡襄《茶录》最有价值的考证文章。

文徵明酷爱饮茶，他曾说"吾生不饮酒，亦自得茗醉"。为了表达对饮茶的热爱，他绘有《惠山茶会图》《品茶图》《茶具十咏图》《汲泉煮品图》《林榭煎茶图》《松下品茗图》《煮茶图》《煎茶图》《茶事图》《陆羽烹茶图》等多幅茶图。

在文徵明64岁时，创作出名篇《茶具十咏图》，图画并写下《茶具十咏》五言古诗。在这幅画作中，我们可以看到

文徵明像

[明] 文徵明《茶具十咏图》

文徵明对茶细致入微的了解。

《茶具十咏图》背景为一竹篱笆围绕的山中小院，院内古松参天，树下一房内，有一隐士袖手坐于一块地毯上，身旁地毯上放有一壶和两个茶碗。看主人神态和屋中景物，似在等待朋友的到来。另一屋内，门旁有一茶炉，一侍童正蹲在地上点火烧茶，屋内茶几上陈放着茶壶等茶具。全图人物、树石、房屋用笔纤细，墨色淡雅，秀润可人，构图非常饱满，仿佛山林之间飘过茶的芳香。

画面上方，是作者长篇楷书自题五言古诗《茶具十咏》，字体端正，笔画挺秀、流畅，略带行书笔意，潇洒自然，清俊秀雅。

《茶具十咏》内容分别为茶坞、茶人、茶笋、茶籯、茶舍、茶灶、茶焙、茶鼎、茶瓯、煮茶。

茶坞

岩隈萩灵树，高下郁成坞。

雷散一山寒，春生昨夜雨。

横石分瀑泉，梯云探烟缕。

人语隔林闻，行人入深迁。

茶人

自家青山里，不出青山中。

生涯草木灵，岁事烟雨功。

荷锄入苍霭，倚树占春风。

相逢相调笑，归路还相同。

茶笋

东风吹紫苔，一夜一寸长。

烟华绽肥玉，云蕤凝嫩香。

朝来不盈掬，暮归难倾筐。

重之黄金如，输贡堪头纲。

茶籝

山匠运巧心，缕筠裁雅器。

绿含故粉香，羁带新云翠。

携攀萝雨深，归染松风腻。

冉冉血花斑，自是湘娥泪。

茶舍

结屋因岩阿，春风连水竹。

一径野花深，四邻茶莳熟。

夜闻林豹啼，朝看山麇逐。

粗足办公私，逍遥老空谷。

茶灶

处处霭春雨，青烟映远峰。

红泥思白石，朱火燃苍松。

紫英凝面落，香气袭人浓。

静候不知疲，夕阳山影重。

文徵明书法《煮茶》

茶焙

昔闻凿山骨，今见编楚竹。

微笼火意温，密护云芽馥。

体既静而贞，用亦和而燠。

朝夕春风中，清香浮纸屋。

茶鼎

斫石肖古制，中容外坚白。

煮月松风间，幽香破苍壁。

龙头缩蚕势，蟹眼浮云液。

不更涤明朝，自适王濛厄。

茶瓯

畴能炼精珉，范月夺素魄。

清宜鬻雪人，雅惬吟风客。

谷雨斗时珍，乳花凝处白。

林下晚来投，吾方迟来展。

煮茶

花落春院幽，风轻禅室静。

活火煮新泉，凉蟾堕圆影。

破睡策功多，因人寄情永。

仙游恍在兹，悠然入灵境。

款

嘉靖十三年，岁在甲午，谷雨前三日，天池虎丘茶事最盛，余方抱疾，偃息一室，弗往能与好事者同为品试之会。佳友念我，走惠二三种，乃汲泉吹火烹啜之，辄自第其高下，以适其幽闲之趣。偶忆唐贤皮陆辈茶具十咏，因追次焉。非敢窃附于二贤后，聊以寄一时之兴耳。漫写小图，遂录其上。衡山文徵明识。

款中提到的"皮陆"，指的便是前文中的皮日休和陆龟蒙。据文徵明此诗跋意可知，文徵明的《茶具十咏》是次皮陆《十咏》韵而作，是对前辈茶人的致敬之作。

饮茶几杯各西东：古代茶联

茶联，即指与茶有关的对联，它对偶工整，联意协调，是诗词形式的演变、精化。

在我国，各地的茶馆、茶楼、茶室、茶叶店、茶座的门庭或石柱上，茶道、茶艺、茶礼表演的厅堂墙壁上，甚至在茶人的起居室内，常可见到悬挂有以茶事为内容的茶联。

对联与茶结缘，形成了以茶为题材的茶联，这也是茶文化的一种载体。中国古代的茶联主要有名胜茶联、茶馆茶联和居家茶联三种。此外，也有很多传世茶联源于诗词。

名胜茶联，即为名胜而题写的楹联，而且内容与茶有关。如江苏甘泉山寺的楹联："甘味从苦中领取，泉声自远处听来。"此联对仗工整，语言清新质朴，是清代秀才姚揖所创。虽然此联未出现"茶"字，但"茶禅一味"的哲理却显而易见。

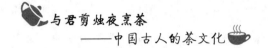

再如杭州西湖龙井茶区楹联："秀翠名湖，游目频来过溪处；腴含古井，恰情正及采茶时。"此联作者不详，也有说是清代乾隆皇帝所撰，描绘了采茶时节龙井茶山的风光景色。

茶联常给人古朴高雅之美，也常给人正气睿智之感，还可以给人带来联想，增加品茗情趣。

旧时广东羊城著名的茶楼"陶陶居"，店主为了扩大影响，招揽生意，用"陶"字分别为上联和下联的开端，出重金征茶联一副，终于作成茶联一副。联曰：

陶潜喜饮，易牙喜烹，饮烹有度；
陶侃惜分，夏禹惜寸，分寸无遗。

这里用了四个人名，即陶潜、易牙、陶侃和夏禹；又用了四个典故，即陶潜喜饮、易牙喜烹、陶侃惜分和夏禹惜寸，不但把"陶陶"两字分别嵌于每句之首，使人看起来自然、流畅，而且还巧妙地把茶楼饮茶技艺和经营特色，恰如其分地表露出来，理所当然地受到店主和茶人的欢迎和传诵。

最有趣的恐怕要数这样一副回文茶联了，联文曰：

陶陶居匾额

趣言能适意

茶品可清心

倒读则成为："心清可品茶，意适能言趣。"前后对照意境非同，文采娱人，别具情趣，不失为茶亭联中的佼佼者。

居家茶联的内容与茶有关，多为宅居主人的生活写照，彰显主人的性格和志向。如：

茶爽添诗句

天清莹道心

此联出自晚唐诗人司空图之手。他是河中虞乡人，33 岁登进士第，官至中书舍人，后归隐中条山王官谷。该联反映了司空图的避世观，有澄淡精致之美。

再如：

宝鼎茶闲烟尚绿

幽窗棋罢指犹凉

此联出自曹雪芹的《红楼梦》，这是贾宝玉为"潇湘馆"撰写的，惟妙惟肖地刻画了潇湘妃子林黛玉孤高圣洁的个性和雅致闲博的生活情调。

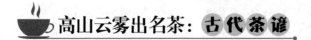 高山云雾出名茶：古代茶谚

茶谚，是中国茶叶文化发展过程中派生出的文化现象。它主要来源于茶叶饮

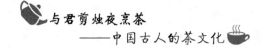

用和生产实践，并采取口传心记的办法来保存和流传。

谚语是流传在民间的口头文学形式，它不是一般的传言，而是通过一两句歌谣式朗朗上口的概括性语言，总结劳动者的生产劳动经验和他们对生产、社会的认识。它是在民间创作，并且在民间流传的定型化语言，它是生活经验的总结和集体智慧的结晶。可见，茶谚不只是中国茶文化的宝贵遗产，也是中国民间文学中的一种形式。

茶谚是谚语中的一个分支，即民间口耳相传的易讲、易记、富含哲理的关于茶叶的俗语，是茶叶生产经验和茶叶饮用的概括或表述。

1. 茶谚的发展

我国茶谚什么时候最早出现很难确切考证。晋人孙楚《出歌》中说"姜、桂、茶荈出巴蜀，椒、橘、木兰出高山"，这是关于茶的产地的谚语。从目前材料看，可能是我国最早见于记载的茶谚。

陆羽《茶经》说"茶之否臧，存于口诀"，是说对茶的作用及好坏判断在百姓的口诀中就有了。所谓"口诀"，也就是谣谚。

按理说，茶谚既出于茶的生产者，劳动生产的茶谚应该早于饮茶的茶谚，但由于谚语多不见于经传，而是在民间通过爷爷奶奶交口传授流传下来，所以从书本上反而见不到。而饮茶活动由于文人提倡、陆羽总结，所以到唐代便正式出现记载饮茶茶谚的著作。

如唐人苏廙《十六汤品》中载"谚曰：茶瓶用瓦，如乘折脚骏登山"，所以苏廙称这种茶汤为"减价汤"。这句

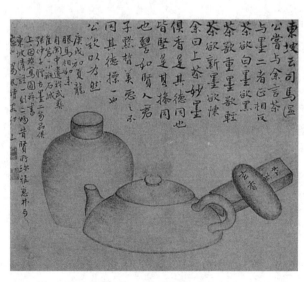

［清］边寿民《茶与墨》

话的意思是说，用瓦器盛茶，就好像骑着头跛腿马登山一样很难达到希望的效果，比喻十分形象，而且明确指出是民间谚语。

宋、元以后，关于吃茶的谚语便常见了。元曲中许多剧作里有"早晨开门七件事：柴米油盐酱醋茶"，这是讲茶在人们日常生活中的重要性，说明已是常见的谚语。

这时，茶早已被运用于各种礼节，特别是我国南方民间婚礼，茶已是必备之物，结婚也叫"吃茶"。明代郎瑛《七修类稿》从相反意义上记下一条谚语："长老种芝麻，未见得吃茶。"意思是和尚怎么能种芝麻？种下也开不了花、结不好籽，只有夫妻一起种才好。芝麻是多子的象征，吃茶是婚姻成功的含义。这条谚语是以谚证谚，用吃茶来说明夫妻同心。

2. 种茶谚语

总的来说，茶谚中还是以生产谚语为多。如：

"法如种瓜"，见于唐代陆羽《茶经》，意即种茶如种瓜，陆羽借种瓜之法喻种茶之法。

"要吃茶，二八挖"，即农历二月的春耕和八月的伏耕有利于茶叶的增产；如果茶园长期不掘，茶树就将无茶可采，正应了另一句茶谚——"三年不挖，茶树摘花"。

"高山出名茶"，主要流行于浙江一带。因为高山云雾多，光线较为柔和，对茶树的生长有利；空气湿度大，有利于茶叶叶面的持嫩性；昼夜温差大，土壤有机质多，有利于提高茶叶的香气。类似的谚语还有"高山云雾出名茶"。

"七月锄金，八月锄银"，或叫"七金八银"，意思是说，给茶树锄草最好的时间是七月，其次是八月。这是明代就有的一条关于茶树管理的重要谚语。

广西茶谚说："茶山年年铲，松枝年年砍"；"茶山不铲，收成定减"，是说茶山要年年整理。

浙江茶谚说："著山不要肥，一年三交钉"，意即锄上三次草，不施肥也有肥。又说"若要茶，伏里耙"；"七月挖金，八月挖银，九冬十月了人情"。

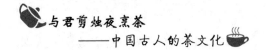

湖北也有类似谚语，说："秋冬茶园挖得深，胜于拿锄挖黄金。"这一条可能因为当地情况不同，与前几条有所区别。因为农谚的地域性很强，不可笼而统之地来说。

3. 采茶谚语

采茶的谚语中，对时令十分讲究。

"三岁可采"，出自唐代陆羽《茶经》，意为茶籽种下后，三年即可采茶。

出于《茶经》中的谚语还有"叶卷上，叶舒次"，即嫩叶卷曲的可制上等茶，叶片已展平的茶叶品质较次；"笋者上，芽者次"的意思是肥壮的茶芽像笋那样饱满，而细弱的茶芽就显得逊色了。

"会采年年采，不会一年光"，流行于陕西一带。其中的"会采"指的是"留叶采摘"的方式，这种采摘方式可以确保茶树产出的可持续性。如果不采用此法，虽然当年的产量很大，但来年的产量会大大减少。同类的谚语还有"留叶采摘，常采不败"。

浙江不少地区说："清明一杆枪（指茶芽形状），姑娘采茶忙。"湖南则说"清明发芽，谷雨采茶"，或说"吃好茶，雨前嫩尖采谷芽"。湖北又有一种说法："谷雨前，嫌太早，后三天，刚刚好，再过三天变成草"，"早采三天是个宝，迟采三天变成草"。杭州则又有"夏前宝，夏后草"的说法。

为何各地在采茶时间上茶谚区别这样大？一则各地气候条件不同，二则因不同品种采摘时机也不

［清］吴昌硕《品茗图》

一样，所以这些谚语对了解各地茶的生产情形具有重大意义。

4. 制茶谚语

"小锅脚，对锅腰，大锅帽"，指的是将珠茶制为圆形的三道特定的工序，从炒小锅、炒对锅到炒大锅，而且到工序各有侧重。

"高温杀青，先高后低"，强调杀青时先用高温后用低温。不论是炒青或蒸青，都是利用高温破坏酶的催化作用，不使叶子变红。在杀青后阶段，酶的活化已破坏，叶子水分大量蒸发，此时应适当降低温度，达到"老而不焦，嫩而不生"的效果。

5. 饮茶谚语

"山水上、江水中、井水下"，出自唐代陆羽《茶经》，意为饮茶之水以山中之水为最好，江河之水为其次，井下之水为最差。

"客来敬茶"，出自民间俗语。唐宋以来，"客来敬茶"在中国民间已经形成习俗，并成为我国各民族的传统礼节。

6. 藏茶谚语

"茶怕异味"，这是因为茶叶中所含的物质活跃，极易吸收各种气味，而且不易分离。这句谚语朴实明了地告诉人们要注重茶叶的贮存。

"贮藏好，无价宝"，主要流行于江苏、浙江等地，说明茶叶贮存的重要性。不善贮茶者，其茶色、香、味、形俱变，如同陈茶一般，降低了饮用价值，又失去欣赏价值。善贮茶者，即便存放一年以上，依然香气不散，滋味不变，颜色不走，其经验如无价之宝。

一般来说，茶谚是由民间口传心授的，但这并不排除文人可以加工整理。如《武夷县志》（1868 年本）曾载阮文锡的《茶歌》，实际上是以歌谣形式出现的茶谚。

阮氏后来到武夷山做了和尚，僧名释超全。因久居武夷茶区，熟知茶农生活，

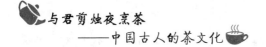
其总结的农谚十分真切。其歌曰：

> 采制最喜天晴北风吹，忙得两旬夜昼眠餐废。
> 炒制鼎中笼上炉火温，香气如梅斯馥兰斯馨。

这首茶谣虽经阮文锡做了些文字加工，看得出还是源自茶农的实际生活体验和生产实践经验的总结。

民间茶谚是中国茶文化的重要组成，是茶人智慧的结晶，如"开门七件事，柴米油盐酱醋茶"，很多茶谚都有一定的科学道理。

［明］仇英《松溪论画图》

7. 以茶喻人

由于古人认识所限，有的茶谚不一定合理。如"冷水泡茶慢慢香"，就值得商榷。古人认为，冷泡虽不如热泡一般瞬间释放出香味来，却因为浸泡时间的加长变得浓郁，茶叶在慢慢的浸泡中渗出茶香，自有一种平和的韵味。

但实践表明，冷水泡茶不会更香，温水泡茶也难沏出茶的香气，泡茶一定要用开水，方能把茶叶中的有效成分泡将出来。当然，有的茶并不适合开水，如绿茶则不宜用刚开的水，这是因为滚开的水会把细芽嫩叶给烫熟了，但直接用冷水则更不可取。

其实，这句话更多要表达的是一种人生哲理，是说做人做事不要太急躁，急功近利往往使人到最后无路可走；做人做事要循序渐进，最终达到水到渠成的效果，这样的人生才会完美。

至于"人一走，茶就凉"，其实感叹的是人心，贬的是人眼，茶则是无辜的。

载歌载舞玉茗堂：茶歌、茶舞与茶戏

茶歌、茶舞与茶戏，和茶与诗词的情况一样，是由茶叶生产、饮用这一主体文化派生出来的一种茶叶文化现象。它们的出现，不只是在我国歌、舞发展的较迟阶段上，也是我国茶叶生产和饮用形成为社会生产、生活的经常内容以后才见的事情。

1. 茶歌

从现存的茶史资料来说，茶叶成为歌咏的内容，最早见于西晋孙楚的《出歌》，其称"姜桂茶荈出巴蜀"。这里所说的"茶荈"，就都是指茶。至于专门咏歌茶叶的茶歌何时出现，已无法查考。由文人的作品而变成民间歌词的唐诗中有许多。

茶歌的另一种来源，是由谣而歌，民谣经文人的整理配曲再返回民间。如明清时杭州富阳一带流传的《贡茶鲥鱼歌》，即属这种情况。这首歌，是正德九年（1514年）按察佥事韩邦奇根据《富阳谣》改编为歌的。其歌词曰：

富阳山之茶，富阳江之鱼，茶香破我家，鱼肥卖我儿。采茶妇，捕鱼夫，官府拷掠无完肤，皇天本圣仁，此地一何辜？鱼兮不出别县，茶兮不出别都，富阳山何日摧？富阳江何日枯？山摧茶已死，江枯鱼亦无，山不摧江不枯，吾民何以苏？！

歌词通过一连串的问句，唱出了富阳地区采办贡茶和捕捉贡鱼，百姓遭受的侵扰和痛苦。后来，韩邦奇也因为反对贡茶触犯皇上，以"怨谤阻绝进贡"罪，被押囚京城的锦衣狱多年。

茶歌的再一个也是主要的来源，即完全是茶农和茶工自己创作的民歌或山歌。如清代流传在江西每年到武夷山采制茶叶的劳工中的歌，其歌词称：

清明过了谷雨边，背起包袱走福建。
想起福建无走头，三更半夜爬上楼。
三捆稻草搭张铺，两根杉木做枕头。
想起崇安真可怜，半碗腌菜半碗盐。
茶叶下山出江西，吃碗青茶赛过鸡。
采茶可怜真可怜，三夜没有两夜眠。
茶树底下冷饭吃，灯火旁边算工钱。
武夷山上九条龙，十个包头九个穷。
年轻穷了靠双手，老来穷了背竹筒。

类似的茶歌，除江西、福建外，其他如浙江、湖南、湖北、四川各省的方志中，也都有不少记载。这些茶歌，开始未形成统一的曲调，后来，孕育产生出了专门的"采茶调"，以至使采茶调和山歌、盘歌、五更调、川江号子等并列，发展成为我国南方的一种传统民歌形式。

当然，采茶调变成民歌的一种格调后，其歌唱的内容，就不一定限于茶事或与茶事有关的范围了。

［明］许至震《衡山先生听松图》

采茶调是汉族的民歌，在我国西南的一些少数民族中，也演化产生了不少诸如"打茶调""敬茶调""献茶调"等曲调。

2. 茶舞

以茶事为内容的舞蹈，可能发轫甚早，但元代和明清期间，是我国舞蹈的一个中衰阶段，所以，史籍中有关我国茶叶舞蹈的具体记载很少。现在能知的，只是流行于我国南方各省的"茶灯"或"采茶灯"。

茶灯和马灯、霸王鞭等，是过去汉族比较常见的一种民间舞蹈形式。茶灯是福建、广西、江西和安徽"采茶灯"的简称，它在江西，还有"茶篮灯"和"灯歌"的名字；在湖南、湖北，则称为"采茶"和"茶歌"；在广西又称为"壮采茶"和"唱采舞"。

这一舞蹈不仅各地名字不一，跳法也有不同。但是，一般基本上是由一男一女或一男二女（也可有三人以上）参加表演。舞者腰系绸带，男的持一钱尺（鞭）作为扁担、锄头等，女的左手提茶篮，右手拿扇，边歌边舞，主要表现姑娘们在茶园的劳动生活。

1908 年，福建女子手工制作铁观音

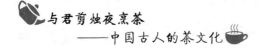
3. 茶戏

我国是茶叶文化的肇创国，也是世界上唯一由茶事发展产生独立的剧种——"采茶戏"的国家。

所谓采茶戏，是流行于江西、湖北、湖南、安徽、福建、广东、广西等省区的一种戏曲类别。在各省，每每还以流行的地区不同，而冠以各地的地名来加以区别。如广东的"粤北采茶戏"，湖北的"阳新采茶戏""黄梅采茶戏""蕲春采茶戏"，等等。

这种戏，尤以江西较为普遍，剧种也多。如江西采茶戏的剧种，即有"赣南采茶戏""抚州采茶戏""南昌采茶戏""武宁采茶戏""赣东采茶戏""吉安采茶戏""景德镇采茶戏"和"宁都采茶戏"等。这些剧种虽然名目繁多，但它们形成的时间，大致都在清代中期至清代末年的这一阶段。

采茶戏是直接由采茶歌和采茶舞脱胎发展起来的。如采茶戏变成戏曲，就要有曲牌，其最早的曲牌名，就叫"采茶歌"。采茶戏不仅与茶有关，而且是茶叶

1910 年，福建厦门女子手工制作铁观音

文化在戏曲领域派生或戏曲文化吸收茶叶文化形成的一种文化内容。

茶对戏曲的影响，不仅直接产生了采茶戏这种戏曲，更为重要的，也可以说是对所有戏曲都有影响的，是剧作家、演员、观众都喜好饮茶；是茶叶文化浸染在人们生活的各个方面，以至戏剧也须臾不能离开茶叶。

如明代我国剧本创作中有一个艺术流派，叫"玉茗堂派"（也称临川派），即是因大剧作家汤显祖嗜茶，将其临川的住处命名为"玉茗堂"而引起的。汤显祖的剧作，注重抒写人物情感，讲究辞藻，其所作《玉茗堂四梦》刊印后，对当时和后世的戏剧创作，有着不可估量的影响。

又如，过去不仅弹唱、相声、大鼓、评话等曲艺大多在茶馆演出，就是各种戏剧演出的剧场，又都兼营卖茶或最初也在茶馆。所以，在明、清时，凡是营业性的戏剧演出场所，一般统称之为"茶园"或"茶楼"。因为这样，戏曲演员演出的收入，早先是由茶馆支付的。换句话说，早期的戏院或剧场，其收入是以卖茶为主；只收茶钱，不卖戏票，演戏是为娱乐茶客和吸引茶客服务的。所以，有人也形象地称"戏曲是我国用茶汁浇灌起来的一门艺术"。

参考文献

［1］张中华.中国茶入门图鉴.南京：江苏凤凰科学技术出版社，2022.02.

［2］静清和.茶与茶器（修订版）.北京：华文天下出品出版社，九州出版社，2021.10.

［3］紫晨.二十四节气茶事.上海：上海科技教育出版社，2021.06.

［4］高婷.茶文化与茶家具设计.北京：化学工业出版社，2021.06.

［5］王玲.中国茶文化.北京：九州出版社，2020.06.

［6］郑国建.中国茶事.北京：九州出版社，2020.06.

［7］姚国坤.中国茶文化学.北京：中国农业出版社有限公司，2020.03.

［8］郑春英.中国茶艺.北京：九州出版社，2019.11.

［9］王玲.茶文化简史：一片树叶的传奇.北京：九州出版社，2019.04.

［10］王建荣.陆羽茶经：经典本.北京：九州出版社，2019.01.

［11］吴雨.中国古代茶文化.北京：中国商业出版社，2018.11.

［12］尤文宪.茶文化十二讲.北京：当代世界出版社，2018.11.

［13］周红杰.民族茶文化.昆明：云南科学技术出版社，2018.07.

［14］陈宗懋.中国茶叶大辞典.北京：九州出版社，2017.05.

［15］李楠.中华茶道全书.沈阳：辽海出版社，2016.06.

［16］艺美生活.寻茶记：中国茶叶地理.北京：中国轻工业出版社，2016.02.

［17］王建荣.茶道：从喝茶到懂茶.南京：江苏科学技术出版社，2016.01.

［18］金玟廷，郑美娘，龙春林.茶与茶文化.南京：东南大学出版社，2012.06.

［19］丁以寿.中国茶文化.合肥：安徽教育出版社，2011.11.

［20］林治.中国茶艺学.北京：世界图书出版公司，2011.02.

［21］程启坤，姚国坤，张莉颖.茶及茶文化二十一讲.上海：上海文化出版社，2010.06.

［22］朱自振，沈冬梅，增勤.中国古代茶书集成.上海：上海文化出版社，2010.06.

［23］黄仲先.中国古代茶文化研究.北京：科学出版社，2010.01.

［24］李宏，边艳红.中国茶道.长春：吉林大学出版社，2009.06.

［25］徐明.茶与茶文化.北京：中国物资出版社，2009.06.

［26］徐晓村.茶文化学.北京：首都经济贸易大学出版社，2009.01.

［27］林清玄.平常茶非常道.石家庄：河北教育出版社，2008.11.

［28］王建荣，赵燕燕，郭丹英.中国茶具百科.济南：山东科学技术出版社，2007.07.

［29］张忠良，毛先颉.中国世界茶文化.北京：时事出版社，2006.10.

［30］蔡荣章.茶道入门三篇：制茶、识茶、泡茶.北京：中华书局，2006.08.

［31］杨昆宁.中国茶文化艺术论.昆明：云南教育出版社，2006.08.

［32］陈文华.中国茶文化学.北京：中国农业出版社，2006.04.

［33］陈文华.茶文化基础知识：文化生活篇.北京：中国农业出版社，2006.02.

［34］查俊峰，尹寒.茶文化与茶具.成都：四川科学技术出版社，2004.06.